La Mystique De Moscou

La Mystique De Moscou

ТАГАНСКИЙ ПЕРЕКРЕСТОК

✦

ЗАНИМАТЕЛЬНАЯ МЕХАНИКА

ВАДИМ
ПАНОВ

ЗАНИМАТЕЛЬНАЯ
МЕХАНИКА

МОСКВА • ЭКСМО • 2007

УДК 82-312.9
ББК 84(2Рос-Рус)6-4
П 16

Оформление серии *С. Киселевой*

Серия основана в 2003 году

Панов В. Ю.

П 16 Занимательная механика: Фантастический роман / Вадим Панов. — М.: Эксмо, 2007. — 448 с. — (Тайный Город).

ISBN 978-5-699-22322-0

Кто-то называл ее Богиней, кто-то — Золотой Бабой, но все жаждали встречи с ней, стремясь прикоснуться к Тайне. В непроходимых таежных дебрях ее искали посланцы Ивана Грозного, белые атаманы и красные комиссары, агенты спецслужб и тысячи безвестных охотников за удачей. Многие века пропадали без вести авантюристы, осмелившиеся прикоснуться к тайне золотого изваяния Великой Матери, но она открывалась лишь тем, кого выбирала сама. А в начале третьего тысячелетия случилось то, что ранее казалось невозможным, — Золотая Женщина покинула свое древнее убежище и очутилась в одном из самых циничных и совсем не волшебных городов мира — в Москве...

И все это было только завязкой удивительной истории, в которой причудливо переплелись судьбы множества людей — от сыщиков экстра-класса до простых олигархов, приоткрылись многие тайны далекого и близкого прошлого, а главное, оказалось, что волшебниками не рождаются, ими становятся. Вернее, не волшебниками — Искусниками. Впрочем, обо всем по порядку...

**УДК 82-312.9
ББК 84(2Рос-Рус)6-4**

ISBN 978-5-699-22322-0

«Механика — математика, приложенная к законам равновесия и движения тел; наука о силе и сопротивлении ей; искусство применять силу к делу и строить машины; наука выгодного приспособления сил».

В.И. Даль «Толковый словарь живого великорусского языка»

ПРОЛОГ

Сибирь, 1988 год

— Нет! Пожалуйста, не надо!! Не-е-ет!!!

Пронзительный вопль перешел в истошный, полный животного ужаса визг. Не в заставляющий инстинктивно сопереживать крик боли — боль еще не пришла. Не в вызывающий уважение вой яростного бессилия, не в рев полного сил бойца, терпящего поражение от более искусного соперника. А в жалкий визг насмерть перепуганной курицы, увидевшей нож повара. В презренный звук, оставляющий на душе лишь след досады и брезгливости.

Визг отразился от темной громады скал, бросился в тайгу, увяз в ветвях спящих деревьев и растворился в них, исчез, потревожив только малюсенькую часть бесконечно огромного леса.

— Семен, не надо! Прошу-у-у...!!

И захлебнулся. Визг превратился в невнятное бульканье, в хрип, в шорох осевшего на землю тела, в едва слышный шелест вошедшего в землю и вынырнувшего из нее очищенным ножа, в тихий выдох стоявших вокруг мужчин.

В запах крови.

Затем все стихло, и несколько мгновений на поляне царила полнейшая тишина. Живые не шевелились, не переговаривались, продолжали стоять смутными тенями, и лишь когда неподалеку прозвучал бубен, все они, и убийца, и свидетели, повернули на звук головы.

Словно пришли в себя.

— Здесь? — спросил Семен, пристально глядя на Григория.

— Здесь, — коротко подтвердил тот.

— Точно здесь?

— Точно.

Была мысль ответить вызывающе, бросить с законной обидой: «Раз привел, значит, здесь», но Григорий сдержался. Не положено семнадцатилетнему юнцу хамить матерому охотнику. Тем более что Семен только с виду невзрачен: плешив и узкоплеч, в тайге он настоящий вожак, и те восемь мужиков, которых он с собой взял, слушаются его беспрекословно. Почувствуют, что малец на авторитет покусился, разборки не избежать.

В тайге свои законы.

— Здесь, — еще раз произнес Григорий.

— Я не чувствую, — помолчав, протянул охотник. — Потому и спросил.

Словно извинился за проявленное недоверие.

Юноша кивнул, подумал, затем, облизнув губы, добавил:

— Мы пришли куда надо.

Что он еще мог сказать?

— Но я ее не чувствую.

Григорий понял, что имеет в виду собеседник — приближение Юмалы невозможно не заметить. Тот, кто хоть раз стоял перед Богиней, навсегда запоминает свои ощущения и способен уловить ее приближение.

— Ты ее видел?

— Восемь лет назад, — ответил Семен, не сводя глаз с

Григория. — И еще пять лет назад. Но я все помню. Помню, как шла она к нам. Сейчас Юмала далеко.

— Пока далеко, — уточнил юноша. — Шаманы стали осмотрительнее. Ее ищут.

— Знаю.

Охотник отвел взгляд от проводника, оглядел небольшую поляну, на которую тот привел группу, — с одной стороны тайга, с другой поднимаются скалы, — и коротко скомандовал:

— Лагерь!

Его спутники, до поры стоявшие шагах в десяти от собеседников, принялись снимать с плеч рюкзаки.

Прямая дорога до поляны не отняла бы и трех дней, однако Григорий водил охотников по тайге все пять. В этом году шаманы держатся осторожнее прежнего — слишком много экспедиций появилось по весне на Урале — и требуют от проводников петлять, сбивая со следа возможных преследователей. Григорий старался как мог. Несколько раз он заставлял охотников возвращаться обратно, дважды делил группу на части и отправлял к условленному месту разными дорогами, а по ночам вставал каждые два часа, чтобы обойти, оглядеть окрестности, выискивая признаки чужой стоянки. Выдохся, конечно, зато был уверен, что «хвост» за собой не привел.

Охотники, которые прекрасно поняли действия юного проводника, не роптали, послушно выполняли его приказы, возвращались, петляли, тщательно следили за тем, чтобы не оставлять за собой следов. Охотники — сплошь местные, с детства впитавшие рассказы о Юмале, знали, с каким рвением искали Золотую Богиню казаки и монахи, чекисты и ученые, помнили истории об убитых шаманах, а потому с пониманием отнеслись к повышенной осторожности проводника. И услуг своих в ночной разведке не предлагали, знали, что не примет. Шаманы доверились Григорию, а вот сам он не имел права никому доверять.

Помочь юноше в его работе охотники не могли, зато освободили от всех обязанностей по лагерю, а на третий день, когда глаза Григория от хронического недосыпания стали красными, а движения — дергаными, распределили между собой его поклажу. Юноша воспринял это как должное; сам не просил, но когда предложили — не отказался. Григорий водил охотников к Юмале третье лето, по пять-шесть групп в сезон, и всякий раз на второй-третий день спутники начинали помогать уставшему пацану.

Вот и сейчас, несмотря на то что дорога осталась позади, никто из охотников не возмутился, что Григорий не участвует в разбивке лагеря. Ни косых взглядов, ни бурчания под нос — парень свое отработал, парню надо отдохнуть. Кто-то из охотников отправился за дровами, кто-то занялся провизией, а их проводник добрался до поклажи, уселся на землю, медленным, очень усталым движением снял с пояса флягу, сделал большой глоток воды и, облокотившись на рюкзак, закрыл глаза.

Дело сделано.

Накопившуюся усталость Григорий ощущал каждой своей клеточкой. Ныли ноги, слегка шумело в голове. Стоило лишь на мгновение расслабиться и принять горизонтальное положение, как тело мгновенно размякало, словно намекая: пора на боковую. Но спать, несмотря на бессонные ночи, не хотелось — чем ближе встреча с Юмалой, тем сильнее охватывало юношу радостное возбуждение.

Богиня...

Перед внутренним взором Григория возник образ Золотой Женщины. Великой Матери, перед которой склонялись все, кому довелось ее увидеть.

«А может, и русские бы склонились?»

Но к чему размышлять о несбыточном? Игра в прятки продолжалась не одну сотню лет, и реки пролитой крови насмерть сцементировали недоверие шаманов. Богиня будет открываться только своим. Это не обсуждается.

— Шоколад?

Проводник неохотно разлепил глаза.

— Будешь? — Возле него стоял Антон, самый молодой из охотников Семена, и протягивал распечатанную плитку «Бабаевского». — В нем энергии много.

— Горячего подожду, — ответил Григорий, лениво кивнув на разгоревшийся костер. — Полезнее.

— Как знаешь. — Антон присел рядом и откусил от плитки изрядный кусок. — Умаялся?

— Пройдет.

— Когда пройдет? Нам ведь еще обратно топать. Дойдешь?

— Пройдет, — повторил Григорий, вновь закрывая глаза. — Юмала все снимет.

— Неужели?

— Поверь.

В каждой группе охотников обязательно шли новички, никогда не видевшие Золотую Женщину. Как правило, они держались тише остальных, робея предстоящей встречи. И к проводнику с расспросами не лезли, даже к мальчишке, ибо проводнику доверяли шаманы, и его авторитет среди молодых охотников был очень высок. С проводником общался исключительно лидер, остальные — только в том случае, если он первым начнет разговор. Григорий привык к такому положению вещей, а потому его несколько смутило поведение собеседника.

— Ты ведь Беспалый, да? — неожиданно спросил Антон. — Гриша Беспалый. Я тебя в интернате для детей охотников видел. Ты на четыре года меня младше.

Ответил Григорий не сразу. Открыл глаза, приподнялся на локте, сделал еще глоток воды, медленно завинтил крышечку фляги и только после этого, глядя мимо Антона на подступающие к поляне деревья, кивнул:

— Да.

Вопрос ему не понравился. Порой среди охотников, которых Григорий водил к Юмале, попадались знакомцы, но они всегда делали вид, что не узнают его, всегда отводили взгляды. Здесь, в тайге, он не был Гришей Беспалым, он был проводником, точнее — Проводником, человеком шама-

нов, слугой Юмалы, и точка. И встречая затем тех, кого видел в походах, Григорий никогда не слышал от них напоминаний о совместном путешествии. Ни словом, ни взглядом не показывали они, что знакомы, ибо таежные дела были Тайной.

Антон же поступил вопреки всем правилам.

— Отец знает, чем ты занимаешься?

Простой на первый взгляд вопрос, но что за ним стоит? Любопытство? Или Антон что-то подозревает? С какой радости старшеклассник запомнил имя и лицо какого-то малолетки? Или ему показывали фотографии подозреваемых? Шаманы старались менять проводников как можно чаще, но найти подходящего человека не просто, вот и пришлось Григорию работать три сезона подряд. Не так уж много, конечно, но вполне достаточно, чтобы у некоторых людей появились вопросы, повод для подозрений.

Усталость ушла, радостное возбуждение схлынуло, уступив место тщательно скрываемому напряжению.

— Нет, не знает, — со всем возможным спокойствием ответил Григорий. — Он из тайги почти не вылезает. Я под ногами не путаюсь, он и рад.

— Как же ты к шаманам прибился?

— Случайно.

— Я так и думал. — Антон откусил еще шоколада. Запах сладости дразнил ноздри. — А почему они тебе поверили? Почему место тайное показали?

— Тебе-то что?

— Может, я тоже хочу как ты — проводником.

А может, и правда — хочет? Григорий вдруг подумал, что года два назад он бы поверил словам Антона, возможно, пообещал бы посодействовать. Но теперь, когда за плечами многочисленные походы, заметание следов и... коечто еще, доверия в его душе поубавилось.

— Шаманы много не платят, — буркнул проводник, — охотником больше заработаешь.

— Мне деньги не нужны, — улыбнулся Антон. — Мне

интересно. — Он доел шоколад и облизнул испачканные коричневым пальцы. — Почему же тебе поверили, Беспалый? Почему место указали?

— Здесь не тайное место, — протянул Григорий. — Где Юмала живет, только шаманы знают. Здесь она к людям выйдет.

— Зачем?

Вопрос поставил Григория в тупик. Несколько мгновений он молча смотрел на Антона, после чего пожал плечами и коротко ответил:

— Чтобы ее увидели.

Разве не понятно?

— Зачем?

— Потому что Юмала — богиня, а люди должны видеть богов.

— Зачем?

— А зачем ты сюда пришел?

Семен, как и положено опытному охотнику, подкрался к собеседникам бесшумно. Специально старался или само получилось, по привычке, теперь не важно. Главное, что он слышал последние фразы разговора и пришел Григорию на помощь.

— Я хочу ее увидеть.

— Зачем?

Роли поменялись. Теперь допрашиваемым оказался Антон, однако он справлялся с разговором не хуже Григория.

— Чтобы убедиться, что она существует.

— Слова твоего отца недостаточно?

— Я хочу увидеть сам, — упрямо ответил молодой охотник.

— Понятно... — Семен потер шею. — Знаешь, когда я первый раз шел к Юмале, я знал, что она существует. Я верил. А увидеть хотел, потому что она — Богиня. Малец все правильно тебе сказал. — Он перевел взгляд на проводника и закончил: — Пойдем, Григорий, поедим.

А когда они подходили к костру, Семен едва слышно произнес:

— Похоже, ошибся я, Гриша, крепко ошибся.

— Юмала разберется, — так же тихо отозвался проводник.

Их было шестеро. Их всегда было шестеро, испокон веков, с сотворения мира, с появления самой жизни, ибо Юмала — Мать Всего, а значит, без нее ничего не было.

Не было.

И не будет.

Условный сигнал прозвучал незадолго до полуночи. Протяжный, похожий на стон крик накрыл поляну, ударился о скалы и змеей обвился вокруг деревьев. Долгий крик, сильный. Шаманский призыв.

Поднимать охотников Григорию не пришлось, те сами догадались, что они услышали, вскочили на ноги и уставились на проводника.

— Надо идти, — коротко произнес юноша и шагнул во тьму тайги.

Без факела и без фонаря.

Последний участок пути Григорий мог пройти с закрытыми глазами. И Семен тоже. И те охотники, которым доводилось видеть Юмалу.

Они чувствовали.

Их было шестеро. Их всегда было шестеро, испокон веков, с сотворения мира, с появления самой жизни, ибо Юмала — Мать Всего, а значит, без нее ничего не было.

Не было.

И не будет.

Шестеро шаманов в красных одеждах неподвижно стояли подле укрытой в пещере Золотой Богини. Свет факелов мягко падал на темно-желтую статую, тени играли на ней, и казалось, что Мать Всего жива. Что выра-

жение ее лица меняется. Что шевелятся обнимающие ребенка руки.

Она была живой.

И каждый вошедший в пещеру почувствовал необычайный прилив сил. Ушла усталость, вызванная долгим переходом, перестали ныть ссадины и раны, успокаивалась душа. Каждому показалось, что он очутился дома. И не просто дома, а рядом с матерью. Строгой, но заботливой. А главное — любящей. Лица охотников подобрели, на губах заиграли умиротворенные улыбки, и приготовленные подношения превратились в подарки, которые дарят от всего сердца.

Юмала притягивала. Юмала дарила свет.

Мужчины цепочкой потянулись к Золотой Женщине. Девять, еще девять, еще... Сегодня пришли четыре группы, тридцать шесть человек, но порядок в не очень большой пещере сохранялся идеальный.

Григорий отошел в сторону и прислонился к стене. Он никогда не интересовался, о чем пришедшие просили Богиню, что спрашивали — не его дело. У каждого что-то заветное: или для себя, или для семьи, или для рода. У каждого — глубоко личное дело.

К тому же здесь они расстанутся: охотники сами найдут дорогу назад, а проводникам еще предстоит сортировать подношения. Металл и украшения отправятся вместе с Богиней, а шкуры придется продавать, менять на золотой песок или камни, а потом передавать в тайгу, в потайное место. Но это потом. Завтра.

Нынешняя ночь посвящена Юмале.

Григорий провел рукой по лбу и кивнул подошедшему Игнату:

— Привет.

Старый кузнец работал проводником лет тридцать — с перерывами, конечно, не больше двух сезонов подряд — и считался самым уважаемым из тех, кто водил людей к

Богине. Не как шаман, конечно, но авторитету старика могли позавидовать многие.

— Привет.

Игнат встал рядом и едва заметно кивнул на Антона.

— Ты привел?

— Ага.

— Семена человек?

— Ага. — Беспалый нахмурился. — А что случилось?

— Со мной Фрол Сургучев пришел, — негромко ответил Игнат. — Он водителем у начальника милиции работает. Все знает.

У Григория засосало под ложечкой.

— И что?

— Сам думай, — буркнул старый проводник. — Сам думай, что мне Фрол сказал.

Их было шестеро. Их всегда было шестеро, испокон веков, с сотворения мира, с появления самой жизни, ибо Юмала — Мать Всего, а значит, без нее ничего не было.

Не было.

И не будет.

И дети Юмалы обязаны заботиться о ней.

Шесть шаманов в красных одеждах стояли в глубине пещеры. Пятеро в ряд, один — выступив вперед. Перед ними замер Антон. За его спиной — Семен и Фрол, и два проводника — Игнат и Григорий. Остальные охотники давно покинули временное пристанище Золотой Женщины. Они получили все, что хотели, для чего шли. Перед шаманами стоял тот, кто хотел большего.

И неправильного.

— Ты хотел выдать Богиню чужакам, Антон.

— Археологам! Ученым!

— Чужакам.

— Они хотят узнать о ней!

— Бога не надо узнавать. В Бога надо верить.

— Бога нет.

Проводники не сдержались, переглянулись.

Кто перед ними? Человек ли? Неужели он не почувствовал тепло Юмалы? Ее дыхание? Ее любовь? Ведь даже мертвые камни оживают при ее появлении! Даже они!

Сказать ему?

Но зачем? Если он не почувствовал. Если нет у него души.

Шаман не собирался дискутировать с молодым парнем.

— Если Бога нет, что твои друзья ищут в тайге?

— Памятник истории.

— Они ищут нашу Богиню, Антон, ищут, чтобы убить.

— Бред!

— Я не могу с тобой говорить. Ты глух. Ты не слышишь мир. И для тебя нет ничего дорогого в нем.

— Я...

Шаман оборвал его небрежным взмахом руки.

— Семен. — Охотник поднял голову. — Ты допустил ошибку, тебе ее и исправлять.

Охотник взял связанного Антона за плечо, толкнул к выходу из пещеры. На поляну, где ждали решения остальные члены группы. Молодой человек все понял. Понял и закричал:

— Нет!

Огляделся с надеждой: вдруг шутка?

И задрожал.

Ибо никто не отвел взгляд. И шаманы, и проводники, и Фрол — все смотрели, как Семен уводит Антона, и молчали. Все были согласны с приговором.

— Нет!!

А Григорий размышлял над тем, что его отец проявил добросердечие: смерть от руки воина гораздо легче, чем наказание шамана.

✲

Пятница

Дым был главной декорацией «Веселой Обезьяны» — широко известного в трущобах Гонконга заведения старого Ли. Табачный дым, неторопливо струящийся по узким коридорам и собирающийся в облака над зрительскими местами... казалось, что каждый посетитель, переступая порог «Веселой Обезьяны», считал своим долгом раскурить сигарету или сигару, обычную или с травкой, затянуться и пустить вверх ароматное колечко, внося свою лепту в формирование тумана. Дым от курящихся у идолов благовоний... куда же в Китае без идолов? Дым от горящих светильников... Старый Ли знал, что открытый огонь прекрасно оттеняет насилие, а потому не поскупился, установил в заведении не меньше десятка бронзовых чаш, над которыми плясало пламя. В дыму горели глаза игроков и букмекеров, в дыму мелькали прелести проституток — любовь тоже неплохо уживается с насилием, в дыму двигались по небольшой арене бойцы. Дым и огонь, деньги и любовь, наркотики и азарт, а главное — насилие. В «Веселой Обезьяне» проходили лучшие в Гонконге бои без правил, не похожие на те причесанные, гламурные шоу с застрахованными участниками, что оккупировали телеэкраны, а настоящие, грязные и жестокие драки. Без фальши, без обмана. А потому, несмотря на то что Гонконг стал частью социалистического Китая, заведение продолжало исправно работать, и толпа жадно следила за происходящим на арене, подбадривая гибкую красавицу, безжалостно добивающую мощного сложения кореянку.

— Врежь ей!

— Убей!

— Держись, маньчжурская тварь! Я поставил на тебя!

И прогадал.

Перед боем шансы Сеульской Принцессы выглядели предпочтительнее, она выше соперницы на десять сантиметров, тяжелее на тридцать килограммов и имеет на десять побед больше. Ставили на нее. Но Каменная Кобра оказалась лучше. Причем, к удивлению завсегдатаев, не быстрота стала главным оружием воительницы, а сила — именно в ней она превзошла кореянку. Разницу же в весе компенсировала тяжестью удара, поставленного настолько хорошо, что уже после двух удачных «крюков» Сеульская Принцесса поплыла, а последовавший за ними апперкот отправил огромную кореянку на пол. Возможно, если бы ей дали девять секунд, Принцесса успела бы прийти в себя, но гуманностью в «Веселой Обезьяне» даже не пахло, и через полминуты Кобра, споро обработавшая поверженную соперницу ногами, была признана победительницей.

— Отличный бой! — Старый Ли закрыл дверь в раздевалку и улыбнулся: — Ты просто зверь.

— Знаю.

Кобра, ничуть не смущаясь присутствия китайца, сбросила на пол кожаные лифчик и трусики, подошла к зеркалу и принялась изучать царапины на шее и щеке — в самом начале схватки кореянка несколько раз ее достала.

— А уж господин Ван как завелся... — Владелец «Веселой Обезьяны» весело хихикнул, на мгновение превратившись в копию мартышки, украшающей вывеску заведения. — Еле уговорил его не идти к тебе сразу после боя, дать мне пару минут.

— Господин Ван здесь... — протянула Кобра, продолжая изучать повреждения. — Я думала, он до конца недели пробудет в Макао.

— Здесь, здесь. И очень тебя хочет.

Насилие и любовь идут по жизни рука об руку. Многие клиенты, заведенные жестокой схваткой, жаждали обладать победительницей. Дикой, необузданной кошкой. Еще разгоряченной. Потной. Страстной.

Господин Ван любил острые ощущения.

Ли выложил на стол стопку банкнот.

— Это твой гонорар, а это... — Рядом оказалась еще одна стопка. — Презент от господина Вана.

— На пару камней хватит, — улыбнулась Кобра, бросив быстрый взгляд на деньги.

— Даже на три, — подтвердил старик, и его взгляд машинально упал на спину девушки, точнее, на шесть крупных черных бриллиантов, вживленных в тело Кобры вдоль позвоночника, от копчика до шеи. Седьмой камень — Ли знал и о нем — прятался под волосами. Более мелкие бриллианты, но тоже черные, она вживила себе в руки, в районе запястий, несколько — с левой стороны шеи и несколько на правом виске. Блестящая россыпь мелких камней потрясающе смотрелась на смуглой коже и отчетливо показывала, почему Кобра — Каменная.

— Передайте господину Вану, что мы можем встретиться, — решила девушка.

— Хорошо, — улыбнулся старик. Он не сомневался, что получит именно такой ответ. — И еще... В воскресенье можно устроить бой с Непальской Тигрицей.

— Не могу, — качнула головой Кобра.

— Предлагают очень хорошие деньги.

— Я предупреждала, что уезжаю.

— Далеко?

Девушка передернула плечиками.

— Зовите Вана.

Но старик не унимался:

— Когда вернешься?

Кобра усмехнулась:

— Не волнуйтесь, господин Ли, вернусь.

Неожиданно сильная августовская жара придавила Мадрид раскаленным прессом, горячей вьюгой прокатилась по улицам, втекая в необорудованные кондиционерами дома, с самого утра заставляя людей мечтать о сиесте. Даже ночь не приносила вожделенной прохлады, а потому большинство мадридцев, побросав дела, устремилось подальше от пышущих жаром улиц. В горы, на побережье, к рекам — не важно, главное — вырваться из города, ставшего похожим на разогретую сковородку. Уезжали политики и бизнесмены, клерки и работяги, домохозяйки и мелкие лавочники, все, кто мог себе это позволить.

Даже не уезжали — бежали.

Украшенный шашечками «Форд» осторожно пробрался по узкой, с обеих сторон заставленной автомобилями улице, остановился напротив аптеки — искать место у тротуара было бессмысленно — и выдал длинный гудок. Водитель ехавшей следом «Хонды» зевнул и взялся за лежащую на соседнем сиденье газету — объехать остановившееся такси не представлялось возможным, и ему оставалось только ждать. Дело для Мадрида обычное.

К тому же вызвавшие такси пассажиры, судя по всему, торопились.

— Хосе! Ну что ты возишься? — Первой из аптеки вышла хрупкая женщина лет тридцати пяти — сорока на вид. Светлые волосы стянуты в пучок. Платье максимально легкое, открытое везде, где только возможно. — Давай скорее!

Она уже шагнула к машине, когда из подъезда напротив выскочила пожилая тетка и суматошно замахала руками:

— Тереза!

— Мария, добрый день!

— Тереза, милая, как хорошо, что я вас застала!

— Мария, милая, мы уже закрылись...

— У Карлоса опять разболелась спина. Тереза, умоляю, один флакон вашего чудесного бальзама. Пока вы не уехали.

Хозяйка аптеки растерянно посмотрела на таксиста:

— Мы успеем, если задержимся на пару минут?

— Думаю, да.

— Хорошо. Мария, я сейчас... — Тереза вернулась к дверям аптеки и крикнула: — Хосе! Подожди! Не закрывай! Принеси флакон...

— Ах, ах, хорошо! Сладенький, хорошо...

Предварительные ласки остались в прошлом. Невада уже ощупал девчонку, с удовольствием помял ее небольшую грудь с пухлыми розовыми сосками, и теперь его руки поддерживали бедра партнерши, не позволяя ей сползти с узенькой столешницы самолетного туалета.

— Еще, еще... сильнее...

Глаза закрыты, губы шепчут стандартный бред, волосы растрепаны, блузка и короткая юбчонка задраны, а пальцы сдавливают плечи любовника. Все как обычно. Впрочем, гораздо больше Неваду занимали его собственные ощущения, приближение финала, и он все ускорял и ускорял движения.

— Сильнее... сильнее...

Снять девчонку оказалось не трудно. Во-первых, Невада Крус нравился женщинам: высокий, худощавый, с черными волосами до плеч — романтичные девушки находили в его облике нечто демоническое и охотно сдавались после первой же атаки. Во-вторых, он умел одеваться, предпочитал костюмы классического покроя, которые носил с вызывающей элегантностью, и цветные шелковые сорочки. Вот и сейчас черная пара замечательно оттеняла темно-синюю рубашку, привлекая женские взгляды. В-третьих, Невада путешествовал первым классом и прекрасно знал, что его перемещения по самолету не остаются без внимания пассажирок экономического. Девчонкам нравится запах денег, они свято верят в историю Золушки и с радостью примеряют на себя хрустальные туфельки. Не задумываясь, что в большинстве случаев это — стеклянная китайская подделка.

Вздремнув, отобедав и приняв пару коктейлей, Крус почувствовал желание развлечься и неспешным шагом отправился в путешествие по салонам самолета. Легко нашел цель: одинокая, похожая на студентку симпатяга, глаза которой вспыхнули при появлении богатого красавца, и чуть задержался напротив ее кресла. Ровно настолько, чтобы дать понять, что он ее заметил.

Девчонка подошла, когда Невада стоял у дверей туалета и вертел в руке пачку сигарет.

— А я думала, здесь нельзя курить.

— Увы, — вздохнул он. — Стюард уже предупредил.

— Умираю без курева.

— Я тоже. — Крус улыбнулся. — Меня зовут Борис.

— Света.

— Едешь домой на каникулы?

— Наоборот, возвращаюсь на студенческую скамью. Я стажировалась в нашем посольстве.

«В нашем посольстве...» Невада отметил, что его русский, несмотря на полуторагодичное отсутствие практики, остался на высоте.

— Учишься в МГИМО?

— МГУ. Юрфак. А ты чем занимаешься?

— Зарабатываю деньги.

С одной стороны, после знаменитой сцены из знаменитого фильма заниматься любовью в самолете стало пошло. Можно сказать — обыденно. Исчез элемент новизны. Зато на пошлость легко клеить девчонок. У них все наоборот: раз показывают в кино, значит, круто и модно. И им без разницы, что места в заоблачных сортирах совсем чуть-чуть. Зато будет о чем рассказать подружкам...

Она всхлипнула и вцепилась ноготками в его плечо. Тихо выдохнула.

Он взорвался на мгновение позже. И тоже бесшумно — зачем привлекать ненужное внимание? Несколько секунд постоял, переживая ощущения, затем отодвинулся от девчонки, снял презерватив и бросил его в унитаз.

— А ты мужик, — одобрительно пробормотала девушка, поправляя лифчик.

— С тобой хорошо, — в тон ей отозвался Крус.

— Правда?

— Конечно. — Невада застегнул штаны и улыбнулся: — С тобой было очень хорошо.

— Мы увидимся?

Он не собирался встречаться с этой дурой. Но не любил расставаться плохо. Пусть улыбается на прощанье.

— А ты хочешь?

— Мне понравилось.

— Тогда без проблем.

Невада записал номер ее телефона, крепко поцеловал в губы и открыл дверь. И встретился с недовольным взглядом толстой матроны. Девчонка хихикнула.

— Шлюха, — процедила тетка.

— Завидуешь?

Невада усмехнулся и направился в свой салон.

В любом городе самое спокойное место — река.

Разумеется, с этим утверждением можно поспорить. Вспомнить деловые Дунай, Майн, Сену или Волгу, по которым то и дело проходят баржи и пассажирские суда, а на причалах и в портах стоит такой шум, что с трудом слышишь собеседника. Вот только подобные воспоминания не совсем корректны. Беспокойными и шумными реки делает город. Сами же они лишь позволяют людям пользоваться водами, оставаясь при этом величавыми и неторопливыми. Сотни лет тягучего путешествия научили реки оставаться спокойными. Из порта в порт, от причала к причалу, от истока к устью несут они свои воды, наблюдая за кипящей вокруг жизнью. И если обитатели прибрежных городов забывают о чистоплотности, превращая свою реку в помойный сток, это ничего не меняет. Мусор постепенно исчезнет, что-то утонет, что-то выплывет на берег, что-то растворится в потоке, протекут километры, и река вернет себе привычный облик.

— Хорошо здесь... Хорошо...

Стоящий на набережной старик понимал толк в реках. И в спокойствии, которое они несут. Он умел подстраиваться под неспешное течение волн и успокаиваться, отдыхать душой. Он видел вечные воды и не обращал внимания ни на стайки использованных презервативов, ни на пустые сигаретные пачки и грязные тряпки, на весь тот мусор, что плавал у набережной Москвы-реки. И даже запах, в котором ощутимо чувствовался аромат гнили, его не смущал.

Мужчина видел суть, прикасался к душе реки.

— Хорошо...

Могло показаться, что он спит стоя, и лишь редкие слова, свидетельствовавшие об окутавшей душу безмятежности, показывали, что мужчина бодрствует.

— Какая тишина...

Малюсенький тойтерьер, сидящий на парапете, громко тявкнул. Некоторое время пес терпеливо ждал любующегося рекой хозяина, но теперь или замерз, или соскучился, а потому решил напомнить о себе.

Мужчина с шумом втянул ноздрями прохладный воздух, подумал, достал из кармана платок, высморкался и только после этого обратился к спутнику:

— Извини, я задумался.

Они были странной парой. Ушастый карликовый пес и длинный старик. Собака выглядела ухоженной, аккуратной: рыжая шерстка блестит, на лапках нет и следа грязи, не жирная, но вполне упитанная. А вот старик... Нет, он не был похож на бродягу: приличная одежда, не стоптанная обувь, чистые волосы. Но, как ни странно, общее впечатление было... серым. Именно серым. Неприкаянным.

Старик вызывал жалость, ибо было отчетливо видно, что он давно и безнадежно одинок.

Пес лизнул хозяину ладонь.

— Да, конечно, я все помню.

Мужчина вытащил из лежащей у ног сумки маленькую банку собачьих консервов, вскрыл ее и аккуратно выложил содержимое на кусок газеты.

— Кушай, друг.

Пес жадно набросился на еду.

А его хозяин медленно провел рукой по волосам и вновь отвернулся к реке.

Суббота

— Ариф, давай вместе? — Юноша игриво наклонил голову. — Когда мы вместе, всегда везет!

Большеглазый, большегубый, с аккуратно подстриженными пшеничными волосами, он был одет в тонкую трикотажную кофту, плотно облегающую подтянутый торс, и узкие джинсы, выгодно подчеркивающие упругие ягодицы. Ручки нежные, изящные, ногти покрыты бесцветным лаком, а в ухе игриво поблескивает золотая сережка.

Красавчик.

К тому же не на выданье, а с завидным кавалером.

— Ариф, ну, пожалуйста! — Юноша заломил руки и

принялся дурашливо умолять друга: — Пожалуйста, пожалуйста, пожалуйста...

— Ладно!

Мужчина, которого красавчик назвал Арифом, положил широкую ладонь на узкие пальчики юноши, и они вместе надавили на ручку игрового автомата. Колесики завертелись, на экране зарябили яркие символы, и когда, наконец, мельтешение прекратилось, игрокам выпал небольшой выигрыш.

— Я говорил! Говорил!

Юноша захлопал в ладоши и чмокнул друга в щеку. Тот не возражал, его забавляла непосредственность спутника.

Выглядел мужчина именно так, как должен был выглядеть спутник гламурного красавчика: холеный, уверенный в себе, плотный. Не старый, лет сорока пяти, но седины в волосах уже много. Впрочем, черная с серебром шевелюра смотрелась весьма импозантно.

— Ариф, давай еще раз? Пожалуйста!

— Хорошо.

— Вот здесь! Я чувствую, мы снова выиграем! — Красавчик увлек Арифа к другому автомату. Прижался к плечу. — Мне так хорошо с тобой.

— Чуть скромнее, — едва слышно приказал Ариф. — Не надо привлекать внимание.

Мужчина оглянулся, и второй раз за последние пять минут его взгляд устремился на одного из посетителей казино — сидевшего за карточным столом молодого черноволосого парня в элегантном темно-сером костюме классического покроя и бордовой шелковой рубашке. Судя по всему, длинные волосы игрока не давали Арифу покоя.

Его юный приятель заметил взгляд, чуть надул губы, но тут же вновь заулыбался, взял ладонь мужчины в руки и прижал к груди:

— Я люблю тебя. Пусть все видят. Или ты меня стесняешься?

— Не говори ерунды. — Ариф усмехнулся. — Давай сыграем.

Сардар, стоявший в пяти шагах от любовников, скривился.

В душе скривился, разумеется, глубоко в душе, на лице же не дрогнул ни один мускул. Однако неудовольствие телохранителя вызвал не спутник Арифа — к пристрастиям хозяина Сардар давно привык и воспринимал череду красивых мальчиков как само собой разумеющееся, — а поведение щенка, еще не привыкшего к статусу друга большого человека. Дорвавшийся до бездонного кошелька Арифа мальчишка хотел тратить деньги шумно, открыто, вызывая зависть у бывших дружков, не сумевших пока обзавестись приличными любовниками и теперь злобно таращившихся на счастливчика из дальнего угла зала. Белокурый красавчик упивался своей радостью, а влюбленный Ариф во всем ему потакал и вместо того, чтобы расположиться в уютном помещении для избранных, послушно таскался с приятелем по общедоступным залам казино.

— Мы опять выиграли!!

Длинноволосый игрок бросил на любовников внимательный взгляд, но тут же вновь вернулся к картам.

Комплекс сиял, сверкал, вспыхивал огнями, навязчиво и агрессивно переливался всеми цветами радуги, создавая атмосферу локального праздника. На соседней улице ночь, темные окна домов, редкие машины, а здесь — карнавал, брызги смеха, искусственно созданное веселье. Другой мир, другая жизнь. С одной стороны — мир, в котором даже по субботам ложатся рано, потому что некуда идти, или засыпают перед телевизором. Мир, в котором молодняк накачивается дешевым пивом на грязных лавочках, а взрослые угрюмы даже в Новый год. С другой — оазис азарта, бурлящий, подобно чайнику, окруженному десятком грязных кастрюль. Казалось, темные громады спящих домов смотрят на искрящийся разноцветным фонтаном комплекс укоризненно, даже осуждающе. Казалось, залитый светом дворец отвечает им презрительными взглядами.

Два мира, две жизни.

До сих пор Ильгар не представлял, как трудно будет решиться войти внутрь. Конечно, развлекательный комплекс — это не секретный военный завод, паспорт на входе никто не требует, но охранники смотрят внимательно, цепко, уверенно вычленяют из потока посетителей нежеланных гостей. Насчет «фейс-контроля» Ильгар не волновался: одет он подобающим образом, выглядит нормально, в «черном списке» не значится. Беспокоило его другое. Вряд ли охранники запоминают всех входящих, но для этого есть видеокамеры, записывающие происходящее в комплексе, а отснятые материалы хранятся службой безопасности не менее недели.

Именно об этом он и пытался сказать разработавшему план человеку.

«Они просмотрят записи, увидят меня, и расследование на этом закончится. Я стану главным подозреваемым».

Старик ответил со спокойной уверенностью, которой так недоставало самому Ильгару:

«Я никогда не ошибаюсь. План совершенен. Тебя никто не запомнит и никто не запишет. Главное — действовать с идеальной точностью. Секунда в секунду. Выдержишь график — выполнишь дело и спокойно уйдешь».

Но старик остался в безопасном месте, он не собирался приближаться к комплексу. А Ильгару предстоит выполнить самую сложную часть плана.

«Это твой выбор».

«Да, мой. И жизнь тоже моя».

И устыдился собственной трусости. Он ведь поверил в план, который ему предложил старик. В идиотский, совершенно невозможный план. Рассказать кому — засмеют. А он поверил. А раз поверил, то надо идти до конца. Если старик действительно знает больше других, если идиотский план сработает, то и остальным его словам можно доверять.

Ильгар посмотрел на часы: в двери надо войти через тридцать секунд. Шесть шагов.

«Решайся!»

В последний раз затянулся сигаретой, бросил окурок в урну и уверенно направился к подъезду.

Он заставил себя отринуть сомнения. Он оказался в здании ровно в то время, о котором говорил разработчик плана, спокойно прошел мимо охраны и направился в бар. Его костюм был в порядке, он вел себя нормально. Его не запомнили.

А в тот самый момент, когда Ильгар открыл дверь, в одной из комнат технических служб комплекса раздалась громкая брань.

— ..!

— В чем дело?

— Третья камера вырубилась.

— Дерьмо! — Начальник смены уставился на зарябивший «белым шумом» монитор. — Я ведь велел ее поменять.

— Так запасные кончились, я написал Шамилю, чтобы он купил, пометил «срочно», а он, шакал, только под вечер привез. Мы и решили, что она дотянет до завтра.

— Решили! — Начальник смены добавил пару крепких выражений, подумал и велел: — Хватай стремянку и вперед. Чтобы через пять минут все работало!

— Без штрафа?

— А это уж как получится. Если хозяева меня накажут, тебе тоже достанется.

— Знаешь, я так волновался... — Юноша отхлебнул «Маргариту», поставил бокал на стойку и улыбнулся. Немного грустно, немного застенчиво. Очень продуманно. — Твоя свадьба... Я сильно переживал.

— Боялся, что я тебя брошу?

— Это другое, — вздохнул юноша. — Мне плохо без тебя, Ариф. Когда ты рядом, я чувствую себя защищенным. Мне хорошо. Наверное, это любовь, да?

— Наверное.

— Я боялся, что твоя жена встанет между нами.

— Не встанет, — пообещал мужчина.

— Правда?

— Коленька, я тебе сто раз говорил: наши отношения не изменятся.

— Я помню. Я тебе верю.

Юноша сделал движение. Чуть потянулся, словно хотел поцеловать любовника в губы. Остановился, словно опомнившись. Виновато посмотрел на друга. Виновато, но с хитринкой, как шаловливый котенок.

Ариф понял намек: пора ехать.

Он допил коктейль, а когда ставил бокал на стойку, поймал взгляд давешнего игрока в бордовой рубашке. Взгляд, в котором можно было уловить презрение. Похоже, длинноволосый предпочитал другие игры. Ну и что? Тем не менее неприятный осадок остался: чернявый Арифу приглянулся. Узнать кто? Да черт с ним! Мало, что ли, симпатичных мальчиков вокруг?

Мужчина поднялся:

— Подожди меня здесь. Я схожу в туалет, и поедем ко мне.

— А твоя жена?

— Она в доме. А мы поедем в квартиру.

— Как скажешь.

Юноша проводил друга взглядом, лениво глотнул «Маргариту» и свысока покосился на бывших приятелей. Высокомерно усмехнулся, увидев продемонстрированный ему средний палец.

«Неудачники!»

Сардар знал свои обязанности хорошо, можно даже сказать — отлично. Умел он и группой командовать, распределяя обязанности между командой телохранителей, и в «одиночном плавании» не терялся.

В туалетную комнату Сардар вошел первым. Быстро осмотрелся: никого подозрительного, точнее говоря — вообще никого, комната оказалась пустой, открыл дверь кабинки, внимательно оглядел и ее, после чего сделал шаг назад и в сторону, пропуская хозяина к проверенному толчку.

Ариф, который во время телодвижений Сардара рассеянно разглядывал свое отражение в зеркале, прошел внутрь, закрыл за собой дверь, спустил штаны и стал медленно опускаться на унитаз. И вдруг вздрогнул, почувствовав болезненный укол в ягодицу. Хотел возмутиться:

«Что за...»

Но мысли неожиданно смешались.

«Боль!»

«Непорядок».

«Меня ударили?»

«Позвать...»

Мышцы онемели, перестали слушаться, Ариф издал короткий всхлип, или последний вздох, обмяк окончательно, продолжил движение на унитаз, вобрав в себя острие спрятанного в нем оружия, а затем повалился вбок, уткнулся в стенку и медленно сполз на идеально вымытый кафель пола.

Когда ошарашенный Сардар выломал дверь кабинки, Ариф был безнадежно мертв.

* * *

— Степка, поворачивай!

— Сама поворачивай!

— Я не буду!

— И я не буду!

Два катера, оставляя за собой пенные хвосты, стремительно мчались навстречу неизбежному столкновению. Третья модель, которой управлял самый младший из детей, четырехлетний Костя, в одиночестве накручивала «восьмерки» на безопасном расстоянии от не поделивших пруд корабликов. Костя, несмотря на возраст, понимал, что неспособен состязаться со старшими детьми в управлении игрушками, развлекался самостоятельно и не обращал никакого внимания на назревающую ссору.

— Степка! — Голос Ларисы сорвался. Чувствовалось, что девочка готова разрыдаться. — Поворачивай!

Но сама не уступала, продолжая вести катер выбранным курсом.

Остальные дети, ждавшие своей очереди поиграть с моделями, завороженно наблюдали за сближающимися катерами, ожидая развязки со смесью ужаса и любопытства. Ужаса — потому что в случае поломки моделей увлекательная игра «в кораблики» прекратится. Любопытства — потому что детей всегда интересует еще не изведанное, невиданные ситуации, а возможная гибель корабликов относилась именно к таким событиям. Опять же: Ларису и Степана наверняка накажут, а на это стоит поглядеть.

— Степка!!

Мальчик пошевелил джойстиком в самый последний момент, когда всем стоящим на берегу, не только детям, но и взрослым, уже казалось, что столкновения не избежать. Белый катер принял вправо, уступил путь ярко-красной модели Ларисы и заложил пижонский вираж за ее кормой.

— Дурак!

— Испугалась?

— Дядя Федя, скажите ему, что он дурак! — попросила девочка, не спуская глаз с несущегося по водной глади катера.

Красной модели ничего не угрожало, белый хулиган Степана накручивал бессмысленные круги в центре пруда, но Волков видел, что сын медленно подводит катер к игрушке Костика.

— Дядя Федя...

— Дядя Федя не скажет, — решительно произнесла Оксана. — И правильно сделает.

— Почему правильно? — Лариса удивленно посмотрела на мать.

— Потому что это ваша игра и вы сами должны разобраться между собой. — Оксана потрепала дочь по волосам и велела: — Все, смена закончилась, меняйтесь!

— Тетя Ксюха, я хочу красный кораблик, — заскулил кто-то из следующей троицы счастливчиков.

— Тетя Ксюха, а я хочу белый!

— Белый мой! Я его сразу забил.

Волков усмехнулся.

Но рассмешили его не требования малышни, а их обращение — «тетя Ксюха». Дети тусовки. С самого рождения они вошли в дружную компанию родителей и, разумеется, переняли клички, которыми те наградили друг друга. Так и появились: «тетя Ксюха», «дядя Петрович», «тетя Шашка»... Кстати, Рита Шашкина (когда-то Шашкина), третья бывшая Левы Корзинкина, в эти выходные тоже гостила у Стрекаловых, и «тетя Шашка» прозвучало не один раз.

Самого Волкова дети начинали звать «дядя Очкарик», но долго не выдерживали: во-первых, не удобно, на язык плохо ложится, а во-вторых, мелкие никак не могли понять, почему — Очкарик, если дядя Федя никогда в жизни не носил очки? Подрастая, они узнавали, что кличка приклеилась к Волкову из-за ума: слишком хорошо учился в школе и институте, слишком хорошо работает, поэтому — или Очкарик, или Умник, люди редко страдают богатством фантазии. Узнавать-то узнавали, но для них он уже был дядей Федей, кличка же оставалась для друзей и сослуживцев.

А очки... чтобы носить очки, недостаточно быть умным, нужно плохо видеть.

— Соскучился?

Голос Оксаны вернул Федора в реальность.

— Нет, — протянул он в ответ. — Задумался.

И привычным жестом потер пальцами переносицу.

— Настоящий мужик даже на отдыхе думает о работе, — подначила Волкова Рита.

— Откуда ты знаешь, что он о работе думал?

— Ты на рожу его посмотри, — рассмеялась «тетя Шашка». — С таким выражением только о ней, родимой, и думать. Не о женщинах же.

— О некоторых женщинах только с такой рожей и следует думать, — усмехнулся в ответ Федор.

— Очкарик, здесь же дети!

— А что я сказал?

— Не сказал, а подумал!

Рита и Оксана переглянулись и прыснули.

— Блин, девчонки, не мучайте меня, а? — жалобно попросил Федор.

— Десять минут пробыл с детьми и уже измучился?

— Мужики, они такие... Никакой выносливости.

Женщины расхохотались. Волков улыбнулся, вновь

потер переносицу и нашел взглядом сына, который играл с Костиком и позабывшей обиду Ларисой в салки. Визг, смех... Степке у Стрекаловых хорошо: и места много, и друзья давным-давно знакомые, можно сказать, в колясках рядышком лежали. Впрочем, здесь почти все могли похвастаться тем, что знают друг друга с пеленок.

— Владик, ну кто же так рулит? — Рита присела на корточки и принялась помогать малышу отвести от берега застрявший катер.

— Мы с Шашкой здесь еще побудем, — сказала Оксана. — А ты, Очкарик, можешь двигать к мужикам, иначе совсем закиснешь.

— Охотно, — не стал спорить Волков. — Тем более Петрович грозился выкатить какой-то необыкновенный херес на дегустацию.

— Смотрите не надегустируйтесь до остекленения.

— Ты же нас знаешь.

— Поэтому и предупреждаю, — рассмеялась Оксана. — За ужином вы должны быть как огурцы. Ночью нажретесь.

Ужины в доме Стрекаловых длились долго, с обстоятельными беседами, дружескими сплетнями, шутками и обязательным присутствием детей. Зато потом наступало время «взрослых» разговоров под звяканье хрусталя и минимум закуски. Бывало, мужики отправлялись спать после пробуждения детей, однако Оксана относилась к их посиделкам спокойно.

— Повезло нам с тобой.

— Да уж.

Оксана потрепала Волкова по волосам и чмокнула в щеку. Как сестра. Родились в одном роддоме, с разницей в неделю, выросли в одном дворе, вместе учились. И при этом никогда, даже когда у пятнадцатилетнего Очкарика гормоны плясали джигу, он не рассматривал Ксюху как объект внимания. А все потому, что еще в первом классе не по годам серьезный малыш Илья Стрекалов, которого с пяти лет звали Петровичем, заявил, что женится на красавице Ксюхе. А слово друга в их компании всегда было законом.

— Петрович с Левой в кабинете засели.

— Знаю.

Волков еще раз посмотрел на сына, развернулся и направился к дому.

— Потрясающе, — прошептал Корзинкин, проводя пальцами по цепи. — Считай, Петрович, что ты меня в очередной раз удивил.

— Но не так, как в прошлый раз, — уточнил Стрекалов.

— Ты имеешь в виду часы?

— Угу.

— Пожалуй, — признал после паузы Лева. — Часы, насколько я понимаю, были для тебя некой вершиной. Так?

— Верно, — согласился Петрович.

— А это — заготовка. Часть чего-то большего.

— Угадал.

— Но все равно потрясает.

Конструкция, что произвела столь сильное впечатление на Корзинкина, не была особенно сложной. Две шестерни, одна побольше, снабженная рукоятью, другая поменьше, сантиметров десяти в диаметре, были установлены на штативы и связаны между собой цепью. Обычная передача, какую увидишь в любом велосипеде. Вот только сделаны были шестерни, штативы и цепь из стекла. Каждое звено отлито с необычайным тщанием, скреплено с другими тончайшими металлическими стержнями, и гибкостью стеклянная цепь не отличалась от обычной.

— Чего ты задумал? — осведомился Корзинкин. — Стеклянный велосипед?

— Его уже делали, — серьезно ответил Петрович. — Есть сведения, что Орлов...

— Граф?

— Нет, купец, основатель лучшего в России стекольного производства. — Стрекалов прищурился: — Так вот, есть сведения, что он сделал стеклянный велосипед. Целиком стеклянный — от сиденья до колес. Только шины стояли обычные.

— И на нем можно было ездить?

— Разумеется, можно. — Стрекалов провел рукой по цепи и задумчиво добавил: — Дети катались.

— Игрушка.

— Уникальная игрушка, — уточнил Илья.

Внешне Стрекалов и Корзинкин были и похожи и не похожи друг на друга. Оба невысокие, оба, несмотря на относительную молодость — даже сороковник не разменяли, разве это возраст? — растеряли почти всю шевелюру. Вот только Лева оставшиеся на висках и затылке волосы отращивал и вязал в игривый хвост, а Илья брил голову почти под «ноль». Оба не отличались худобой, но Корзинкина можно было свободно назвать «несколько полным» (злопыхатели и вовсе предпочитали термин «расплывшийся»), а вот при взгляде на плотного Стрекалова люди понимали, что он не забывает посещать спортивный зал. Лицами же друзья были абсолютно не похожи. У Левы — античной лепки, глаза чуть навыкате, нос чеканного профиля, у Ильи — круглое, неприметательное, с носом картошкой и сохранившимися с самого детства толстыми щеками. «Рожа рязанская», смеялась Оксана, однако во взгляде маленьких серо-стальных глаз Стрекалова читались глубокий ум и неукротимая решительность. Предки Ильи были деревенскими, но не деревенщиной.

— Так что же ты задумал?

— Секрет.

Они вернулись в кресла, удобно развалились на мягких подушках, пару мгновений молча смотрели друг на друга, а затем Петрович потянулся и взял со стола деревянную шкатулку:

— Будешь?

— А как же! — с энтузиазмом отозвался Корзинкин. — Побывать в гостях у олигарха и не выкурить сигару? Меня же засмеют.

— Теперь не засмеют.

Илья обрезал две длинные «Гаваны», и спустя несколько секунд к потолку устремились клубы ароматного дыма.

— Хорошо... — протянул Корзинкин. Помолчал и, внимательно глядя на Стрекалова, негромко закончил: — Жаль, что Яшка не приехал.

— Жаль, — спокойно отозвался Петрович.

В его тоне не было ни раздражения, ни досады, Илья понимал, что рано или поздно они упомянут в разговоре четвертого друга.

— Звонил?

— Я ему, — уточнил Стрекалов. — Когда приглашал.

— А он не перезвонил.

— Угу.

Лева повертел в руке тлеющую сигару.

— Мама Валя говорила, ты ему работу предлагал?

— Угу. — Илья пустил колечко дыма и разглядывал его с таким вниманием, словно именно в этой призрачной конструкции заключался Божий промысел. — В очередной раз.

— Он снова отказался?

— Сказал, что у него все в порядке.

А сейчас в голосе промелькнула обида.

Из четверки неразлучных друзей Стрекалов добился больше остальных: владелец крупной финансовой компании, миллионер, известный в стране человек, он мог очень и очень много, но... но его друзья, самые настоящие, «родом из детства», не спешили обращаться за помощью. Яшка, которому хронически не везло в жизни, уверял, что у него «все в порядке», Корзинкин, попавший когда-то в широкую черную полосу, категорически отказался от предложения Ильи пойти работать на его фирму.

«Деньги приходят и уходят, — философски заметил тогда Лева. — Сегодня я бедствую, завтра поднимусь. А рисковать нашей дружбой не хочу. Сейчас ты для меня не господин Стрекалов, президент и благодетель, а просто Петрович, и я могу в любой момент дать тебе в глаз или обругать так, как сочту нужным. И ни за какие деньги от этого не откажусь».

Стрекалов не обиделся, помог другу другим способом, поддержал. Лева пережил полосу, нашел отличную работу, затем открыл свое дело и вот уже много лет чувствовал себя весьма и весьма уверенно. И не отказывал себе в удовольствии ругать Петровича так, как считал нужным.

А вот Яша преодолеть затянувшийся кризис не мог. Но Илье в нежелании друга получать помощь виделись совсем иные, нежели у Корзинкина, причины.

— Мне кажется, он нас обвиняет, — вздохнул Стрекалов.

— В чем?

— В том, что у нас все нормально.

— В таком случае у него началась последняя стадия деградации, — проворчал Лева. — Обвинять других в собственных проблемах — это пик лузерства.

Корзинкину не понравился ход разговора, но и спорить со Стрекаловым Лева не стал: Петрович умный, Петрович в людях разбирается, и Петрович Яшку любит.

— Он считает, что мы стали людьми другого круга, — закончил Корзинкин.

— Угу, — согласился Илья.

И оба подумали об одном: настоящая дружба «кругов» не замечает.

И еще подумали: тему надо сворачивать.

— Кстати, пора бы Очкарику появиться. — Лева бросил хищный взгляд на бутылку необыкновенного хереса. — Долго мы его ждать будем?

— Не будем, — решил Петрович. — Кто знает, чего он на пруду застрял? Может, утонул.

— Разливай, — улыбнулся Корзинкин и потянулся за бокалами.

Пруд располагался к югу от дома Стрекаловых, метрах в ста, а ведущая к нему дорожка проходила через небольшую рощицу, среди деревьев которой пряталась уютная беседка с резными деревянными колоннами и зеленой восьмиугольной крышей. Идущий быстрым шагом Волков почти проскочил мимо нее, но, услышав негромкий окрик: «Федя!», немедленно остановился, развернулся и подошел к сидящей в беседке женщине:

— Да, Валентина Сергеевна?

— Торопишься?

Мама Петровича жила отдельно. Шутила, что «дом двух хозяек не терпит», и обосновалась неподалеку, в собственном коттедже. Но выходные, разумеется, проводила у сына.

Утром она занималась с детьми, руководила играми на поляне, но к пруду, сославшись на усталость, не пошла, предпочла чтение в беседке. Теперь же, судя по всему, книга ей надоела и захотелось поговорить. Волков, несмотря на то что его ждали друзья, отказываться от предложения поболтать не стал, вошел внутрь, присел на соседнюю лавку и покачал головой:

— Нет, не тороплюсь.

— Врешь.

— Никогда!

Мама Валя улыбнулась. Невысокая, полная, с морщинистым лицом и длинными, собранными в пучок на затылке, совершенно седыми волосами, она, несмотря на итальянский брючный костюм, выглядела стопроцентной русской бабушкой. Каковой, в сущности, и была. Детвора ее обожала.

— Ты редко здесь появляешься, — посетовала Мама Валя. — Я соскучилась.

— Дела, — пожал плечами Федор.

А что он еще мог сказать?

— У Левы тоже дела, но он бывает у Илюши не реже двух раз в месяц, — заметила старушка.

— Ему детей нужно развлекать.

— А тебе не нужно?

— У меня один Степан, а у Левы... — Очкарик махнул рукой: — Лева сам уже со счета сбился.

— Это верно, — улыбнулась Мама Валя. Она положила книгу на столик, внимательно посмотрела на Волкова и спросила: — Как там у тебя?

— Рутина.

— Ой ли? — недоверчиво прищурилась старушка.

— По-прежнему ловлю жуликов, — вздохнул Федор. — Но меньше их не становится.

— Тебя это беспокоит?

— Ни в коем случае! — честно ответил Очкарик. — Если все станут честными, я останусь без работы.

— Которая тебе нравится, — уточнила Валентина Сергеевна.

В свое время решение Волкова надеть погоны вызвало у друзей непонимание. Во-первых, ни в счастливом детстве, ни в романтической юности Очкарик не проявлял никакого желания стать сыщиком. Во-вторых, Федор считался прекрасным инженером, ему предлагали пойти в аспирантуру, заняться научной работой, но... Но после защиты диплома Волков пошел на службу в МВД. Причем не в техническую часть, а в розыск, и одновременно поступил в Академию. Друзья, с трудом принявшие его выбор, тем не менее ни на мгновение не усомнились в том, что замысел Федора осуществится, и не ошиблись: карьера у Волкова складывалась успешно. Тридцать шесть лет, а уже полковник, высокая должность в министерстве, а самое главное — занятие приносит удовлетворение.

— Да, работа мне нравится, — помолчав, признал Очкарик. — И вы об этом знаете.

— Хотела убедиться, что ты не изменился.

Старушка откинулась на спинку скамьи и рассмеялась.

Волков понял, что она хочет продолжить разговор, но не знает о чем. О работе? Мама Валя знала, что Очкарик не станет откровенничать, не будет рассказывать о делах, которыми занимается. О Степане? Она и так все знала. О личной жизни? Эту тему в разговоре с Волковым старались не поднимать. Тогда о чем? Взгляд Федора упал на книгу:

— Что читаете?

Старушка прекрасно поняла причину неожиданного интереса Волкова. Она машинально прикоснулась к лежащему на столе томику и ответила:

— Роман о потерянном поколении.

— Любопытно... — протянул Очкарик. — Кто автор?

— Катя Турдон.

— Не слышал.

— А про Алексея Турдона?

— Журналиста?

— Да.

Это имя мелькало в светской хронике так часто, что Федор не мог его не слышать.

— В таком случае все понятно, — усмехнулся Волков. — Сейчас модно быть писателем. Тем более когда папа...

— Муж, — поправила Очкарика Мама Валя.

Федор вспомнил, как выглядит известный телеведущий, прикинул его возраст и осведомился:

— Разница у них лет тридцать?

— Почему ты так решил?

— Будь она мужу ровесницей, вряд ли бы назвала себя Катей. — Волков кивнул на обложку.

— Ты слишком суров, — посетовала Мама Валя. Но посетовала не всерьез, защищать девушку старушка не собиралась.

— Сколько ей?

— Двадцать пять.

— Молодая и талантливая... — Очкарик ядовито улыбнулся. — В двадцать пять лет она уже столько знает о потерянном поколении, что пишет книгу. Позвольте осведомиться, что именно потеряло ее поколение? Флаерс на концерт? Клубную карту?

— Катя пишет о вашем поколении, — уточнила Мама Валя.

— О нашем поколении? Как мило. — Волков быстро подсчитал годы: — В девяностом ей было девять лет. Что она знает о потерянном поколении?

— Полагаю, ей рассказывал супруг.

— Рассказывал, — саркастически повторил Очкарик. — Что он ей рассказывал?

И поймал себя на мысли, что тема разговора его задела. Сильно задела. Обычная невозмутимость отступила, и Федор говорил весьма резко, не скрывая эмоций. Впрочем, открывать душу Маме Вале Волков не стеснялся.

— Есть люди, которые пишут исторические романы, опираясь на архивные материалы и свидетельства современников, — напомнила Валентина Сергеевна. — Обычная практика.

— При этом они вносят что-то свое.

— Писательский вымысел.

— Поэтому большее доверие у меня вызывают хроники и мемуары, — отрезал Очкарик.

Правда, не уточнил, что, бросив исторические романы, на упомянутые хроники и мемуары не перешел — времени на чтение у Волкова не оставалось.

— А вот у меня мемуары не вызывают доверия, — задумчиво произнесла Валентина Сергеевна. — В них все приукрашено. Человек слаб, ему хочется показать себя лучше, чем он есть на самом деле. Я как-то читала воспоминания одного бизнесмена... — Быстрый взгляд на Федора, тот кивнул — понял, о ком говорит старушка. — А когда спросила у Ильи его мнение о книге, он поднял меня на смех.

— Есть такое дело, — согласился Очкарик. — Но в мемуарах — дух эпохи. Автор может приукрашать себя сколько угодно, но дух этот вытравить не в силах. И суть свою он не изменит: думать не так, как привык, не сможет, и за глянцевыми буковками все равно просветится настоящее... Лицо или рыло, в разных случаях по-разному, но просветится. — Волков помолчал. — Если бы роман написал сам Турдон, это одно. Но его молодая жена... Я не понимаю, зачем вы тратите время на подобное чтиво?

— Могла бы просто поговорить с тобой?

— Со мной или с Петровичем. Или с Левой.

— И ты бы все мне рассказал?

— Вы ведь знаете, что я вас никогда не обманывал.

— Верно, не обманывал, — кивнула Мама Валя. — Просто иногда ты отказываешься отвечать на вопросы.

Очкарик молча развел руками, всем своим видом показывая, что следует думать, какие вопросы можно задавать, а какие — нет.

— Впрочем, не буду скрывать: ты прав, я не ждала от этой книги многого. — Старушка снова улыбнулась. — Мне был интересен взгляд со стороны.

— Взгляд этой девицы? — удивился Федор.

— Она имеет право на свою точку зрения, — отрезала Валентина Сергеевна. — Она постаралась ее высказать, и мне было интересно узнать, что «эта девица» думает о моих детях.

Шесть лет назад умер отец Левы, из всех родителей осталась только Мама Валя, и иногда она обо всех друзьях говорила как о своих детях.

— И что она думает? — полюбопытствовал Федор.

— Неважно. В чем-то я с Катей согласна, в чем-то нет. Но теперь мне стало интересно: ты ощущаешь себя частью потерянного поколения?

Вот тебе и поболтали.

— Непростой вопрос, — после паузы пробормотал Очкарик.

— Спасибо.

Волков подумал еще пару секунд, затем медленно начал:

— С одной стороны, ни я, ни Лева, ни Петрович не потерялись.

— Верно, — подтвердила Валентина Сергеевна.

— Но это еще не значит, что мы не из потерянного поколения.

— Тоже правильно.

— Но что есть потерянное поколение?

— Объясни ты. Если, конечно, чувствуешь себя его частью. Если согласен с такой постановкой вопроса.

«Согласен... А действительно: согласен ли?» Федору доводилось слышать это словосочетание по отношению к своим ровесникам, но, честно говоря, он никогда над ним не задумывался. Некогда было — работал.

— Потерянное... Наверное, имеется в виду то, что наша жизнь пошла не так, как было задумано?

— Разве все расписывают свою жизнь на годы вперед?

— Кто-то расписывает, — серьезно кивнул Очкарик. — Я, поступая в институт, точно знал, что буду инженером, и я хотел им быть. А в итоге?

— Ты недоволен? — с легким нажимом произнесла Мама Валя. — Ты ведь мог стать инженером. Ты мог бы работать по специальности в крупной компании. Я знаю, тебя приглашали не только в аспирантуру, но и в «Боинг».

— В «Сименс», — машинально уточнил Федор. — Но это не важно.

Его научный руководитель плотно сотрудничал с немцами еще во времена СССР и рекомендовал подающего надежды инженера в солидную компанию.

— Жил бы сейчас в Германии, хорошо зарабатывал... но ты выбрал другой путь, тот, к которому лежала твоя душа. Так?

— Так, — признал Очкарик.

— Поэтому вопрос: какова вероятность, что, если бы СССР не распался, ты бы продолжил свою расписанную на годы вперед жизнь, работал бы в НИИ или на заводе, а не стал бы сыщиком?

— Полагаю, вероятность невысока, — поразмыслив, ответил Волков.

Уж больно нравилась ему его работа. Даже не работа — занятие. Трудно назвать работой то, к чему лежит душа.

— А не получилось бы так, — продолжила старушка, — что, сохранись СССР, ты бы стал инженером, служил в НИИ или на заводе, а к сорока годам запил горькую, потому что не сделал бы то, к чему лежит твоя душа? Ведь жизнь была расписана на годы вперед. Встряска помогла тебе определиться, изменить жизнь, а не случись ее? Отказываться от синицы в руках очень трудно.

— Хотите сказать, что я один из тех, кому развал Союза принес удачу?

— Наверное, нет, — подумав, ответила Валентина

Сергеевна. — Ты сильный и упорный мальчик, ты бы все равно нашел свой путь. И уж конечно бы не спился.

— Но сильных немного, — понял Федор ее мысль.

Большинство предпочитает плыть по течению.

— Мне понравилось, что вопрос о потерянном поколении привел тебя в замешательство, — улыбнулась Мама Валя. — Ты не прячешься за обстоятельствами, не ищешь виноватых на стороне, просто делаешь свое дело. Упорно. Целеустремленно. Поэтому у тебя все получается... — Она выдержала паузу и вновь улыбнулась: — Очкарик.

Мама Валя крайне редко называла Федора кличкой, и в ее устах она всегда звучала очень нежно.

В любом поколении есть победители и побежденные. Есть те, кто встанет выше сверстников, и те, которые опустятся вниз. Так было, есть и будет. В любом веке, при любом общественном строе. Внешние же обстоятельства, какими бы тяжелыми они ни были, на количество победителей и побежденных влияют не сильно, не катастрофически. Зато у неудачников появляется удобный повод поплакаться в жилетку: эх, кем бы я был, если...

Некоторое время Волков и Валентина Сергеевна молчали, а затем старушка поинтересовалась:

— Яшу давно видел?

И закрыла предыдущую тему.

— Давно, — вздохнул Очкарик.

— Зайди к нему, Федя, — попросила Мама Валя. — Он не такой твердый, как Илья или ты, не такой оптимист, как Лева. Ему нужна поддержка.

— Но он даже...

— Зайди к нему. — В голосе старушки послышался металл.

— Хорошо. — Волков знал, что обязательно выполнит просьбу Мамы Вали. — Вы ни о ком не забываете.

— Как можно забыть о детях?

— Не знаю, — улыбнулся Федор. — Не представляю.

На херес Очкарик не успел, захватил только последнюю рюмку. Друзья не обиделись, понимали, что не поговорить с Мамой Валей Федор не мог. Валентина Сергеевна осталась единственным представителем старшего поколения, ее берегли и никогда не отказывали в общении. Договорились продолжить настоящий мужской разговор ночью и пошли на ужин, который, как обычно, затянулся. Затем детей увели спать, женщины оккупировали веранду, а Илья, Федор и Лева отправились в бильярдную, покатать шары. А потом перебрались в гостиную, где все было готово к настоящему мужскому разговору: коньяк, коньяк, коньяк и сигары. Расположились в глубоких креслах, завели неспешный разговор...

А потом запиликал мобильный телефон, и Волкову сообщили, что в туалете казино найден мертвым известный предприниматель Ариф Гусейн.

* * *

Суета, поднявшаяся вокруг комплекса, не оставляла сомнений в том, что все получилось как надо.

Тараканами побежали из ставшего вдруг опасным заведения посетители. Убийство само по себе раздосадует кого угодно, но ведь это только начало: приедут менты, всех запишут в подозреваемые, начнутся неприятные расспросы... Одним словом, надо уезжать, пока в дверях стоят охранники казино, с которыми можно договориться, а не хмурые люди в форме. Кончился праздник. Во всяком случае, здесь кончился. Задвигались такси, заспешили водители, подавая авто к подъезду, и на несколько минут улица стала напоминать привокзальную площадь.

Но были и те, кто спешил не из казино, а внутрь. Ильгар заметил группу плечистых ребят в темных костюмах и догадался:

«Телохранители Арифа».

Те, что ждали на улице. Теперь они кричали, бестолково толкались и переругивались с охраной заведения — внутрь прошел только один из них. Потом на улицу явились три щеголя, здоровяк и двое хлипких, судя по всему — кто-то из службы безопасности и представители владельцев казино. Все трое — мрачные до крайности. Здоровяк возглавил переговоры с телохранителями, хлипкие не отрывают от ушей мобильные телефоны и беспрестанно курят.

«Хорошую развлекуху я вам устроил?»

Минут через десять примчались первые менты — обычные патрульные — на «Жигулях». Затем — карета «Скорой помощи».

«Поздно».

Следом за врачами появился микроавтобус с оперативной группой, а за ним посыпались машины специальных людей из специальных служб.

«Не пора ли отчаливать?»

Разработчик плана рекомендовал покинуть место преступления как можно быстрее, но перебороть искушение оказалось невозможно.

Ильгар чувствовал себя актером, сыгравшим в грандиозной постановке, и жаждал увидеть реакцию публики. Ведь как ни крути, суету в казино вызвал он. ОН! Все эти телохранители, охранники, менеджеры, врачи, менты — все бегают из-за него. Следователи будут ломать головы, размышлять... и ничего не найдут! Потому что идиотский план сработал на все сто. Безумное предложение старика оказалось изящной комбинацией, приведшей к необходимому результату. И безумие плана гарантировало его надежность.

Но когда от ментов в форме зарябило в глазах и опомнившийся Ильгар собрался покинуть свой наблюдательный пост, его внимание привлек еще один мужчина.

Офицер. Причем офицер высокого ранга.

Почему так решил? Потому что, несмотря на то что прибыл незнакомец на черном «Ауди» последней модели, встречать его бросились не местные громилы, а мент в форме, а стоящие у входа патрульные отдали честь: то ли знали приехавшего, то ли им объяснили, кто явился. Вот и получается — офицер.

Во внешности мужчины не было ничего необычного. Достаточно высокий, но не долговязый. Среднего, можно сказать — обыкновенного сложения. Одет даже не в штатское, а по-домашнему: джинсы, кроссовки, легкий трикотажный пуловер с каким-то несерьезным рисунком, видимо, вызов застал его вне дома, вот и приехал в чем был. На лицо подъехавший оказался не менее зауряден, чем на фигуру: глаза, нос, рот — ничего примечательного, второй раз встретишь — не узнаешь. Короткие волосы, лоб с большими залысинами, никаких особых примет. Не блеклый, не серый — обыкновенный. Заурядный. Но только на первый взгляд. Уже в следующий момент Ильгар понял, что непримечательный вид незнакомца не более чем маска, а вот те, кому доведется узнать его ближе, вряд ли когда-нибудь позабудут мужчину с обыденной внешностью. Почему понял? Потому что увидел, как повел себя незнакомец. Патрульные, первыми подоспевшие в казино, показались безразличными: еще один вызов, мало их, что ли, за день? Им было абсолютно все равно, куда ехать: в коммунальную квартиру на пьяную драку или в дорогой развлекательный комплекс. Настроение оперативников не сильно отличалось от настроения патрульных, для них происходящее тоже было рутиной: осмотр места происшествия, первичный опрос свидетелей. Замельтешившие позднее милицейские и прокурорские чины казались недовольными: мало того, что субботний вечер испорчен, так еще и дело может оказаться слишком заметным, не простой ведь работяга убит, а серьезный человек, известный. Налетят журналисты, начнут трепать нервы ненужными вопросами... И все, все, кто приезжал на смерть Арифа, быстро, «по-деловому» проникали в здание, торопились увидеть труп серьезного человека, торопились поставить галочку: был, видел, принимал участие.

Этот же никуда не спешил. Выбрался из «Ауди», поздоровался с подошедшим ментом, закурил и медленно огляделся. Дом, освещенную часть улицы, припаркованные машины, таксистов, охранников, любопытствующих... Все оглядел, словно впитывая в себя пейзаж или царящее вокруг настроение.

И на мгновение Ильгару показалось, что его незнакомец тоже впитал — увидел и запомнил. Навсегда запомнил.

Ильгар вздрогнул. И понял, что видит очень опасного человека, опасного лично для него. Понял тем самым чувством, что называют «шестым», тем самым чувством, что позволяет зайцу безошибочно определить, что перед ним охотник, а не мирный турист. Тем самым чувством, которое подсказывает индюку, что повар явился именно за ним.

У дверей казино стоял охотник. Неприметный, непримечательный, но цепкий, как бульдог.

Когда он вошел внутрь, Ильгар испытал неимоверное облегчение.

«Черт! Зря я задержался...»

«Испугался?»

«Нет! Пусть он охотник... Да! Но я не жертва! Ему до меня не добраться! Я совершил идеальное преступление!»

Идеальное преступление!

И страх отступил. Вернулось упоительное ощущение победы. Настроение в очередной раз скакнуло: от паники к эйфории.

Ильгар рассмеялся, выбросил из головы непримечательного мужика, повернулся к комплексу спиной и зашагал по улице.

«Никто меня не достанет!»

На ходу вытащил из кармана телефон и набрал номер, Ильгара распирало желание поделиться своей удачей. Он забыл, что это опасно. Он даже не подумал, что на дворе глухая ночь, не вспомнил даже, когда услышал в трубке сонный голос.

— Алло.

— Это я!

— С ума сошел?

— Я все сделал!

— С ума сошел?

— Черт! Извини...

В трубке послышались короткие гудки.

Ильгар остановился. Понял, какую глупость только что совершил. И вспомнил слова старика:

«План идеален. Если кто-то и может его испортить, то только ты...»

* * *

— Ариф Гусейн. — Грушин печально посмотрел на Волкова. — Это действительно тот самый Ариф Гусейн, чтоб его черти взяли!

— Уже взяли, — буркнул Федор.

— Козел, — продолжил Грушин, не обратив никакого внимания на замечание Очкарика. — Не мог сдохнуть в другом месте, сволочь. Теперь все переполошатся... — Подумал и поправился: — Уже переполошились. Журналюги завтра вой поднимут, начальство озвереет и начнет нас прессовать по полной программе...

Грушин тянул свою речь с такой кислой миной на лице, таким жалостливым голосом, что человек несведущий обязательно бы поверил, что именно он, несчастный майор Грушин, будет лично отвечать за ход расследования перед самим министром и собственной карьерой заплатит за возможную неудачу. В действительности же Васенька Грушин, к тридцати пяти годам не растерявший светлых кудряшек, трудился на теплой, уютной должности личного референта генерала Сидорова и никогда ни за что не отвечал. Но любил показать, что «понимает тяготы службы». Его присутствие в казино говорило о том, что начальство расценивает ситуацию как чрезвычайную. Сам Сидоров, естественно, здесь не появится, не того полета птица, но прислал генерал одного из самых доверенных своих людишек, хорошо умеющего слушать, замечать и, самое главное, докладывать. Впрочем, начальства на месте преступления и без Сидорова хватало.

— Кто приехал? — спросил Волков, заходя в казино.

— Все приехали, — буркнул Васенька. — Местные ребята, потом из городского управления подтянулись, потом наши, из министерства. — Грушин почесал в затылке. — Фээсбэшники. Зам городского прокурора. Из Генеральной кто-то...

— Понятно, — перебил перечисление Федор.

Круги побежали по воде... Оставалось найти того, кто бросил камень.

— Дознание на кого повесят?

— Пока местные суетятся, но вряд ли им дело оставят. Гусейн большим человеком был. За ним такие деньги стоят...

— Стояли, — уточнил Волков.

В казино они вошли, но дальше, к месту преступления, пока не торопились. Остались в холле, только в уголок отошли, чтобы не мешать снующим туда-сюда коллегам. Переговаривались вполголоса.

— Меня почему вызвали?

— Разобраться.

— А разве там не заказуха? — Очкарик кивнул в сторону туалетов.

— В том-то и дело, что непонятно. — Грушин поморщился. — Убийство — сто пудов, но не пуля.

И замолчал, выжидательно глядя на Волкова. Васенька не в первый раз пытался заставить Федора проявить любопытство, задать уточняющий вопрос, но неизменно проигрывал.

Секунд через десять майор кашлянул и продолжил:

— Арифа посадили на кол.

— Неужели?

— Честно.

У Волкова вспыхнули глаза:

— Нехарактерно для заказухи.

— О том и речь.

Несколько мгновений Очкарик размышлял, сосредоточенно разглядывая стоящего у дверей заведения милиционера, затем поинтересовался:

— Ариф один в казино приехал?

— Нет.

— Тогда давай сначала на его дружков посмотрим, а уже потом двинем в сортир.

— Как скажешь, — согласился Васенька.

Спутников Гусейна разместили в одной из комнат, прилегающих к главному залу казино. Пара диванов, пара кресел, пара журнальных столиков... здесь можно было без помех поговорить даже в разгар вечера — звукоизоляция позволяла, — и уж тем более сейчас, когда в заведении не грохотала музыка, а установилась непривычная, почти кладбищенская тишина.

Впрочем, входить внутрь и принимать участие в допросе Волков не собирался, ему было важно посмотреть на тех, кто был с Арифом, оценить их состояние, получить первое, «пристрелочное» представление об этих людях. Федор остановился в дверях и медленно огляделся.

Один из спутников Гусейна сидел на диване. Плечистый мужик лет тридцати пяти в черном костюме, белой рубашке и галстуке. Выглядел он не расстроенным, не обеспокоенным, а... потерянным. Именно так — потерянным. Здоровенный и, без сомнения, когда-то уверенный в себе мужчина отчаянно напоминал маленького мальчика, не только заблудившегося в лесу, но ухитрившегося при этом потерять все и вся: корзинку, компас, флягу с водой, дождевик — все.

Беспомощный бугай, совершенно не представляющий, что делать дальше.

— Телохранитель?

— Сардар, — ответил Грушин, — начальник личной охраны.

— Он был рядом?

— Да.

И недоглядел...

Тем не менее был рядом, в шаге от убитого и, возможно, — в шаге от убийцы. Но не помешал преступлению, не защитил хозяина... Не смог?

«Сардар...» Облик телохранителя отпечатался в памяти Волкова.

— Допросили?

— Да. — Васенька помялся. — Но решили пока не отпускать. Ни этого, ни второго.

— Правильно.

Очкарик еще раз оглядел оплошавшего телохранителя и перевел взгляд на другого спутника Арифа, который занимал кожаное кресло, стоящее в противоположном от Сардара углу комнаты.

Хрупкий белокурый юноша тихонько всхлипывал, то и дело поднося к глазам и носу одноразовый платок. Использованные бумажки он бросал на пол, и, судя по их количеству, слезы у мальчика лились не переставая. Белокурые волосики юноши пребывали в совершеннейшем беспорядке, нос распух, а во взглядах, что бросали на мальчика милиционеры, читалось исключительно презрение.

Ни капли сочувствия.

— Николай Паукин, — сообщил Грушин. — Двадцать два года. Друг покойного.

Мог бы и не уточнять.

— Друг? — Волков нахмурился, припомнив, что совсем недавно читал об Арифе в какой-то газете, и речь в статье шла...

— Гусейн вроде женат?

— Четыре месяца как, — подтвердил Васенька. — Я его жену не видел, но читал, что красавица. И на двадцать с лишним лет его младше.

Тем не менее в казино Ариф отправился с мальчиком.

— Сердцу не прикажешь, — развел руками Грушин.

Федор хмыкнул, но комментировать высказывание коллеги не стал. Да и что тут комментировать? За годы службы Волков повидал многое, в том числе — десятки фиктивных браков, заключенных самыми разными людьми с самыми разными целями.

В последнее время Гусейн активно превращался в публичную фигуру: статьи в прессе, интервью, участие в телепрограммах. Общество потихоньку тянулось к западным стандартам, и большинству обладателей многомиллионных состояний пришлась по вкусу новая игра. Остальным ее навязали. Так что мелькать на экранах приходилось практически всем. Бизнес должен быть честным или, как минимум, казаться честным, а потому вокруг видных представителей деловых кругов появились команды имиджмейкеров, денно и нощно тачающих для народа образ шефа. Но и без специалистов по пиару было понятно, что известному предпринимателю вряд ли пойдет на пользу афиширование нестандартных сексуальных пристрастий, и если актер-гомосексуалист может добиться успеха, то директору солидной компании следует демонстрировать приверженность общечеловеческим ценностям: жена, дети, дом.

— Сардар рассказал, что Ариф подцепил Паукина полгода назад. Мальчик приплясывал в команде одной певицы и охотно пошел к Гусейну на содержание.

— Мечтал стать звездой?

— Кому интересно, о чем он мечтал?

Шесть месяцев Паукин находился рядом с Арифом, знал о его перемещениях, мог обеспечить присутствие Гусейна в нужном месте в нужное время. Содержанки, как правило, тонко чувствуют настроение покровителей и, когда те начинают охладевать, вполне способны пойти на предательство и сдать благодетеля убийцам.

— Надо бы его получше проверить.

— Обязательно, — подтвердил Грушин.

Истерика гламурного юноши показалась Очкарику искренней, но следовало понять, чем она вызвана: потерей кормильца или страхом соучастника?

— Теперь пошли в сортир.

Туалетная комната оказалась именно такой, каким и следовало быть подобному месту в модном и респектабельном заведении. В отличие от некоторых клубов, в туалет этого казино не приходили забить «косяк», разложить дорожку или развлечься с податливой девочкой. Солидные господа отправляли здесь свои солидные надобности, аккуратно и солидно, а потому сортир сверкал прямо-таки стерильной чистотой. Кафельный пол идеально вымыт, во всяком случае там, где не успели натоптать милиционеры, хромированные детальки респектабельно поблескивают в свете ламп, среди которых не замечено ни одной перегоревшей, в мусорных ведерках исключительно использованные бумажные салфетки, максимум — пустые сигаретные пачки. Пахнет приятно. В автоматически включающих смыв писсуарах игриво журчит вода.

Одним словом — благодать.

Нарушали туалетный парадиз лишь выломанная дверца кабинки — телохранитель постарался — да сам виновник торжества. Ариф Гусейн, один из самых богатых людей города.

— Развалился! — негромко, только для Волкова, пробормотал Грушин. Вид мертвого миллионера вызвал у майора очередной приступ уныния: — Не мог в другом месте сдохнуть, сволочь! Поехал бы в какую-нибудь Ниццу да разбился бы на хрен на какой-нибудь «Феррари». Благородно и богато. Так нет, притащился в московское казино и помер в сортире. А нам теперь отдуваться!

— Не мешай, пожалуйста, — попросил Очкарик.

— Извини.

Грушин остался у дверей. Вытащил из кармана пластинку жевательной резинки, засунул ее в рот и принялся усердно работать челюстями. Волков же медленно прошел в глубь туалета и внимательно осмотрел убитого.

Гусейн лежал ничком, уткнувшись носом в плитку. Штаны спущены до колен, рубашка задрана, но обнажившиеся ягодицы стыдливо прикрыты куском ткани. Федор присел на корточки, приподнял тряпицу и прищурился, изучая рану на ягодице. Затем перевел взгляд на подошедшего эксперта:

— Причина смерти?

— Отравление.

— Неожиданно. — Очкарик улыбнулся и потер пальцами переносицу. — А мне сказали, Арифа посадили на кол.

— Так оно и было.

— Поэтому рана на заднице?

— Точно.

— Но смерть вызвана...

— Отравлением. — Криминалист бросил окурок в раковину и присел на корточки рядом с Волковым. — На кол ведь как сажают? Длинную палку в задний проход и вперед. В смысле — вверх...

— Это палка вперед и вверх. А человек — вниз.

— Верно понимаете. Но у нас не кол, а колышек. И не в проход, а в ягодицу. Оцарапал Арифа...

— И убийца смазал его ядом.

— Точно.

— Гм... занятно... — На этот раз Федор почесал кончик носа. — Как в книгах.

— В учебниках по криминалистике?

— Нет, как в детективных романах.

— Ну... можно сказать и так, — согласился эксперт.

— Остается выяснить, почему взрослый не пьяный мужчина уселся на смазанный ядом колышек. Или Ариф думал, что из унитаза торчит что-то безобидное?

— Ариф ничего не думал, — улыбнулся криминалист. — Он ничего не видел.

— Что вы имеете в виду?

— Подойдите сюда. — Эксперт поднялся на ноги и увлек Федора к фатальной кабинке. — Смотрите!

И указал на унитаз.

Окровавленный колышек — вот что увидел Волков в первое мгновение. Он торчал из унитаза, возвышаясь над сиденьем приблизительно на пять сантиметров. В следующий миг Очкарик понял, что в крови испачкано не все орудие, а лишь заостренный кончик. А еще через пару секунд догадался, что не видит основания — его дорисовало воображение, потому что мозг отказывался воспринимать увиденное: окровавленный наконечник миниатюрного копья висел в воздухе.

— Что это? — хрипло поинтересовался Федор.

— Красиво, да? — Криминалист усмехнулся. — Я сфотографировал его со всех сторон, но разбирать это чудо мне жаль. Как вы думаете, позволят забрать всю конструкцию? Вместе с унитазом?

— Да что это такое?

— Совершенство.

— Хватит дурака валять! — взорвался Очкарик. — Я спрашиваю, что это такое?!

Он не мог отвести взгляд от висящей в воздухе окровавленной части колышка. От висящей в воздухе...

— Я думал, вы поняли, — испуганно пробормотал эксперт. — Извините, товарищ полковник...

Но Волков уже успокоился. Вновь потер переносицу. Ему было стыдно за несдержанность.

— Что я должен был понять?

— Краска, — выдохнул криминалист. — Убийца так покрасил колышек, что тот полностью слился с фоном, понимаете? Если смотреть со стороны дверцы, то орудие преступления совершенно незаметно. Превосходная, совершенная ловушка.

Федор наклонился, медленно протянул руку, целясь чуть ниже ставшего видным острия, и почувствовал, что пальцы уперлись в основание оружия.

Краска.

А ведь в какой-то момент Волков решил, что видит нечто необъяснимое.

Краска.

Очкарик выпрямился и сухо, не глядя на эксперта, произнес:

— Прошу меня извинить.

— Честно говоря, я тоже был в замешательстве, — осторожно проговорил криминалист. — Впервые вижу подобное.

— Я тоже. — Федор подумал и закурил. — Что-нибудь еще скажете?

— Совершенство, — повторил эксперт. — Арифа отправил на тот свет не простой убийца, а подлинный мастер. Это, — кивок на унитаз, — настоящее искусство.

— А если без громких фраз?

— Без громких фраз не могу — я в восхищении.

«Ну, что же, еще один человек, которому гибель Гусейна доставила искреннее удовольствие».

Волков в последний раз оглядел место преступления. Чистенький туалет, сломанная дверь кабинки, мертвый мультимиллионер со спущенными штанами и унитаз, над которым висит окровавленный наконечник.

Искусство.

Что ж, все правильно. Если бы Арифу прострелили голову, Волкова бы не позвали, и в ГУВД, и в министерстве, и в прокуратуре есть люди, которые специализируются на стандартных заказухах. Очкарика же держали для расследования сложных дел, запутанных и изощренных. Тех, в которых надо было обязательно докопаться до истины.

Федор посмотрел на Грушина:

— Ты посоветовал Сидорову вызвать меня?

— Когда я увидел, как прикончили Арифа, то сразу понял, что без тебя не обойтись, — не стал скрывать Васенька.

Теперь понятно, кого следует благодарить за испорченные выходные и встречу с необычным убийцей. Впрочем, именно благодарить: Волков душой не кривил, он увлекся новым делом.

— Тебе нравятся загадки, — усмехнулся Грушин.

Очкарик не ответил. Глубоко затянулся сигаретой и перевел взгляд на эксперта:

— Завтра я должен знать, чем отравили Арифа. Успеете?

— Постараемся.

— Договорились.

Федор развернулся и вышел из туалета.

* * *

Старые дома смотрят на мир особым взглядом.

Те из них, кто потерял хозяина, превращаются в неприглядные ковчеги с мрачными лестницами и обшарпанными стенами. Их взор угрюм и тосклив, они не знают, чего ожидать от завтрашнего дня: реставраторов, способных вдохнуть в древние стены новую жизнь, или бригаду гастарбайтеров из солнечного Таджикистана, рекрутированную для сноса надоевшего всем строения.

Те же, за которыми следят, смотрят гордо, иногда — вызывающе, всем своим видом показывая новопостроенным выскочкам, что настоящее проверяется исключительно временем. Именно по таким домам заметно, что эстетика теряется с течением времени. Что в прежние времена люди стремились не просто иметь крышу над головой и стены вокруг, но крышу элегантную, а стены — красивые. Чтобы отдыхал глаз, успокаивалась душа, чтобы, возвращаясь домой, не чувствовать себя в клетке.

И действительно, разве могут сравниться широченные лестницы в огромных подъездах старинных домов с функциональными переходами в современных зданиях? Появившиеся лифты изменили взгляды строителей на лестницы, превратили их в запасные выходы, и теперь немногие из них могут с полным правом именоваться парадными.

Все меняется, все становится другим. Что-то погибает, что-то живет, откусывая очередной кусочек вечности.

За домом, что стоял на престижной Пречистенке, следили с самой его постройки. И следили на совесть. Даже в суматошные девяностые на его первом, техническом этаже не появилось офисов подозрительных фирм или заурядных коммерческих магазинов: с одной стороны расположился тихий ресторан, цены в котором превосходно справлялись с ролью вышибал, с другой — небольшая арт-галерея. Витрины заведений всегда сияли чистотой, тротуар подметался не менее двух раз в день, и даже включающиеся по вечерам неоновые вывески сияли приглушенно, с благородной ненавязчивостью, не зазывали, а указывали направление.

Под стать дому была и квартира. Большая, просторная, ни разу в своей истории не испытавшая прелестей коммунального заселения. Городское жилище, умудрившееся сохранить старинное, дореволюционное великолепие. С главной дверью и черным ходом, с огромной гостиной, пять окон которой выходили на Пречистенку, и еще четырьмя комнатами. Совсем недавно квартиру ремонтировали, но переделка «под современные требования» ее не постигла. Новые окна тщательно — и цветом, и видом — копировали старые, зато гораздо лучше защищали от шума. Новый дубовый паркет был точно таким, как прежний. И наполняли комнаты не произведения современных итальянцев или испанцев, а подлинная антикварная мебель, та самая, что стояла в квартире до ремонта. Отреставрированная, задышавшая с новой силой, но старой грудью. Резной стол, резные стулья, картины в резных рамах... ничего лишнего, только темное дерево, хрусталь и бронза. И никаких бытовых монстров: ни телевизора, ни музыкального центра, лишь мобильные телефоны, которые выложили на стол некоторые из присутствующих.

Пять человек.

Трое мужчин и две женщины.

Искусники.

Они сидели вокруг стола и, несмотря на то что понастоящему внимательно слушали своего лидера, периодически бросали взгляды друг на друга. Не переглядывались, а осматривались, оценивали. Некоторым из них приходилось встречаться или даже работать вместе, все они были заочно знакомы, однако в одной команде оказались впервые. Да и в Москву они добирались разными путями, так что увидели друг друга только здесь, в квартире своего лидера, шестого участника совещания.

В квартире Гончара.

Который тем временем заканчивал вступительную речь:

— Таким образом, вышеперечисленные факты позволяют мне считать, что она находится в Москве. Более того — в руках Механикуса. Наша задача — забрать ее. — Гончар помолчал. — Надеюсь, никто из вас не изменил свою точку зрения?

Он был настоящим лидером: говорил не громко, но властно, уверенный голос не обволакивал, а буквально захватывал слушателей, заставляя их предельно концентрировать внимание. И вопрос, которым Гончар закончил вступление, вопрос, предполагающий, что кто-то из членов команды может в последний момент отказаться от участия в операции, прозвучал так, что ответить на него отрицательно казалось немыслимым. Не угрожающе он прозвучал, не агрессивно, однако слышалась в нем такая уверенность в себе и помощниках, что выбора у последних не оставалось: только соглашаться.

— Мы летели в Москву не для того, чтобы отступать, — пробормотал сидящий справа от Гончара старик.

— Спасибо, — кивнул лидер.

— Не за что.

Но, разговаривая с Гончаром, голову старик не поднимал, не встречался с хозяином квартиры взглядом. Как смотрел на устроившегося на коленях тойтерьера, так и продолжал смотреть. И медленно поглаживал ушастую собачку по маленькой голове.

Считается, что миниатюрные зверушки нравятся в основном дамам, однако женщина, что расположилась рядом со стариком, периодически награждала тойтерьера презрительными взглядами. Возможно, она не любила всех животных, может — только собак, а если и любила, то питала пристрастие к другим псам. Это можно было предположить по ее внешности.

Женщина предпочитала черное: черный брючный костюм, черное белье — кружева бюстгальтера, скрывающие небольшую упругую грудь, игриво выглядывали из выреза жакета, черные туфли. На столе перед женщиной лежали маленькая черная сумочка, тонкие черные перчатки и блестящий, черный со сталью, телефон. Стоит ли говорить, что ее кудрявые волосы были черными. Глаза — черными. А также губная помада и лак на ногтях. Черные камни едва заметно поблескивали в сережках, на двух кольцах и тонком ожерелье. Однако этих безделушек даме показалось мало, а потому черные бриллианты украшали ее в самых неожиданных местах: мелкие камни переливались на запястьях, с левой стороны шеи, ближе к подбородку и на правом виске.

Черная леди.

Созданный образ не предполагал карликовых песиков. У ног женщины мог лежать разве что здоровенный доберман в ошейнике со стальными шипами. Но собаки не было. Зачем? Исходящая от женщины агрессия чувствовалась и без дополнительных аксессуаров.

— Надеюсь, операция пройдет так весело, как ты обещал, Гончар. — Она холодно улыбнулась. — Я не люблю скучать.

Ответить хозяин квартиры не успел.

— Смотря что понимать под словом «весело», — пробурчал старик.

— То, что понимают нормальные люди. — Черная презрительно скривила губы. И неожиданно изогнула спину, отчего жакет еще больше разошелся, демонстрируя задвигавшиеся полушария груди. И улыбнулась: — Мне нравится получать удовольствие.

Но игривое движение девушки не обмануло ни старика, ни кого-либо из присутствующих, все знали, что основное удовольствие Проказа получает от крови.

— У нас есть цель, — произнес Гончар. — Удовольствия оставим на потом.

Фраза прозвучала с мягкой строгостью; повелительно, но без лишнего железа в голосе. У женщины в черном были самые весомые мотивы для участия в предприятии, она пойдет до конца, и лидер не хотел портить отношения с Проказой.

Старик пробормотал под нос ругательство, кажется, на английском, но раздувать скандал не стал, вновь сосредоточил внимание на песике.

Последовало краткое мгновение тишины, нарушенное мелодичным женским голосом:

— Давайте, в конце концов, распределим обязанности и разойдемся. Я бы не хотела провести здесь всю ночь.

Проказа выглядела эффектно, но не была красивой: маленькие глаза, довольно большой нос и широкий рот не производили отталкивающего впечатления, но и не складывались в изящное целое. Вдобавок женщина в черном была напрочь лишена душевного обаяния, внутреннего шарма, способного оживить любую маску и представить дурнушку настоящей красоткой. Не уродливое и не модельное, волевое лицо уверенной в себе некрасивой женщины.

А вот соседка Проказы выглядела чарующе. Миниатюрная, но не «вечная девочка», фигура отличается не подростковой угловатостью, а утонченным изяществом идеально сложенной женщины. Аккуратная головка, узкое лицо, чуть вздернутый носик, точеные скулы, а самое главное — голубые глаза, возможно, не такие уж и большие, но кажущиеся на маленьком личике просто огромными. И еще — пышные светлые волосы. Прямые, длинные, с элегантной небрежностью стянутые в простой хвост, они привлекали взгляды окружающих, и мало кто из мужчин не испытывал желания прикоснуться к ним. Блондинка была немолода, но ее красота пока побеждала годы, не иссыхала — несколько морщинок не в счет, и на лице ни одного намека на мертвый глянец, который наводят на стареющих прелестниц хирурги.

Не всякая женщина может похвастаться такой внешностью в сорок лет.

— Куда торопишься, Испанка? — манерно протянула Проказа. — Не нравится компания?

— Не нравится город, — ровно ответила маленькая женщина. — Чем быстрее мы достигнем цели, тем быстрее уедем.

— Правильно, — поддакнул сидящий рядом здоровяк.

Невероятных размеров здоровяк. Глыба. Скала. Его габариты внушали уважение не только потому, что слева от него расположилась миниатюрная блондинка, — мужчина затмевал каждого присутствующего по отдельности и всех вместе.

Массивный, изрядно заплывший жиром, он тем не менее не производил впечатления рыхлого обжоры, скорее — борца сумо, поражающего непередаваемой слоновьей грацией. Широченные плечи, длинные толстые руки, соответствующий рост — чуть более двух метров, мужчина словно сошел со страниц комиксов. Усиливала ощущение и круглая лысая голова, которая, казалось, помещалась прямо на плечах: складки кожи на затылке плавно перетекали в спину, а впереди шею скрывал тяжелый квадратный подбородок. Выпуклый лоб нависал над глубоко провалившимися глазами, а из середины лица, из углубления, образованного лбом и подбородком, торчал маленький нос.

Красавцем мужчина не был. И голосом обладал отнюдь не мужественным — тонким, хотя и не писклявым. Впрочем, этот недостаток он компенсировал сопровождавшими фразы жестами.

— Мне здесь не нравится. — Для подтверждения этого факта Травник сжал лежащие на столе руки в кулаки — на мгновение присутствующим показалось, что они увидели пару футбольных мячей, медленно разжал их и продолжил: — У этого города неприятный запах.

— Неженка, — процедил последний участник совещания, молодой парень с длинными, до плеч, черными волосами. — Если тебе не нравится местный запах, пользуйся духами.

— Кое-кто не понимает намеков. — Испанка улыбнулась и перевела взгляд на Гончара: — Кстати, о запахе! Вот уж не думала, что ты возьмешь с собой Вонючку.

— Меня зовут Невада! — рявкнул покрасневший Крус.

— Все знают, как тебя зовут.

— Ты тоже не ангел, милочка, — с издевкой сообщила Проказа.

— Кто бы говорил!

Старик широко улыбнулся и едва ли не впервые с начала разговора оторвал взгляд от собачки. Тойтерьер последовал примеру хозяина, тоже уставился на женщин, но, в отличие от него, смотрел на ссорящихся дам с осуждением.

— Нимфетка-зомби, — прошипела Испанка.

— Кукла! — парировала Проказа.

— Стерва, — выдал Невада, но, увидев сжавшийся кулак здоровяка, прикусил язык и быстренько отвел взгляд.

— Черная выдра!

— Ядовитая тварь!

«И это моя гвардия!»

Гончар вздохнул. Как же трудно собрать в команду, а главное — удержать в ней взрослых и самодостаточных людей. Которые многого добились, в основном — самостоятельно, никому ничем не обязаны и по-настоящему себя уважают. Ведь недоделки — быстрый взгляд на Неваду — не столь полезны, как настоящие искусники. Которых надо уговорить, убедить или купить. Сейчас начальный этап пройден, он собрал почти всех, кого хотел, но... Но самое интересное только начинается: не все взрослые и самодостаточные люди хорошо относятся друг к другу.

— Правду говорят, у тебя вместо перхоти трупные черви?

— Из тебя песок сыплется, старая перечница!

— Потаскуха!

«Пора заканчивать балаган».

— Предлагаю всем замолчать! — Гончар встал на ноги, медленно оглядел соратников, выдержал паузу и, как ни в чем не бывало, продолжил: — Нет никаких сомнений в том, что Механикус уже знает о нашем появлении. — Перечеркнул скандал одним только правильно выбранным тоном. Настоящий лидер. — Сейчас Механикус затаился, ждет нашего хода. А поскольку мы предполагаем действовать решительно, через два-три дня он побежит. Так что времени у нас немного.

— Не рассчитывает ли он на помощь местных? — как ни в чем не бывало поинтересовалась Проказа.

Гончар поморщился.

— Вряд ли.

— Вряд ли? — нахмурился старик. — Ты же говорил, что договорился с местными?

— Совершенно верно, — подтвердил Гончар. — Бабушка Осень гарантировала нейтралитет. Во всяком случае, на первых порах.

— А потом?

— Все зависит от нас, — развел руками лидер. — Если наши действия будут достаточно решительны и профессиональны, местные не станут мешать.

— Испугаются, — усмехнулась Проказа.

— В Москве никогда не боялись крови, — буркнула Испанка.

— То есть дело не в запахе?

— Ты хочешь поссориться с внучатами Бабушки Осень?

Женщина в черном яростно посмотрела на блондинку:

— Я никого не боюсь!

— А следовало бы.

— Давайте, в конце концов, займемся планами на ближайшее будущее, — устало предложил Гончар.

Если Проказа была единственным членом команды, в чьих мотивах Гончар не сомневался, то Оружейник занимал особое место по другим причинам. Ум и огромный опыт старика делали его превосходным советчиком, и к мнению Оружейника Гончар всегда прислушивался. Они работали вместе не первый раз, и старик всегда — всегда! — задерживался после совещаний, чтобы с глазу на глаз обсудить с Гончаром сложившееся положение.

Так вышло и сейчас. Проказа, Невада, Испанка и Травник ушли, а Оружейник остался, продолжил сидеть, поглаживая тойтерьера, и поднял голову, лишь услышав слова лидера.

— У меня нет уверенности в том, что они справятся, — угрюмо произнес Гончар.

— Прекрасно тебя понимаю, — помолчав, согласился старик. — Команда, мягко говоря, разношерстная.

— Каждый хорош по-своему.

— Но они не вместе.

— Главное, что они со мной.

— Тоже верно.

Гончар сходил к буфету, достал бутылку коньяка, два бокала, принес их на стол и уселся рядом с Оружейником.

— Каждый из них пригодится. Но наша главная надежда — ты.

— Твоя главная надежда, — уточнил старик.

И выпил. Не смакуя, не разбираясь в букете дорогого напитка. Хлопнул, как рюмку водки.

Хозяин же квартиры замер, не донеся бокал до рта. Внимательно посмотрел на Оружейника:

— Разве ты не разделяешь мои взгляды? Разве не считаешь, что Механикуса надо остановить?

— Ты хочешь его остановить? — тихо спросил старик.

Несколько мгновений мужчины смотрели в глаза друг друга. Затем Гончар выпил. Но не ответил. На лице Оружейника не дрогнул ни один мускул. Он расслабленно откинулся на спинку стула и продолжил поглаживать дремлющего песика.

— Я сделал все, о чем мы договаривались. Я нашел парня и вывел его на дорогу. — Старик помолчал. — Но мне кажется, ты рискуешь, используя его.

— Почему?

— Если он тот, кто мы думаем, он докопается до сути.

— Пусть докапывается, — проворчал Гончар. — Пусть поможет нам, а потом докапывается до чего угодно.

Они расстались минут через тридцать. Обсудили еще некоторые детали операции, после чего Оружейник покинул квартиру.

Так и не получив ответ на главный вопрос.

* * *

Возвращаться в загородный дом Ильи Волков не стал, несмотря на то, что по пустым ночным трассам, да при своей любви к скоростной езде, добрался бы до места минут за сорок. Не поехал, потому что на утро уже было назначено совещание, а добираться до министерства из дома значительно ближе.

«Извините, мужики, попьянствуем в другой раз!»

И Федор направился в свою пустую «трешку» на Ленинском. Точнее, в свою опустошенную «трешку». В огражденный кирпичными стенами мирок, когда-то уютный, а теперь лишенный души. В свой дом.

Смерть Маши не выбила Очкарика из колеи, слишком уж крепко стоял он на ногах, слишком сильным был — в этом Мама Валя не ошибалась. Но и сказать, что Волков не заметил потери жены, значило бы покривить душой. Безжалостный удар судьбы оглушил Федора, однако он справился. Помогли друзья, помог сын, ответственность за будущее которого Очкарик стал ощущать еще сильнее, помогла теща... С тещей Волкову повезло. Она не требовала от него хранить верность покойной жене, лишь попросила беречь ее чувства. «Я понимаю, Федя, ты мужчина и не сможешь долго быть один. Но ради бога, помни о том, что Маша была моей дочерью...» Впрочем, могла бы и не просить, Очкарик и сам все понимал. Ни разу за прошедшее время он не привел домой женщину. И не только ради тещи — ведь был и Степан. Волков не мог представить, что он скажет мальчику о спутнице. Знакомая? Просто знакомая? Парень помнил мать смутно, однако это не повод подвергать испытаниям его чувства.

А может, все дело заключалось в том, что Федор еще не встретил женщину, которую бы он смог пустить в свой дом? В мир, который когда-то наполняла Маша.

Отгонять «Ауди» в гараж Очкарик поленился. Припарковался у дома, благо нашлось местечко недалеко от подъезда, вышел из машины, щелкнул кнопкой на брелоке, постоял в задумчивости, а затем поднял голову и посмотрел... не на свой пятый этаж, а на окна другой квартиры. И увидел в них свет.

И от вида освещенного прямоугольника на душе у Волкова стало теплее.

Не лжет ли он себе, говоря, что никого не встретил?

Федор помялся, не в состоянии принять какое-либо решение, а затем, продолжая стоять у машины, вытащил пачку сигарет и закурил. Во взаимоотношениях с женщинами, особенно с теми, которые действительно небезразличны, многие мужчины полагаются на волю случая, надеясь, что «оно само как-нибудь разрулится».

«Зайти? А если она спит и просто забыла выключить свет? Да, наверное, все так и есть...»

Он почти решил уйти, но неожиданно увидел в окне женский силуэт. А еще через пару мгновений в кармане Волкова зазвонил телефон.

— Привет. — Голос мягкий, с легкой хрипотцой.

— Привет, — негромко ответил Федор и бросил сигарету в урну.

— Я думала, ты останешься у Ильи.

— Вызвали.

— Трудоголик.

— Вроде того.

Она продолжала стоять у окна, не сводя глаз с Волкова, смотрела сквозь стекло и ветви деревьев. А он смотрел на нее и молчал. И еще не понимал, что его мир уже наполнила другая женщина.

Не Маша.

И совсем не похожая на Машу.

Густые каштановые волосы чуть ниже плеч. Удлиненное лицо, маленький подбородок, выпуклый лоб, тонкие губы, озорные глаза, блеск которых не погасили годы, нос чуть великоват, но в целом впечатления не портит. И морщинки вокруг глаз. Много смешливых морщинок.

— Устал?

— Не успел, — мотнул головой Волков. — Бездельничал ведь целый день... А ты почему не спишь?

— Заснула в гостиной... Меня разбудила твоя машина.

— Извини.

— Так даже лучше. — Она улыбнулась. — Просыпаться в кресле пошло.

«А еще хуже просыпаться одной, — мысленно продолжил Федор. — Или одному».

И негромко произнес:

— У меня есть бутылка вина.

— Не хочу вина. Просто приходи.

Черный «бумер», воспетый целым поколением блатных и приблатненных романтиков, выглядел не очень презентабельно. Модель не из последних, машина в возрасте, кузов не блестит, а лишь вяло переливается в свете уличных фонарей, словно сигнализируя: «Я еще ничего, меня отполировать — и тогда засверкаю!», двигатель урчит без прежнего задора, а внутри воняет дешевым табаком.

Именно этот мерзкий, застарелый запах, навсегда впитавшийся в обивку салона, больше всего раздражал Испанку. Тяжелым прессом придавил, как только женщина села в машину, и едва не вывернул наизнанку. Блондинка не замедлила высказать свое мнение Травнику, но тот лишь пожал могучими плечами: когда выбираешь машину, запах салона не чувствуешь. Есть колеса — и ладно. А угонять лучше не бросающиеся в глаза тачки, чтобы тормозили реже. Сколько в Москве черных «БМВ»? Каждую гаишники не остановят. А если и остановят, то полученные от Гончара документы нехитрую дорожную проверку точно выдержат. На предложение же угнать другую машину здоровяк ответил категорическим отказом, лень ему было искать другую машину и мотаться к Гончару за новыми документами. Испанка обиделась, опустила все стекла и почти час не раскрывала рот. Травник, прекрасно знающий спутницу, тоже помалкивал и, лишь когда они выехали на Ленинский проспект, рискнул начать разговор:

— Я все-таки не понимаю, почему Гончар велел следить за этим парнем?

И тихо кашлянул, показывая, что извиняется.

Испанка ответила не сразу. Сначала повернула голову вправо, разглядывая проносящиеся мимо дома, а примерно через полминуты медленно, нехотя произнесла:

— Если парень действительно тот, за кого его принимает Гончар, к нему стянутся все нити. Фактически, он выполнит за нас самую сложную работу — найдет ее. — Снова помолчала. — Хотя может получиться так, что мы получим информацию и без его участия.

— Каким образом?

— Ты забываешь о завтрашней встрече.

Травник издал недовольный звук, то ли хрюкнул, то ли едва слышно выругался, и спросил:

— А если не получим?

— Тогда нас приведет «этот парень».

«Бумер» плавно вкатился в нужный двор, медленно проехал вдоль дома («Вот его машина», — кивнула Испанка) и остановился на свободном месте.

— Приехали, — пробубнил здоровяк.

Испанка огляделась:

— Проказу видишь?

— Вон ползет.

— А...

Испанка наконец разглядела появившуюся из сквера женщину. Поджала губы, но взгляд не отвела, спокойно приняла фотоаппарат с мощным объективом, который та молча протянула через открытое окно.

— Проблем не было?

— Я думала, вы приедете раньше, — проворчала Проказа, закуривая тонкую сигарету.

— Мы приехали вовремя.

— Но вы вдвоем, найдете чем заняться, а мне одной было скучно.

Здоровяк покраснел.

Испанка хотела нагрубить в ответ, но сдержалась. Повертела в руках фотоаппарат и поинтересовалась:

— Чем занимается наш друг?

Блондинка пыталась перевести разговор в деловое русло, но получилось только хуже.

— Тем, чем должен заниматься по ночам приличный мужчина. — Проказа вызывающе посмотрела на здоровяка. — Трахается.

Тот выдержал взгляд, ничего не ответил нахалке. Лишь верхняя губа чуть приподнялась, обнажив мелкие зубы.

— С кем трахается? — деловым тоном уточнила Испанка.

— С какой-то старой кошелкой, — любезно ответила Проказа. — На фотике есть снимки, правда, качество так себе. Живет вон в той квартире на третьем этаже.

И кивнула на окна.

Испанка вызвала на экран цифрового аппарата изображение женщины, несколько секунд разглядывала его, после чего невинно заметила:

— Очень милая. И при этом моложе тебя, чернушка дохлая.

Здоровяк хмыкнул.

— На ее фоне я — девочка. — Проказа затушила сигарету о дверцу «бумера», повернулась и пошла вдоль дома.

Испанка же выключила фотоаппарат, бросила его на заднее сиденье и вздохнула:

— Жаль, что нам ничего не известно о его пассии.

Забавные все-таки случаи бывают в жизни. Волков и Альбина знали друг друга с детства, один дом, один подъезд. Она была старше на пару лет, но ведь в веселые юношеские деньки такие мелочи не всегда являются препятствием. Тем не менее между ними ничего не возникло. Вскоре после окончания института Федор познакомился с Машей. В Сочи, хотя жили они на соседних улицах. Альбина нашла мужа еще дальше — на конференции в Варшаве. Москва слишком большой город, чтобы встретиться? Или время в нем течет слишком быстро? Или дома мы слишком заняты?

На какое-то время их пути разошлись, Очкарик остался на месте, Альбина выпорхнула из старого гнезда, улетела. Но через несколько лет вернулась.

Примерно через полтора года после того, как умерла Маша Волкова.

Они увиделись во дворе, остановились, поболтали ни о чем, как старые, но не близкие знакомые, которым суждено со временем стать старыми, но не близкими соседями. «Как дела?» — «Нормально». — «Видела твоего сына, вылитый папа». — «Я старался...» Потом случайно пересеклись в недорогом баре в центре города. Волков встречался с осведомителем, Альбина болтала с подругой. Заметили друг друга, но даже не кивнули: Альбина уже знала, чем занимается Очкарик, и поняла, что лишние знаки сейчас ни к чему. Федору это понравилось, весь разговор он бросал на Альбину взгляды, а когда клиент ушел, остался в баре. Уселся неподалеку от болтающих женщин и достал газету. Альбина заметила маневр, однако прерывать разговор не стала, заставив Волкова ждать почти час, зато, попрощавшись на улице с подругой, вернулась в бар.

Федор узнал, что ей нравится «Текила Санрайз».

Альбина нашла хорошего, заботливого и целеустремленного мужа, сумевшего сделать прекрасную карьеру на дипломатическом поприще. Несколько лет ее жизнь была похожа на сказку: Франция, Бельгия, опять Франция. Потом возвращение в Москву, где муж занял ответственный пост в министерстве, планы на будущее, но... Как раз в то время среди чиновников высокого ранга возникла мода на молодых жен. Они разошлись мирно, можно сказать — интеллигентно. Альбина с девятилетней дочерью вернулась в старую, оставшуюся от родителей, квартиру и начала жизнь заново.

Она не жаловалась, просто рассказывала. А Волков, так уж получилось, рассказал о себе.

Встретились посреди шумного города старые знакомые, улучили минутку и поделились историями. Ведь должен же был найтись кто-то, кто увидит за скупыми предложениями целую жизнь. И почему этим кем-то не может оказаться человек, который вырос по соседству?

Сначала они не видели в своей встрече ничего романтического. Или не хотели видеть. Или боялись видеть. Даже после третьего коктейля продолжали разговаривать в прежнем ключе, не пьянели и не делали вид, что пьянеют, не склоняли головы ближе друг к другу. Она не клала руку ему на плечо. Он не пытался погладить ее колено. Просто говорили.

А потом слова закончились. Они выплеснули друг на друга свои жизни и некоторое время молчали, наслаждаясь появившимся в душах умиротворением. А потом, когда должно было прозвучать стандартное: «Кажется, нам пора по домам...» — Волков выбрал другой вариант. Он впервые прикоснулся к Альбине: взял ее узкую кисть и поцеловал тонкие пальцы.

И никто из них не подумал, что причиной стало вино.

И как-то сразу в их отношениях появилось невысказанное, но железное правило: не рассказывать детям о связи. Словно и Федор, и Альбина в глубине души думали, что их встречи не продлятся долго, что пережитые драмы, вызвавшие в их душах смятение, забудутся, а наладившаяся жизнь сотрет то, что привлекло их друг к другу. Волков мог найти более молодую женщину: нестарый, небедный, интересный мужчина. Альбина могла надолго, а то и навсегда покинуть Москву: знание языков и нужные знакомства позволили ей получить отличную работу в представительстве крупной французской компании.

Но он не находил, а она не уезжала. А связь все не рвалась и не рвалась.

Зато мимолетные, ни к чему не обязывающие романы, которыми Волков перебивался до этого, прекратились. Он больше не чувствовал в них необходимости. А Альбина, ничего не сказав Федору, перестала выстраивать свою карьеру с прицелом на получение должности в Париже. Она не хотела уезжать.

Московская августовская ночь, теоретически летняя, оказалась весьма прохладной, заставляя Травника с тоской вспоминать душный Мадрид. Включенный обогреватель мог исправить положение, но Испанка по-прежнему запрещала закрывать окна, и здоровяк медленно коченел. Несколько раз он выходил из машины и энергично разминался, но положение это не спасало, а вот блондинка ночную свежесть переживала спокойно, нахохлилась на переднем сиденье, став похожей на недовольную птичку, и почти не шевелилась. Не спала. Но разговаривать отказывалась. И лишь под утро Травник нашел тему, заинтересовавшую Испанку.

— Мне показалось, ты здорово недолюбливаешь Неваду.

— Тебе не показалось, — коротко ответила женщина.

— Могу я узнать почему?

— А за что его любить?

Здоровяк обиженно засопел:

— Терри, обещаю, завтра я угоню другую машину...

— В этом нет необходимости, — улыбнулась Испанка. — Лучше пропитай салон чем-нибудь ароматным.

— Ты согласна?

— Да.

«Я прощен!» — Травник расцвел в улыбке:

— Обязательно!

Мир был восстановлен, и здоровяк ощущал себя совершенно счастливым. Он даже выбросил из головы Неваду, однако Испанка решила развить тему:

— Я забыла, что ты с ним не работал.

— А ты? — удивился Травник.

— Приходилось.

— И не рассказала!

— Не тот человек, чтобы... — Женщина вздохнула. — Впрочем, раз уж мы оказались с ним в одной команде, ты должен знать о Вонючке правду. Возможно, это нам поможет.

Здоровяк насторожился:

— Я слышал, он большой подлец.

— Не без этого.

— Так все мы грешны, — осторожно улыбнулся Травник.

— К сожалению, Невада не просто подлец. Он недоделка.

— Уверена? — недоверчиво спросил здоровяк.

— Абсолютно.

— Я слышал, он играет как бог.

— Но не так, как должен играть искусник, — уточнила Испанка. — У Невады были потрясающие способности к игре в карты, но ему не повезло — он встретил Гончара.

— Каждый из нас встретил Гончара.

— Но к моменту встречи мы уже были искусниками.

— Я — нет, — парировал Травник.

— Интересно... — Женщина прищурилась. — Я не знала об этом.

— Просто... — Здоровяк выглядел смущенным, — просто мы никогда не говорили... В смысле... я не говорил... Не было подходящего случая...

— Гончар предлагал тебе помощь?

— В чем?

— Чтобы стать искусником?

— Ну... — Травник почесал затылок. — Что-то такое прозвучало, но я...

— Ты отказался, — помогла Испанка.

— Да.

— А Невада согласился. — Она провела пальцем по пыльной торпеде — прежний хозяин «бумера» не очень-то ухаживал за железным конем. — Игра непредсказуема, везение может кончиться, полагаю, именно эти доводы помогли Гончару обмануть Круса. Или же парень оказался слишком ленив и решил схитрить, не упускать то, что само плывет в руки. — Испанка помолчала. — Одним словом, всеми нынешними успехами Невада обязан Гончару. А взамен наш могущественный друг получил преданного раба, не смеющего даже чихнуть без разрешения. Одно слово — недоделка.

— Откуда ты знаешь? — хрипло спросил Травник.

— Перед той операцией, в которой мы работали вместе, Невада взбунтовался, и Гончар лишил его своей милости. За одну ночь Крус проигрался в пух и прах, стал должен едва ли не всем жителям Земли.

— Дальше можешь не продолжать, — усмехнулся здоровяк.

Но Испанка не послушалась:

— Я видела, как Невада умолял Гончара о прощении, как плакал, валяясь в ногах. Ни один искусник не станет так унижаться.

Потому что ни один искусник не обязан Гончару своим умением.

— Невада получил все и сразу, — жестко закончила женщина. — Теперь он полный ноль.

Минут пять в салоне «бумера» царила тишина. Тереза вновь нахохлилась, Травник обдумывал ее рассказ. При этом он так увлекся, что даже забыл о ночном холоде. Женщина предполагала, что здоровяк потребует дополнительных подробностей, захочет развить тему

Невады, например, узнать, за что искусники прозвали его Вонючкой, но, к ее некоторому удивлению, Травника заинтересовало совсем другое:

— Почему Гончар не взял с собой только недоделок? Невада ведь не единственная его игрушка?

— Не единственная.

— Тогда почему он не собрал команду из преданных рабов?

— Политика, — улыбнулась Испанка. — Собрав команду искусников, Гончар может представить свою стычку с Механикусом как столкновение принципиальных позиций. Не мне тебе рассказывать, что вражды между искусниками хватает.

— Да уж, — пробормотал Травник.

— Но есть правило: искусники выясняют отношения только между собой. И если бы Гончар натравил на Механикуса исключительно наемников, против него выступили бы все. — Испанка зевнула, воспитанно прикрыв рот маленькой ладошкой. — Во всяком случае, внучата Бабушки Осень точно бы не остались в стороне. Москвичи — ребята горячие...

Если существовала возможность, Волков всегда оставался у Альбины до утра. Она была рада таким ночам. Действительно рада, несмотря на то, что Очкарика могли неожиданно вызвать на службу — и вызывали — в любой момент. Они не любили просыпаться в одиночестве. А в последнее время им нравилось просыпаться вместе.

Вот только об этом они еще не говорили. Держали в себе, предпочитая делиться лишь обыденными планами.

— Завтра я улетаю, — сказала Альбина, выйдя из душа. — Днем сообщили — срочная командировка. В понедельник рано утром я должна быть в Париже.

Кому-то Эйфелева башня, а кому-то труп в сортире.

Альбина легла рядом с Волковым и провела рукой по его груди:

— Три дня.

Он помолчал, затем потянулся и поцеловал женщину в щеку. Следующие слова могли показаться обыденными, но ничего другого Федор сказать не мог. И прозвучала его фраза искренне:

— Я буду скучать.

* * *

Ходят слухи, что москвичи, оказавшиеся ранним утром где-нибудь в центре города, глохнут, точнее — на какое-то время теряют слух. Говорят, что мозг, привыкший ассоциировать знакомое место с ревом транспорта и шумом толпы, отказывается воспринимать очевидное и попросту перестает реагировать на любые доносящиеся звуки. Говорят, что человек на какое-то время теряет ориентацию и даже начинает бояться знакомых домов, известных улиц, деревьев, которыми сереют скверы в предрассветной дымке.

Говорят...

Скорее всего, подобному беспокойству подвержены далеко не все и даже наоборот — мизерная часть горожан. Ведь оказываясь на улице в три, в четыре или в пять часов утра, мы очень редко прислушиваемся к своим ощущениям. У нас всегда есть дело, которое вытащило нас из теплой кровати. Мы спешим, мы торопимся домой или на работу.

Мы сосредоточенно живем, не обращая внимания на мир.

Но даже у самого отъявленного прагматика бывают минуты озарения, мгновения, когда он вылезает из твердого панциря рассудительности и замечает, что окружающая его действительность не так уж проста, как он привык думать. Что здания оказываются не рукотворными бетонными ящиками, а загадочными, пронзенными пустотами пещер скалами, обладающими собственной душой. Что колдовство предрассветных сумерек ведет знакомые улицы совсем не туда, куда днем спешат автомобили и пешеходы. Что каждый звук, разорвавший серую утреннюю тишину, может нести в себе Тайну.

Что каждый звук интересен...

Цокот каблучков долетел снизу, со стороны Охотного Ряда. Бодрое постукивание по асфальту, незаметное днем и громогласное в безмолвии спящей Лубянки.

Цок, цок, цок...

Невада лениво отхлебнул виски из горлышка бутылки, закусил неглубокой затяжкой и только после этого повернул голову, отыскивая взглядом раннюю пташку.

Девушка лет двадцати. Волосы раскрашены черно-белыми прядями, на лице слишком много косметики, а короткое платье на бретельках не защищает от предрассветной прохлады: голые плечи приподняты, руки скрещены на груди, голова опущена. Наверное, девчонка уже дрожит. И, вполне возможно, не только от холода — понимает, что в дремотной городской тишине цокот каблучков привлекает особое внимание, наверняка ругает себя за то, что выбрала металлические набойки...

Цок, цок, цок...

Девушка подняла голову, огляделась, надеясь увидеть проезжающую машину или припаркованное у тротуара такси, а заметила Неваду. И в течение нескольких секунд на ее лице отразились самые противоречивые чувства: сначала радость, потом, когда поняла, что Крус не таксист, — разочарование и почти сразу — откровенный испуг. И следующие двадцать шагов девушка проделала почти бегом.

Цок, цок, цок...

Свернула за угол и помчалась к Кузнецкому Мосту, хотя поймать машину в дебрях московских переулков практически невозможно.

Испугалась.

Крус рассмеялся и вновь приложился к бутылке. Он не сомневался в том, что его вид заставит девчушку поторопиться. Кому, скажите на милость, понравится встретить в предрассветной мгле мужчину, сидящего на капоте «Порше» с ополовиненной бутылкой виски в руке? При том что на переднем сиденье автомобиля сопит пьяная в стельку блондинка?

У одинокой девушки картина вызвала тревогу, прогнала прочь, а вот милиционеры при виде Круса поначалу обрадовались, попытались докопаться, надеясь быстро и легко сшибить немножко денег, однако документы, которыми Неваду снабдил Гончар, заставили стражей порядка спешно ретироваться, и последние пару часов Круса никто не беспокоил. Ну, припарковался человек на Лубянке, ну, пьет виски, ну и что? Не буянит? Не нарушает? Значит, просто отдыхает. Выходные, в конце концов, имеет право.

Впрочем, несмотря на смешок, который выдавил из себя полупьяный Невада, он остался недоволен появлением девушки. Цокот каблуков вырвал Круса из транса, в который он только-только начал впадать, вернул к реальности, и получится ли отделиться от нее снова — большой вопрос.

— Сука! — с чувством произнес Невада.

— Простите, это вы мне?

Крус вновь приложился к бутылке, одновременно повернул голову на голос и, продолжая глотать, разглядывал остановившегося на тротуаре старика.

Длинное и унылое, словно у дряхлого осла, лицо, отечные глаза, бледные губы, большие уши — казалось, что старомодная шляпа висит именно на них. Под плащом наверняка костюм... Нет, не под плащом... Невада напрягся и вспомнил когда-то слышанное русское слово: пыльник.

— Простите, — старик вежливо приподнял шляпу. — Я не расслышал, что вы сказали.

— Да я не вам, — вздохнул Крус, понимая, что впасть в любимое забытье сегодня, похоже, не суждено.

— Неужели ей? — Старик посмотрел на спящую в автомобиле девушку.

С хозяйкой «Порше» Невада познакомился в клубе. Как ее, Кира? Клара? Ладно, проснется, сама скажет.

— Нет, не ей. — Крус сделал еще один глоток. — Сам себе.

Алкоголь и тоска, которая всегда накатывала на Неваду на Лубянке, сделали свое дело: вместо того чтобы послать настырного прохожего подальше, Крус втянулся в разговор.

— Я тут гуляю, — пояснил старик. — Бессонница, знаете ли. С людьми моего возраста такое случается.

— И я тут гуляю, — хмыкнул Невада. — Вот ведь совпадение.

— Почему здесь?

— Что вы имеете в виду?

— В Москве есть масса интересных мест, куда можно было бы поехать... тем более с девушкой. — Невада открыл было рот, но старик его опередил: — Я не имел в виду клубы или рестораны. И уж тем более гостиницу или квартиру. Нет. Я имел в виду места романтические, в которых действительно интересно побывать ночью. Набережные или парки... А еще есть множество скверов...

— Меня не интересует романтика, — отрезал Невада.

— Вот как?

— Вы разве не видите? — Крус кивнул на спящую девушку. — Сюда приехали не мы, а я.

— Для чего?

— Побыть здесь.

— Именно тут?

— Да...

Разговор затягивался, но Неваду это не смущало. Ему надо было с кем-нибудь поговорить. Обо всем на свете и ни о чем. Ведь он все время один... Один! Не может поделиться своими тайнами даже с психоаналитиком, никому не может рассказать о жизни. О своей настоящей жизни. Те, кому можно, не будут слушать, остальным — нельзя. Незнакомец же показался подвыпившему Крусу идеальным слушателем, которому можно поведать все, что накопилось на душе.

— Хотите сигарету?

— Не откажусь, — кивнул старик, принимая угощение. — Представляете, я всю жизнь борюсь с табаком, призываю избавляться от этой привычки, а сам курю с пятнадцати лет.

— Врач?

— Дантист. — Он глубоко затянулся, выпустил дым, взял сигарету в пальцы и представился: — Семен Ефимович Дроздовский.

— Невада, — буркнул Крус.

— Это ваше имя?

— Какая разница?

— Извините, — выдержав короткую паузу, произнес старик. — Я все понимаю: случайная встреча, случайный разговор... И это место... — Дроздовский медленно обвел взглядом площадь. Громадина самого известного в стране детского магазина, а следом — два мрачных здания, давших названию Лубянка новую суть. — Столько воспоминаний...

Будь Крус трезвее, он бы наверняка догадался, что его пытаются вызвать на откровенность. Но сейчас чувство опасности притупилось. К тому же Невада частенько рассказывал свою историю пьяным девушкам, с которыми, как правило, и приезжал на Лубянку. Сидел вот так, на капоте, повернувшись к спутнице спиной, пил, курил и рассказывал. Они ничего не слышали, но Крусу становилось легче.

— Здесь я впервые понял, что такое страх.

— Вы были внутри? — Дроздовский посмотрел на дом.

— Нет. — Невада поморщился. — Внутри? Что может быть страшного внутри? Допросы? Пытки? Что еще могут сделать люди с людьми?

— Сломать жизнь, — тихо уточнил Семен Ефимович.

Но Крус не услышал. Допил виски, потянулся и бросил бутылку под ноги спящей девушке. Закурил.

— Нет, старик, внутри оно зарождается, кормится, прячется. Внутри его тайное логово, убежище, и оно не хочет привлекать к нему внимания. Зато когда оно выходит...

— Кто «оно»?

Невада опять не отреагировал на реплику собеседника. Повернулся и кивнул в сторону арки, под которой притаилась каменная голова.

— В ту ночь я убил человека. Зарезал вон там, — еще один кивок, — потом затащил в арку, а сам пошел на Кузнецкий Мост, меня там машина ждала. Народу, как и сейчас, — ни души. Все спят. Я до перекрестка дошел... — Крус указал на выезд на Большую Лубянку. — И вдруг чувствую — накатывает. Страх. Нет — ужас. — Невада глубоко затянулся сигаретой, и старик увидел, что пальцы парня дрожат. — Свидетелей никого, все чисто, а меня трясет. Идти не могу, стоять не могу, ноги не держат, доковылял до стены, прикоснулся, только еще хуже стало. — Крус помолчал. — Я тогда понял, что оно из камня вылезло, из дома. Я к камню прикоснулся и голоса их услышал. Или мысли... «Молодец, говорят, Невада, кровью пахнешь...» И смеются. Вроде как с другом разговаривают... А меня трясет. До сих пор не понимаю, как я не обмочился?

Крус бросил сигарету на асфальт, слез с капота и

растоптал ее каблуком. Тяжело посмотрел на собеседника:

— Чего молчишь, старик, не веришь?

— Знаешь, с кем ты тогда встретился? — негромко поинтересовался Дроздовский.

Невада настороженно взглянул на собеседника:

— Нет.

— С Тремя Палачами, парень, с Тремя Палачами. — Семен Ефимович пожевал губами. — Они в этом доме кровь пили, мясо человеческое ели, души губили. Зла сделали столько, что когда смерть приняли... а смерть, парень, за ними долго ходила... Так вот после того, как эти трое ее приняли, — здесь остались, потому что ни туда, — Дроздовский поднял брови вверх, — ни туда, — взгляд на мгновение указал на землю, — им дороги не было. Никто этих тварей брать не хотел.

Хриплый, царапающий голос старика и то, о чем он рассказывал, делали свое дело: Невада трезвел на глазах.

— Но только ошибаешься ты, парень: сами Три Палача не выходят, их звать надо. Выманивать. С того места призывать, где они смерть приняли, где их кровь землю испоганила.

— Откуда ты знаешь?

— Я много чего о Москве знаю, — улыбнулся Семен Ефимович. — Я ведь местный.

Дроздовский улыбнулся с искренним дружелюбием, но опомнившийся Крус уже почуял опасность. Старик, в одиночестве гуляющий по ночному городу; старик, знающий о Трех Палачах; старик... Невада молниеносно огляделся: людей по-прежнему нет, опустил руку в карман пиджака и сжал рукоять выкидного ножа.

— Ты кто?

И застонал от дикой, невозможной боли. Настороженность, подозрения, желание убить — все вылетело, растворилось в оглушающем приступе. Из глаз потекли слезы. Крус позабыл о ноже, позабыл о старике, схватился руками за вспыхнувшую нестерпимым огнем челюсть.

— Черт! — завыл. — Черт!!!

Но через мгновение стало легче. Боль не ушла, но перестала быть острой, вернулась способность думать.

— Ты кто?

— Я же говорил — Дантист, — с прежним дружелюбием ответил старик. И осведомился: — Ты больше не хочешь меня убить?

— Нет!

— Вот и хорошо.

Боль пропала окончательно. Крус тряхнул головой, сделал шаг назад, вытер слезы и злобно уставился на старика:

— Чего тебе нужно?

— Передашь Гончару вот это. — Семен Ефимович извлек из кармана пыльника маленький пластиковый пакет, в котором одиноко белела пластмассовая пуговица. — И скажешь, что я ему больше не должен.

— Почему сам не отнес? — угрюмо спросил Невада.

— Не хочу его видеть.

— А... — Крус с подозрением посмотрел на пуговицу, затем на старика, криво усмехнулся: — Как ты меня нашел?

— Без труда, — с презрительной улыбкой объяснил Дроздовский. — Все знают, что, когда Вонючка приезжает в Москву, первую ночь он обязательно проводит на Лубянке, молясь тем, кто его когда-то напугал.

Крус покраснел. Взял, почти выхватил пакет и, скомкав, сунул в карман пиджака. Отвернулся:

— Убирайся!

— Да я, собственно, уже. — Старик поправил шляпу: — Надеюсь, мы больше не увидимся...

— Не увидимся! — Невада неожиданно развернулся к Дроздовскому лицом: — Не увидимся! Поэтому я скажу тебе кое-что, старик: я действительно Вонючка. Я действительно мразь. И я действительно предавал тех, кто мне верил. Но как ни странно, старик, есть люди, которых я считаю друзьями. Их мало, всего-то двое, но я их никогда не предам. — Крус похлопал рукой по карману, в котором спрятался пакет с пуговицей. — Понял, старик? Я, Вонючка Крус, никогда не предавал друзей. Можешь похвастаться тем же?

Семен Ефимович судорожно сглотнул, дернул плечом, на мгновение, всего на одно мгновение, в его выцветших глазах мелькнула дикая ярость. Возможно, предшественница еще одного удара, но разгоряченному Неваде было плевать. Он сказал все, что хотел, и теперь смотрел победителем. Последнее слово осталось за ним.

Дроздовский, в свою очередь, сумел справиться с гневом. Глухо повторил:

— Скажи Гончару, что больше я ему не должен.

Повернулся и шаркающей походкой направился к Старой площади.

✵

Сибирь, 2004 год,
третий день экспедиции

— Три дня! — рявкнул Кантор. — Три!!

Плотину его обычного спокойствия, можно сказать — отстраненности от окружающей действительности, наконец-то прорвало, и профессор неумело, но весьма яростно выплескивал на слушателей свое неудовольствие:

— Три дня простоя в исходной точке! Три дня!! Вы понимаете, что семьдесят два часа назад мы должны были покинуть этот чертов городишко?! Мы должны быть в пути! Мы...

Голос сорвался, и Кантор, схватив со стола бутылку минералки, жадно припал к горлышку.

— Мерзавцы...

Говорить и пить одновременно у профессора не получилось, вода потекла по подбородку, пролилась на одежду, однако нового приступа ярости это обстоятельство не вызвало. Кантор тихо выругался — Остин поймал себя на мысли, что впервые слышит из уст профессора столь грязные ругательства, — вернул бутылку на стол и замер, угрюмо глядя на слушателей. Не пронзительно, ожидая ответа на жесткие вопросы, а именно угрюмо, почти обреченно. Вспышка гнева прошла, и ученый на глазах возвращался к привычному образу мягкого, слегка застенчивого человека.

«Не вожак, — вздохнул про себя Остин. — Совсем не вожак...»

Тем не менее именно Эммануил Кантор является руководителем экспедиции, ему дана вся власть, и на нем лежит ответственность за результат. Командовать про-

фессору нравилось, вот только делать это он, к сожалению, совсем не умел. А прислушиваться к мнению опытных людей пока не собирался: на первых порах Остин пытался давать советы, но, поняв, что Кантор не обращает на его слова никакого внимания, плюнул и всю последнюю неделю занимался исключительно своими обязанностями. За происходящим, разумеется, наблюдал, но не вмешивался. И теперь, выслушивая вопли профессора, улыбался про себя:

«Не получается? Интересно, сколько тебе еще потребуется времени, чтобы осознать свое неумение быть главным?»

Остин мог позволить себе улыбку: работу Джеймс делал безукоризненно, и претензий к нему Кантор не имел.

Ярость профессора была направлена на Денниса Вашингтона, менеджера экспедиции, а заодно на его русского помощника, невысокого черноволосого манси со странным именем Порфирий Сургучев. Именно они не сумели организовать своевременную доставку снаряжения, и именно им должна была предназначаться взбучка. Но, по мнению Остина, истерика, которую закатил Кантор, не имела ничего общего с необходимым в данном случае разносом. В свою очередь, Вашингтон и Сургучев знали о слабости руководителя и не особенно переживали по поводу скандала. Внешне выглядели подавленными, взволнованными, но Джеймс прекрасно видел, что менеджеры играют. Плевать им на взбешенного профессора. Да и вины за собой Вашингтон и Сургучев не чувствовали.

— Местная логистика оставляет желать лучшего, — негромко кашлянув, проговорил Деннис. — Русские... — тут он покосился на подчиненного, — ужасные пьяницы и разгильдяи.

Сургучев английским не владел, а потому просто кивнул, подтверждая непонятые слова старшего товарища.

— Когда следует ждать груз? — уныло осведомился смирившийся с судьбой Кантор.

«Концерт закончился».

Остин окончательно поскучнел.

— Перевозчики клянутся, что завтра машина будет в городе, — уверенно заявил Вашингтон.

— То есть послезавтра мы можем выступить?

— Я надеюсь.

Сам Деннис в тайгу не собирался, даже целей экспедиции толком не знал, а потому его совершенно не волновало, как скоро люди Кантора отправятся в сибирские леса.

— Идите, — велел профессор. — И помните: я требую, чтобы завтра груз был на месте!

— Обязательно, — кивнул Вашингтон.

Сургучев опять подтвердил.

Остин, не таясь, зевнул. И тоже собрался покинуть комнату профессора, но Кантор неожиданно остановил его:

— Джеймс!

— Да, сэр?

— Прошу вас остаться на пару слов.

— Хорошо. — Остин без энтузиазма вернулся в кресло и развалился в нем с самым независимым видом. — Что-то случилось?

— Нет. То есть — да... То есть... — Кантор в замешательстве потер лоб.

«Кабинетная крыса! У тебя есть имя, научные звания и связи в верхах. Но ты все равно кабинетная крыса, неспособная к повседневному управлению людьми».

Не таким, ох не таким, по мнению Остина, должен быть руководитель отправляющейся в глухие сибирские уголки экспедиции. Что Кантор видел в жизни? Уютный университетский кабинет? Тихий библиотечный полумрак? Интеллигентные раскопки в цивилизованной Европе? Джеймс внимательно изучил послужной список шефа и знал, что в по-настоящему сложных экспедициях профессор не участвовал. Не было за его плечами ни южноамериканских гор, ни африканских джунглей, ни азиат-

ских пустынь. Не Индиана Джонс, если уж на то пошло. И как поведет себя Кантор, столкнувшись с трудностями, большой вопрос. А трудности обязательно возникнут. Остин вырос на Аляске и хорошо понимал, что это такое — северные леса.

— О чем вы хотели поговорить, сэр?

— О ваших людях, Джеймс. — Профессор наконец подобрал нужные слова.

— С ними все в порядке, сэр, — успокоил начальника Остин. — Они уверены в себе, полны энтузиазма, к тому же чертовски скучают в этой дыре и жаждут отправиться в путь.

«Пронюхал о вчерашней драке в местном ресторане? Было бы о чем говорить! Ну, набили мои ребята морды местным. Ну и что?»

— Дело действительно обстоит так, как вы говорите?

— Вы — мой командир, сэр. — Остин добавил металла в голос: — Я не имею права вас обманывать.

Официально организатором экспедиции выступили университет и два благотворительных фонда. Однако в действительности Кантор сумел заполучить поддержку правительства, а потому половину «научных работников» составляли военные. Пятнадцать морских пехотинцев во главе с Остином были призваны обеспечить безопасность ученого и гарантировать, что найденные им сокровища благополучно достигнут Соединенных Штатов. Дабы не смущать туземных чиновников, военные действовали инкогнито, однако оснащение группы, в том числе и боевое, было на самом высоком уровне.

— Я поговорил с парой ваших парней, — промямлил профессор, — и понял, что они никогда не бывали в тайге.

— Они морпехи, сэр, — отрезал Остин. — Они пойдут, куда прикажут, и сделают все, что им прикажут.

— Да, но... — Кантор нервно потер руки. — Джеймс, я могу быть с вами откровенен?

— Как сочтете нужным, сэр. Со своей стороны хочу заметить, что нам следует полностью доверять друг другу.

— Разумеется, разумеется... — Профессор неловко улыбнулся. — Понимаете, при подготовке экспедиции меня в основном увлекали научные аспекты...

— Прекрасно понимаю, сэр, — кивнул Остин. И, не удержавшись, язвительно добавил: — Каждому следует заниматься своим делом.

— Совершенно с вами согласен, и... — Кантор вновь сбился. Чувствовалось, что тема его крайне тревожит. — Одним словом, меня не особенно заботило, кого прикомандировало к экспедиции министерство обороны.

«Начинается», — мрачно подумал Джеймс.

Он ждал, что этот разговор состоится значительно раньше, в Америке, когда еще можно было что-то исправить, или по прилете в Россию, но уж никак не перед самой экспедицией. Еще одно доказательство слабости профессора как руководителя.

— Сегодня я получил письмо от друзей...

«Господи, он даже не в разговоре с морпехами об этом узнал, а от друзей! Что же ты за начальник?»

— И они намекнули, что наши... что ваши подчиненные служили в Ираке.

— Многим морским пехотинцам довелось нести службу в Ираке, сэр, — отчеканил Остин. — Наличие боевого опыта являлось дополнительным плюсом при отборе кандидатов. Вам ведь нужны лучшие солдаты?

— Э-э... Да.

— Вы их получили.

Джеймс намеренно сделал вид, что не понимает, к чему клонит Кантор.

«Давай, профессор, выкручивайся! Назови кошку кошкой».

К большому удивлению Остина, Кантору все-таки удалось справиться с неловкостью и внятно высказать охватившие его сомнения:

— У ваших людей нет боевого опыта, Джеймс. Они служили в охране тюрьмы Абу-Грейб, и против них велось расследование по факту издевательств над заключенными...

В отличие от витающего в облаках профессора, Остин с самого начала знал, каких ублюдков ему подсовывают, пытался отказаться, но в конце концов был вынужден смириться с принятым наверху решением. Теперь следовало успокоить Кантора. Руководитель должен быть уверен в своих подчиненных.

— Буду откровенен, профессор, я тоже не в восторге от этих ребят. НО. Я их полностью контролирую и на сто процентов уверен, что они выполнят любой мой приказ. — Остин выдержал паузу. — Вы мне доверяете?

— Вас рекомендовали как очень умелого офицера.

— Спите спокойно, профессор, я не подведу. А что касается иракских приключений моих людей, то... — Джеймс улыбнулся. — Нас ожидает тяжелая экспедиция. Нам будет противостоять и природа, и, насколько я понимаю, люди. Вы ведь сами рассказывали, что ищут сокровище давно и погибшие в этих поисках исчисляются десятками.

— Все так. Но...

— Местные дикари только с виду кажутся тупыми и дружелюбными. Не забывайте, что мы находимся на их территории и хотим отыскать их сокровище. Как поведут они себя, когда мы приблизимся к цели? Продолжат помогать или проявят агрессию? Не стоит забывать и о русском правительстве. Не попытается ли оно наложить лапу на найденное сокровище?

— Его еще надо найти.

— Правильно. А для этого необходимы люди, которым можно доверять.

Кантор снял очки и вытаращился на офицера:

— К чему вы ведете, Джеймс? Сознательно запуты-

ваете разговор? Я ведь с этого и начал: доверять тюремщикам...

— Вы не очень хорошо разбираетесь в людях, профессор. Вы узнали неприглядный факт и запаниковали. А ведь я не шутил, когда сказал, что вы заполучили лучших солдат. Мои морпехи замазаны по уши, единственная для них надежда избежать суда — с блеском выполнить это задание. По вашему приказу они пойдут куда угодно и сделают что угодно. Если будет нужно — станут пытать местных, чтобы получить сведения о сокровищах, если будет нужно — убьют. Вы ведь хотите добиться цели?

— Да, — пробормотала кабинетная крыса.

— Мы сделаем все, чтобы ваше желание осуществилось.

Воскресенье

Разные женщины дарят разные ощущения по утрам.

Когда-то Волков об этом не задумывался, не копался в себе: просыпался, собирался, уходил на работу. В одни дни был более весел, чем обычно, в другие — более строг, а разницу настроений списывал на служебные дела. Самый обычный житель самого обычного мира.

Самый обычный робот.

После смерти Маши веселое утреннее настроение пропало, казалось, навсегда. Встречи с женщинами заканчивались для Федора одинаково: он одевался и среди ночи ехал домой, ложился в ставшую огромной двуспальную кровать, засыпал, а утром без особых эмоций включался в конвейер повседневности. Мимолетные увлечения и романы на пару месяцев приносили Очкарику физическое удовлетворение, но не касались его души.

И вот в его жизни появилась Альбина...

И все изменилось.

Не в одночасье, конечно, постепенно. Шаг за шагом. Одна встреча, другая, третья... и каждого нового свидания Волков ждал со все большим и большим нетерпением. Скучал, когда им приходилось расставаться хотя бы на пару дней. А встретившись, ловил себя на мысли, что не хочет уходить или провожать. Хочет уснуть, уткнувшись носом в ее волосы, а проснувшись, увидеть ее глаза. Хочет быть рядом как можно чаще.

И вновь по утрам его стало навещать хорошее настроение, радостное возбуждение, раскрашивающее привычно сероватые будни в яркие цвета. Он вновь задышал ароматом настоящей жизни. И бреясь по утрам, не таращился уныло в зеркало на свою полусонную, вымазанную пеной физиономию, а мурлыкал под нос какую-нибудь песенку. И чувствовал себя прекрасно, даже если поспать прошедшей ночью удалось всего три-четыре часа.

Разные женщины дарят разные ощущения по утрам. И если ты провел ночь с любимой, утром ты обязательно это поймешь. Ни за что не ошибешься.

«С любимой? — Рука Федора на мгновение замерла, движение бритвы по щеке прекратилось. — С любимой? Может быть...»

Несколько секунд хаотических раздумий, и... и Очкарик заставил себя переключиться на работу. Отношения с Алькой — слишком серьезная тема, чтобы размышлять о них за утренним бритьем. Об этом следует подумать не спеша, например, сегодня вечером. Сейчас же следует сосредоточиться на предстоящем совещании.

— Основной бизнес Арифа — компания «НефК°», — бубнил Грушин «оперативную информацию». — Сеть бензоколонок, перерабатывающие мощности, доля в добыче. Одним словом — углеводороды.

— То есть мужчина не бедствовал, — пробормотал Федор. Просто так пробормотал, чтобы хоть чем-то разбавить нудное жужжание Васеньки, которое Очкарику изрядно надоело. Грушин, однако, не понял истинной причины, вызвавшей реплику Волкова, а потому немедленно развил «заинтересовавшую» полковника тему.

— Помимо «НефК°» Ариф контролировал множество более мелких предприятий, имел долю в двух гостиницах...

— Я понял, — перебил майора Очкарик. — Гусейн — личность известная...

— Его состояние, по сведениям «Форбс», примерно четыреста миллионов долларов, — немного обиженно закончил Грушин.

— А по нашим сведениям?

— Меньше, — не стал скрывать Васенька. — Арифу принадлежали не все предприятия, которыми он руководил.

Таковы уж особенности выросшего из девяностых годов бизнеса. Многие «авторитетные предприниматели» предпочитали не светиться, а выдвигать на передний план людей, никогда не имевших проблем с правосудием. Или же человек работал на благо клана или общины.

Гусейн «зиц-председателем» не являлся, фигурой был мощной, но теневые партнеры у него все равно присутствовали. Что поделать — дитя времени. Значились в биографии Арифа и нелады с законом, однако Гусейн вовремя сообразил, куда дует ветер, успел понять, что законопослушность вскоре войдет в моду, и сумел превратиться в честного, солидного бизнесмена.

Правда, с очень хорошей охраной. Считавшейся до недавнего времени одной из самых надежных в Москве.

— В девяностых Арифу пару раз прищемили хвост, научили осторожности, — продолжил Грушин. — Он очень не любил выходить из тачки у подъезда, предпочитал высаживаться в подземных гаражах. А если уж приходилось, то пролетал расстояние до подъезда, как спринтер, а вокруг обязательно человек шесть прикрывающих. С ним всегда было не меньше десяти телохранителей. Тачка, естественно, бронированная, «мерин», по спецзаказу слепленный. Джипарь охраны тоже навороченный, говорят, каменную стену может снести и не заметить. То, что в казино с Гусейном был только Сардар, — случай исключительный, Ариф владельцам доверял, вроде даже долей какой-то владел, поэтому внутрь больше одного человека с собой не брал. А когда в чужих кабаках оказывался, его ребята постоянно рядом толклись.

«Доверял, значит...»

Очкарик вспомнил лежащий на кафельной плитке труп, ранку на заднице, потерянные глаза Сардара и его злых подчиненных, которых так и не пустили внутрь.

Знал ли убийца о доверии Гусейна к владельцам казино? Учитывал ли этот факт при разработке плана? Замешаны ли в деле хозяева? Как ни крути, а исполнение оказалось... мягко говоря — необычным. Безумным, если называть вещи своими именами. Но в то же время — эффективным. Случайность, ошибка или точный расчет? Но кто, черт побери, способен разработать такой сценарий?

— Здесь краткие данные о фирмах Арифа, вдруг тебе потребуются подробности. — Грушин передал Федору не очень толстую папку. — Там же копия его налоговой декларации за прошлый год, список принадлежащей недвижимости, список ближайших родственников и деловых партнеров.

— Сведения о мальчике есть?

— А как же? И о нынешнем, и о двух предыдущих.

— Откуда информация?

— С Сардаром поговорил.

— Спасибо.

— Не за что.

Грушин был в меру ленив, в меру подл, выслуживался перед Сидоровым изо всех сил, но работать в случае необходимости умел. Когда чуял, что благодетель особо отметит проявленное усердие. Сидоров велел подготовить для Федора максимум возможной информации, и Васенька работал всю ночь. Пока Волков спал с Альбиной, Грушин рылся в архивах, допрашивал Сардара и поднимал на ноги приятелей — таких же лакеев, но из других служб, прося о срочной помощи. Братство карьеристов — великая вещь. Утром же, усталый, красноглазый, накачавшийся кофе, Васенька заехал за Очкариком домой, чтобы успеть передать информацию до совещания. И даже распечатки сделал, в папочку вложил. Исполнительный и аккуратный. По нынешним временам может дослужиться до генерала.

И Волков знал, что, будучи у министра, не забудет поблагодарить Сидорова за своевременно подготовленные материалы. Не хочется, конечно, но куда деваться? Проклятое воспитание.

Машина остановилась у министерства.

— Спасибо, — повторил Очкарик.

— Первичные материалы получил? — негромко осведомился хозяин кабинета.

— Да, — кивнул Федор. — Ребята Виктора Павловича сработали оперативно.

— Вот и хорошо.

Сидящий напротив Волкова Сидоров изобразил нечто, отдаленно напоминающее улыбку, Очкарик ответил вежливым кивком. Очень сдержанным кивком. Впрочем, их натянутые отношения были секретом Полишинеля. Генерал относился к тому типу руководителей, которым фуражка серьезно деформировала мозг. В министерство он пришел вместе с хозяином кабинета, своим старым другом и руководителем, пришел на правах члена команды победителей и... и уйдет, когда поменяется власть. Федор же, благодаря способностям и репутации, пережил уже трех министров и не сомневался, что переживет и четвертого, и пятого — в его услугах нуждались все.

Карманный «Шерлок Холмс».

Очкарика использовали только тогда, когда существовала необходимость обязательно докопаться до правды. В делах очень шумных или, наоборот, — очень тихих, неизвестных широкой публике. В случаях, когда обстоятельства запутанны, мотивы неочевидны, а подозреваемых или слишком много, или нет вовсе.

Основными достоинствами Волкова считались глубокий ум и четкое понимание правил игры. Федор никогда не проводил расследование «для галочки», не назначал преступников, а доказывал их вину и не скрывал поражения. Самое же главное заключалось в том, что Очкарик делился результатами только с руководством. Ему не доверяли члены приходящих команд, зато лидеры, послушав рекомендации предшественников, брали умного сыщика на заметку и оставляли при себе.

— Мысли появились?

Волков неопределенно пожал плечами:

— Надо копать.

Сам факт его участия в совещании говорил о том, что смерть Арифа стала для всех полной неожиданностью.

Громкие заказные убийства давно вышли из моды, теперь бизнесмены, даже те, чье мировоззрение сформировалось в девяностых годах, предпочитали договариваться друг с другом. Для убийства требовался весомый повод, о существовании которого становилось известно задолго до выхода на сцену исполнителей. Долги, неуступчивость в бизнесе, агрессивное поведение — противоречия накапливались постепенно, часто бывало так, что окружающие пытались их погасить и, если дело доходило до заказа, подозреваемые отыскивались без особых проблем. Есть повод — есть разговор. И тогда в игру вступал Сидоров, который, при всех своих недостатках, умел идти по четкому следу. В деле же Арифа поводов для убийства не находилось, очевидного следа не было, и прыткий генерал напоминал запертого в стойле рысака: скакать готов, но не знает куда. Хорошие, злые рысаки в таких случаях начинали ломать стойло, но местный конюх свое дело знал хорошо и умел управляться с жеребцами.

— Очевидных причин для убийства Арифа не было, — медленно произнес хозяин кабинета. — Разумеется, есть застарелые конфликты, недопонимание с деловыми партнерами, кое-какие долги — все эти ниточки проверит Виктор. — Сидоров согласно кивнул. — Возможно, эти ниточки приведут нас к преступнику, но... Но есть весомые основания полагать, что убийцу следует искать в другом месте.

Хозяин кабинета сделал глоток кофе. Помолчал, давая возможность Волкову обдумать предыдущее сообщение, и продолжил:

— Нужна правда, Федор, все хотят знать имя преступника. — Он позволил себе улыбку: — На этот раз действительно все, потому что никому, как бы странно это ни прозвучало, не было выгодно убивать Гусейна.

— Кому-то выгодно, — заметил Очкарик.

— Выгодна смерть, но не убийство, — слегка высокомерно пояснил Сидоров. — Теперь его коллеги нервничают — они все у нас на подозрении.

Все понятно: Арифу с удовольствием бы устроили сердечную недостаточность или фатальный приступ аппендицита. Если бы могли. Но действовать открыто никто не желал, не те времена. Да и лишнего внимания спецслужб привлекать не хотелось, не зря ведь Сидорова частенько называли «Пресс-атташе» — отпрессовать генерал мог кого угодно.

Тем не менее произошло убийство. Громкое. Из разряда тех, от которых успели отвыкнуть. Которое займет первые полосы, во всяком случае в понедельник, которое примутся обсуждать в газетах и на телевидении, что вызовет дополнительное раздражение у шефа. Впрочем, проблемы с прессой Волкова не волновали — он редко общался с журналистами, только тогда, когда ему было что-то от них нужно.

— Ходят слухи, что Генеральный прокурор не прочь взять дело под контроль, — сообщил Сидоров.

— Он настолько уверен в своих силах? — осведомился хозяин кабинета.

— Виноватых всегда можно найти, — усмехнулся генерал. — А дело шумное, хороший повод покрасоваться в новостях и набрать очки.

— Я заявлений делать не буду, — подумав, протянул шеф. — Но на успех рассчитываю.

И многозначительно покосился на Волкова.

О «добрых» отношениях хозяина кабинета с Генеральным прокурором складывали легенды. Друг друга они не то чтобы недолюбливали — на дух не выносили, и Федор понял, что шеф не прочь умыть врага. Один треплет языком, другой находит убийцу. Политика.

Однако заверять шефа в том, что приложит все силы, Очкарик не стал. Выдержал взгляд, коротко кивнул в ответ и повернулся к подавшему голос Сидорову:

— Грушин рассказал, как охраняли Гусейна?

— В общих чертах.

— Это еще одна проблема, — вздохнул генерал. — Убийца прошел через хорошо отлаженную систему защиты.

— Даже в самой надежной системе можно найти слабые места.

— Но для этого нужна долгая и кропотливая работа, — бросил хозяин кабинета. — То есть преступление задумывалось давно, тщательно готовилось и, наконец, свершилось. Все бы ничего, да вот момент выбран неподходящий. Не выгодно сейчас никому убийство Арифа, не выгодно.

Он знал больше, чем говорил, но резоны свои не раскрывал: для подчиненных достаточно слова. Если повторил: не выгодно, значит, так оно и есть.

— Может, потому и выбран такой момент? — Волков почесал кончик носа. — Сейчас никому не выгодно, явных подозреваемых нет, заказчик спит спокойно.

— Может быть, — согласился шеф. — Однако найти

убийцу мы должны обязательно. Уж больно он интересен...

Естественно, интересен! Большим людям стало неуютно при мысли, что некий молодец способен под носом у телохранителей вогнать им в задницу отравленный колышек. Пуля, автокатастрофа, бомба — от подобной ерунды они спасаться научились, но виртуозное убийство вызывает страх. И панику. И желание обезопасить себя от умельца.

— Я все понял, — кивнул Очкарик. — Постараюсь.

Разговор подходил к концу, и следовало продемонстрировать начальству здоровый рабочий энтузиазм.

— Копай, Федор, нам нужен результат.

* * *

— А-а-а...

Характерные стоны, вырывающиеся из окна на четвертом этаже, привлекали внимание всех, кто оказался во дворе. Пара дворников, позабыв об обязательном ритуале ежедневного подметания, оживленно обменивалась впечатлениями, периодически указывая пальцами на распахнутое окно. Прилично одетый мужчина, вышедший из подъезда к припаркованному во дворе «Бентли», с улыбкой покачал головой. Кто-то с грохотом захлопнул раму на втором этаже, подчеркнув свое раздражение. Без сомнений, ближайшую пару дней жители респектабельного дома посвятят обсуждению нахального поведения соседей. Возможно, их представитель позвонит хозяину квартиры и выскажет мнение жильцов, среди которых случайных людей не наблюдалось — сплошь богатые и уважаемые.

Но это — потом. Но это — возможно. Но это, на самом деле, ничуть не волновало увлеченных друг другом любовников. О каких соседях, пусть даже известных, уважаемых и богатых, можно думать, когда одежда разбросана по полу, вперемешку с одеялом, покрывалом и подушками? Когда мятая простыня съехала, а разгоряченные тела залиты лучами летнего солнца? О чем может думать мужчина, когда его руки скользят по бархатистой женской коже, по изогнутой спине, по упругой груди? Когда ладони натыкаются на твердые соски, и это прикосновение током пронзает тело? О чем может думать женщина, когда оглушающие волны накатывают столь часто, что непонятно, что они приносят: удовольствие или боль? Когда пылает огнем каждая клеточка, каждая частичка тела, когда хочется, чтобы ласки поскорее закончились упоительным взрывом, и мечтаешь, чтобы они продолжались бесконечно?

Стоны становились все сильнее, а слушатели продолжали смеяться и поглядывать на часы.

Они нечасто занимались любовью, хотя считали друг друга идеальными партнерами. Они угадывали желания; когда нужно, становились нежными и податливыми, когда нужно — сильными и агрессивными. Возможно, редкость их встреч объяснялась сознательным выбором: они боялись надоесть друг другу, привыкнуть, перестать получать от близости тот максимум удовольствий, к которому привыкли. Боялись потерять мостик, который связывал их души, помимо всего остального. Тем более все остальное было весьма и весьма зыбким: одна общая тайна, пара общих врагов и никаких общих интересов.

Им даже не о чем было поговорить, кроме как о деле, и поэтому после того, как осталась позади бурная вспышка, дыхание успокоилось, а довольный Гончар перевернулся на спину и закрыл глаза, Проказа положила голову ему на грудь и негромко произнесла:

— Я не доверяю Испанке.

— Ты просто ее не любишь, — улыбнулся Гончар, не открывая глаз.

— Она не леденец, чтобы я ее любила, — буркнула Проказа. — К тому же я не люблю Неваду. Но ему я доверяю, а Испанке — нет.

— Доверяешь Крусу? — удивился Гончар.

Заявление подруги стало для него полной неожиданностью.

— В нашем деле, — уточнила Проказа. — Тебя Невада не предаст.

— Верно.

— А Испанка...

— Испанка тоже, — уверенно отрезал Гончар.

— Как ты с ней договорился? Что пообещал?

А вот теперь Гончар открыл глаза. Он чуть приподнялся, опираясь на локоть, внимательно посмотрел в глаза Проказе, которой тоже пришлось привстать, и очень мягко, но в то же время очень твердо, произнес:

— Не твое дело. Но я уверен, что Испанка пойдет до конца.

— Я хочу подтвердить нашу договоренность, — так же твердо сказала девушка. — Механикус мой!

Ее глаза заблестели, ноздри чуть раздулись, губы приоткрылись. Одна только мысль о том, что она доберется до старого врага, возбуждала Проказу не меньше, чем умелые ласки Гончара. Кровь и секс — только они доставляли девушке удовольствие.

— Ты получишь Механикуса, — пообещал Гончар.

Проказа улыбнулась, и ее острый черный ноготь прочертил на груди мужчины тонкую, мгновенно покрасневшую царапину.

— Спасибо, милый. — Глаза заблестели сильнее, рука девушки скользнула по бедру Гончара, а язык — по свежей ранке. — Может...

— У нас много дел, — напомнил мужчина.

— Ах да... — Ничуть не обидевшись, девушка откатилась от Гончара, встала с кровати и подошла к окну, вызвав одобрительные возгласы дворников. — Кстати, милый, для тебя есть посылка.

— Какая еще посылка?

— Где-то здесь... — Проказа прошлась по комнате, лениво поддевая ногами одежду. — А, вот! — Наклонилась и подняла с пола маленький пластиковый пакет, в котором лежала белая пуговица. — Это твое?

Гончар резко сел на кровати:

— Кто ее принес?

— Невада приволок, пока тебя не было. Еще просил передать, что Дантист рассчитался.

— Почему ты не сказала мне сразу? — недовольно спросил Гончар, выхватывая у девушки пакет.

— Ты бы принялся за работу, — с невинным нахальством объяснила Проказа. — И оставил меня без удовольствий.

— Сука, — улыбнулся Гончар.

— Я знаю.

Девушка едва заметно пожала плечами и медленно направилась в ванную.

* * *

Загородный дом Арифа являлся типичным поместьем заметного нефтяного барона российского розлива. Престижный район Подмосковья, на дорогах которого часто попадались «летние» машины — кабриолеты и низкие спортивные купе, тщательно охраняемый поселок, огороженный красивым каменным забором, со вкусом спроектированные дома — обитатели райского уголка не поскупились и наняли хороших архитекторов. Особняк Гусейна окружала декоративная кованая ограда, за которой поднимался густой кустарник, скрывающий от посторонних взглядов подъезд к дому. На столбах видеокамеры, у ворот будка с собственной охраной, дополнительная, так сказать, мера безопасности.

Не понадобилась.

Волкова встретили в большой гостиной, обставленной с кричащей роскошью, но без особого вкуса. Судя по всему, с опытными дизайнерами Ариф советовался исключительно на этапе постройки дома, а украшением внутренних помещений занимался самостоятельно. И потому сложенный из натурального камня, невероятных размеров камин, сделавший бы честь любому готическому замку, соседствовал с аляповатой барной стойкой. Резные кресла «под старину» — с хромированными светильниками, элегантными, но выполненными в современном стиле. А на стенах, между картинами, в уголках которых виднелись узнаваемые подписи, болтались прямоугольник огромного плазменного телевизора и рога различных обладателей копыт. Присутствовал, разумеется, и портрет самого Арифа: углеводородный барон, облаченный в английский охотничий костюм девятнадцатого века, стоял на лесной поляне, горделиво выпятив грудь и возложив левую пятку на голову расстрелянного медведя. Собственно, одно только это полотно говорило о вкусах и пристрастиях Гусейна более чем достаточно.

К углу картины кто-то прикрепил траурную ленту, и эта деталь, привычная для фотографий, неуместно выглядела на масляном холсте. Однако царящей в гостиной эклектике не противоречила.

Впрочем, не менее неуместными выглядели и черные наряды собравшихся в залитой солнцем комнате людей. Предназначенная для шумных пирушек и пафосных торжеств гостиная яростно сопротивлялась похоронным лицам присутствующих, но поделать ничего не могла. Обстоятельства, обстоятельства...

Лала, молодая супруга Гусейна, сидела на диване, скромно положив руки на бедра. Волосы убраны под платок, заплаканные глаза опущены к полу, в руке скомканный платочек. Классика. И лицо — классической восточной красавицы: густые брови, огромные миндалевидные глаза, матовая кожа, большие чувственные губы. Чудесное виденье, излучающее свежесть юности. Не мудрено, что Ариф, несмотря на свои пристрастия, не удержался.

Рядом с молодой вдовой пристроился Иса, ее отец. Плотный, почти лысый, с грубым лицом, казавшимся пародией на очаровательные черты дочери, азербайджанец. Семейное сходство улавливалось, но, к счастью для Лалы, с большим трудом.

В ближайшем к Волкову кресле сидел Назим Гусейн, двоюродный брат Арифа, занимавший пост вице-президента «НефК°». Спортивного сложения мужчина, лет тридцати на вид, в черном костюме и черной же водолазке. А в дальнем углу гостиной, у окна, стоял Павел Розгин, широко известный в узких кругах адвокат, с которым Федору уже доводилось встречаться. Павел не являлся семейным поверенным Гусейна, он представлял деловых партнеров умершего и специально прибыл на встречу, чтобы пообщаться с Волковым, поговорить о ходе расследования.

Но этот разговор состоится позже, сейчас же Очкарика интересовали родственники Арифа.

— Поверьте, мне очень жаль, что наша встреча вызвана столь печальными обстоятельствами, — с траурной вежливостью произнес Федор. — Я благодарен вам за то, что вы согласились принять меня, и хочу заверить, что не отниму у вас много времени.

— Мы все понимаем, — подал голос Назим.

Лала всхлипнула и поднесла платочек к носу. Иса сделался еще мрачнее. Розгин продолжил изучать крышу соседнего дома. Присутствующие действительно все понимали: Павел успел объяснить Гусейнам, кто такой Волков, чьи приказы он исполняет и почему с ним следует встретиться. А потом — с той же целью — со следователем Генерального прокурора.

— Поскольку речь идет об убийстве, — продолжил Волков, — я не могу не задать вопрос: были ли у Арифа враги?

— Будто не знаете, — скривился Назим.

Очкарик понял, что разговаривать придется в основном с братцем Арифа.

Плохо. Ему хотелось прощупать женушку покойного бизнесмена.

— Я не совсем правильно выразился. Меня интересуют не трения господина Гусейна с людьми... — быстрый взгляд на Розгина, — с людьми его уровня. Эти противостояния станут предметом отдельного разбирательства. — Адвокат остался невозмутим. — Меня интересует другое. Не говорил ли господин Гусейн, что его кто-нибудь преследует? Не получал ли он странные письма? Или угрозы по телефону? Возможно, речь идет о мести... — Краем глаза Федор заметил, что Лала едва заметно вздрогнула. — Или о какой-нибудь застарелой вражде, не имеющей отношения к бизнесу? Такими вещами он, например, мог поделиться с женой.

Теперь Федор смотрел прямо на девушку, но та уже взяла себя в руки и отреагировала спокойно:

— Нет, Ариф ничего такого не говорил.

И ответила прямым взглядом. И даже позабыла нервно тискать платочек.

Впрочем, ничего удивительного. Глаза у Лалы красные, а вот нос не распух. Не похоже, чтобы безутешная вдова билась в истерике или хотя бы долго рыдала. А глаза могут покраснеть и от специальных капель... Вот только зачем делать вид? Известие о смерти Арифа пришло ночью, основные рыдания должны были завершиться через пару часов, затем успокоительное и сон до утра. Плакала сегодня? А как же нос?

— Нервничал ли господин Гусейн в последние дни?

— Не больше, чем обычно.

— Не было ли у него беспричинных приступов ярости?

— К чему этот вопрос? — хмуро поинтересовался Назим.

— Господин Гусейн мог скрывать свои неприятности, такое случается, — с любезной улыбкой объяснил Волков. — Но изменения в поведении обязательно появятся.

— Последнее время Ариф вел себя как обычно, — твердо ответила вдова.

— Возможно, он уволил кого-нибудь? — Волков переключился на младшего Гусейна. — Или несправедливо обошелся с кем-нибудь на работе?

Назим задумчиво покачал головой:

— Нет... Ничего подобного в последнее время не происходило. К тому же лично Ариф увольнял только высших сотрудников фирмы, последний такой случай произошел два года назад. У нас устойчивый коллектив.

— Это хорошо.

— Согласен, — спокойно кивнул Назим.

Лала созерцала зажатый в руке платочек, Иса почесывал шею, Розгин зевнул и посмотрел на часы, словно показывая Волкову, что тратить на Гусейнов много времени не следует: они хорошо подготовились к визиту, а он, востребованный адвокат, не планирует торчать в особняке до вечера.

Однако Федор не собирался сворачивать разговор. Он не хуже Розгина видел, что семейство заранее продумало и ответы, и манеру поведения, но твердо решил пробить их оборону. Вывести из себя. Ему было необходимо увидеть, что прячется за стеной притворства.

— Лала, я знаю, вы сыграли свадьбу не так давно?

— Несколько месяцев назад, — подтвердила девушка.

Она явно ждала, что следующий вопрос затронет пристрастие Арифа к мальчикам, была готова на него ответить, поэтому Волков для начала выразился максимально корректно:

— У господина Гусейна наверняка были романы до вашей встречи. Не могло получиться так, что отвергнутая пассия воспылала к нему лютой ненавистью?

— Мне ничего неизвестно об этом, — холодно ответила вдова.

— Шекспировские страсти нынче не в моде, — криво усмехнулся Назим.

Он тоже решил, что мелкий мент заробел в присутствии богатых и знатных людей и не посмеет назвать вещи своими именами. Он тоже расслабился.

— Ну почему? — громко произнес Федор. — В казино с господином Гусейном был податливый мальчик, но это еще ни о чем не говорит. Среди активных гомосексуалистов попадаются весьма крутые парни, особенно те, кто прошел зону. Может, господин Гусейн попал к кому-нибудь из них на...

Лала всем своим видом дала понять, что вопрос ее не касается. Назим тоже сдержался, правда, ему потребовалось посмотреть на Розгина, который чуть качнул головой, и этот легкий жест заставил младшего Гусейна взять себя в руки.

— Не очень-то вежливый вопрос. — Назим потер подбородок.

— К сожалению, я был вынужден его задать, — честно ответил Очкарик.

— Я не очень хорошо осведомлен об этой стороне жизни брата, — протянул младший Гусейн. — Полагаю, Сардару известно гораздо больше.

— Я обязательно поговорю с ним на эту тему, — пообещал Федор. — Выясню, так сказать, подробности.

— Ублюдок, — буркнул Иса.

Негромко буркнул, под нос, и не было ничего странного в том, что тесть вступился за честь покойного зятя, но... Но ругательство стало для его дочери последней каплей. Лала сорвалась.

Она резко вскинула голову и пролаяла короткую фразу на азербайджанском. Волков не понял ни слова, но по тону уловил, что хрупкая заплаканная девочка довольно жестко отбрила папашу, возможно, порекомендовала ему заткнуться. Иса покраснел. Назим деликатно промолчал. Розгин улыбнулся и вернулся к изучению соседской крыши. Лала вновь уткнулась носом в платочек, так, словно ничего не произошло.

Волков не удивился.

Как и ожидал Федор, разговор с Розгиным оказался гораздо информативнее. Павел представлял людей, которые ОЧЕНЬ хотели выяснить, кто прикончил Арифа, которые прекрасно знали, кто такой Волков, а потому разрешили адвокату говорить достаточно откровенно.

— Разумеется, Федор, вы понимаете, что дальше определенных границ я не зайду.

— Конечно, — кивнул Очкарик.

— Но, поверьте, границы эти весьма и весьма широки.

В мире больших московских людей Павел Розгин считался умным, энергичным, а главное — надежным человеком. Ему доверяли и «авторитетные предприниматели», и законопослушные джентльмены, и «деловые» чиновники, преумножающие свои состояния на скромном поприще служения народу. Розгин специализировался на международном праве, помогал вливать заработанные в России миллионы в экономики других стран, знал всех представителей элиты как облупленных, но никогда не нарушал правил игры, что позволяло ему надеяться прожить долго и счастливо.

Для Волкова появление Павла было настоящей удачей: Очкарик знал, что адвокат, получив разрешение говорить «в определенных границах», будет честен, что его словам и его выводам можно доверять.

Гусейны покинули гостиную сразу после того, как Волков объявил, что с «формальностями» покончено. Иса увел дочь, держа ее под руку. Назим, немного помолчав, сухо бросил: «Полагаю, вам нужно кое-что обсудить» — и тоже исчез. Младшему Гусейну очень хотелось присутствовать при разговоре, однако Розгин получил полномочия от таких людей, оспаривать мнение которых вице-президент «НефК°» не мог.

Павел же, дождавшись, когда родственники покойного освободят гостиную, уселся по соседству с Очкариком и с улыбкой заметил:

— Не думал, что вы захотите вывести их из себя.

— Не люблю спектакли, — проворчал Федор.

— Я тоже почувствовал некоторую фальшь, — признался адвокат. — Полагаю, особая подготовка к встрече вызвана общей неуверенностью, которая овладела нашими друзьями после известных событий. Согласитесь, нелегко в одночасье потерять мужа и брата.

— Настоящая трагедия, — подтвердил Волков.

— Неожиданная. — Розгин прищурился. — И никому не нужная.

— Действительно никому? — уточнил Очкарик.

— Разве вам не сказали?

— Я бы хотел услышать это от вас.

— Приятно, что вы мне доверяете.

— В определенных границах, разумеется.

Мужчины негромко рассмеялись.

Прощупывание закончилось, теперь, собственно, начинался тот самый разговор, ради которого они встретились.

— Сообщество на самом деле озадачено случившимся, — серьезно произнес Розгин. — НИЧЕГО, абсолютно ничего не предвещало подобного развития событий. Люди понимают, что ваши коллеги не поверят нам на слово, займутся отработкой всех версий, а потому заинтересованы в том, чтобы вы как можно быстрее отыскали настоящего убийцу. Люди знают, какое положение вы занимаете в министерстве, Федор, и какими полномочиями обладаете. Но. Если в ходе расследования выяснится, что даже ваших полномочий по каким-либо причинам не хватает, вы можете всегда рассчитывать на поддержку. Людям нужна правда.

— Я все понял, — медленно ответил Волков.

— Вот и замечательно. — Адвокат свел перед собой пальцы рук. — Теперь я готов ответить на ваши вопросы. Если они у вас есть, разумеется.

— Разумеется, есть.

— Я и не сомневался.

— И, разумеется, в первую очередь меня интересует, кому достанется состояние Гусейна?

Теоретически, ответ на этот вопрос можно было найти в завещании или почитав соответствующие статьи действующего законодательства. Однако Федора интересовало подлинное положение вещей, которое иногда не совпадало ни с первым, ни со вторым.

— Кроме Лалы у Арифа не было близких родственников, — неспешно ответил Розгин. — Такое положение для кавказских семей нехарактерно, но так уж получилось. Родители давно умерли, а два брата погибли в одной нагорной республике... Двоюродных-троюродных, тетей-дядей, конечно, полно, Ариф о них не забывал, но никого, кроме Назима, не приблизил. Таким образом, по закону, все состояние должно отойти вдове.

— То есть Назим не получает ничего?

— Работая на дядю, он сколотил небольшое состояние. К тому же его место в «НефК°» не вызывает сомнений — парень хваткий.

— Понятно... — Волков помолчал. — Вы сказали: «по закону все состояние должно отойти Лале». А как будет на деле?

— На деле партнеры Арифа уже думают, как ее не обидеть.

— Как сильно ее не обидеть?

Адвокат улыбнулся, но оставил слова Очкарика без комментариев.

— На что может рассчитывать девушка?

— Миллионов на двадцать — двадцать пять.

— Сколько на самом деле стоил Ариф?

— Около трехсот.

— Это называется не обидеть?

— Ей могло вообще ничего не достаться, — пожал плечами Розгин. — В конце концов, будем справедливы: Лала милая девчушка, но к состоянию Арифа она не имеет никакого отношения. Кроме постельного.

— Кстати, о постели. — Волков потер подбородок. — В казино Ариф заявился с симпатичным мальчиком.

— Ничего удивительного, — криво улыбнулся Павел. — Как вы думаете, почему у него не было семьи?

— В таком случае, откуда взялась Лала?

— А-а... — Розгин неопределенно махнул рукой. — Стечение обстоятельств. Можно сказать: полезное с приятным. Но вы правы: в свое время свадьба Арифа стала для его знакомых такой же неожиданностью, как теперь — его смерть.

— Поговорим о ней поподробнее?

— Давайте, — согласился адвокат. — Надеюсь, вы согласитесь с тем, что мы живем в достаточно терпимом обществе?

— Я бы сказал: в относительно терпимом.

— Спорить не буду, тем более что положение Арифа позволяло ему не обращать внимания на злопыхателей. — Розгин помолчал. — До определенного момента не обращать.

— Гусейн стал слишком известен, — понял Очкарик.

— Совершенно верно, — подтвердил Павел. — У людей, которые ведут публичную жизнь, свои правила, они вынуждены заботиться об имидже, а склонность к мужеложству не красит респектабельного бизнесмена в глазах публики. Опять же не следует забывать об иностранных партнерах, которые весьма ценят семейные идеалы.

— То есть пока Ариф в поте лица зарабатывал первый миллион, он мог спать с кем угодно, но, попав в высшее общество, вынужден был играть по правилам.

— В высшем обществе полным-полно педиков, но у каждого есть красивая витрина.

— А задний двор только для своих, — хмыкнул Федор.

— Вот именно. — Розгин снова улыбнулся. — Одним словом, Арифу нужно было жениться. Будучи человеком деловым, он попытался решить проблему в привычном ключе: взвесил все плюсы и минусы, определил необходимые и желаемые цели, составил план и вышел с предложением к Леночке...

Адвокат назвал громкую фамилию, Волков кивнул: знаю. Дочь влиятельных родителей, светская львица, двадцать пять лет. Рассматривать ее в качестве любимой жены мог разве что неисправимый романтик, но главное достоинство гламурной прелестницы — папа и мама — могло перевесить любые минусы.

«Бизнес-проект?»

И следующая фраза Павла подтвердила мысль Очкарика:

— По условиям сделки, ее семья получала доступ к бизнесу Арифа, а он — необходимое прикрытие и их могучие связи. Но, увы, неожиданно возникло препятствие: Леночка наотрез отказалась рожать. — Розгин брезгливо поморщился: — Полагаю, ей материнский инстинкт отшибло кокаином.

С материнским, точнее — с отцовским инстинктом

у самого адвоката все было в порядке: четверо детей, так что он имел право на презрение.

— А зачем рожать? — не понял Федор.

— Ариф решил, что свадьба — неплохой повод задуматься о наследнике.

— Проснулись чувства?

— С возрастом все становятся сентиментальными.

— И он отказался от этого плана?

— Так уж получилось, — пожал плечами Розгин. — Дальше проза жизни заканчивается и начинается сказка о Золушке. Ариф попытался дожать Леночку: делал дорогие подарки, обещал огромное содержание, капал на мозги маме и папе, намекая, что неплохо бы им увидеть внуков. Однако Леночка пошла в глухой отказ. План рушился на глазах, и тут на корпоративной вечеринке Ариф встречает Лалу.

— Так запросто?

— Иса работал в «НефК°» мелкой сошкой, старшая уже замужем, младшие еще соплячки, а Лалу надо было пристраивать. Полагаю, Иса надеялся познакомить девочку с каким-нибудь менеджером, а в итоге сорвал джекпот.

В общем-то, не в восточных обычаях выводить девочек в свет подобным образом, но Волков вспомнил тираду, которую Лала выдала отцу, и подумал, что путешествие на корпоративную вечеринку могло быть ее собственным решением.

— Сколько ей лет?

— Двадцать. — Павел задумчиво улыбнулся: — Знаете, Федор, я восточных женщин недолюбливаю, даже в самой симпатичной есть что-то грубое. А если нет, потом проявляется. Но когда увидел Лалу, честное слово — был восхищен. Красавица. Впрочем, вы ее видели.

Отвечать Волков не стал: девочка действительно удалась.

— Короче, Ариф влюбился, — продолжил Розгин. —

А поскольку он мог почти все, то скоро стал женатым мужчиной.

— При чем здесь эта ремарка? — поинтересовался Очкарик.

— Какая?

— «Поскольку он мог почти все»?

— Лала была сосватана, — коротко пояснил адвокат. — Арифу пришлось договариваться с двумя семьями.

— Интересно, — обронил Волков, давая понять, что тему следует раскрыть полнее.

— Ерунда, — махнул рукой Розгин. — Ничего особенного та семья из себя не представляет, Ариф заплатил, и они радостно убрались с дороги.

— Родители убрались.

— Все.

— Пацан тоже был счастлив?

— Несостоявшийся жених?

— Да.

— Щенок. Неужели вы всерьез думаете, что двадцатилетний пацан способен пройти через охрану Арифа?

— Я не думаю, я веду следствие, — буркнул Федор. — Данные на пацана есть?

— Будут, — пообещал Павел.

— Спасибо.

Очкарик ничего не записывал — только запоминал, поэтому он помолчал, давая информации возможность отложиться в памяти, а затем сменил тему:

— А что вы скажете о Сардаре?

— Телохранителе Арифа? — показалось, что Розгин удивлен.

— Да.

— Почему он вас интересует?

— Именно Сардар проверял кабинку перед тем, как в нее вошел Ариф.

— Насколько я знаю, колышек был искусно замаскирован.

— Тем не менее в других кабинках отравленных палок не оказалось.

— Или их успели убрать.

— Или кто-то знал, что Ариф сядет именно на этот унитаз.

— Я понимаю ход ваших мыслей, — после некоторой паузы произнес адвокат. — Версия имеет право на существование.

— Она все объясняет.

— Но и она несовершенна.

— Я вас слушаю.

— Ариф не доверял никому, и то, что в последнее время покушений на него не планировали, ничего не меняло: он очень серьезно относился к вопросам личной безопасности. Сардар служил Арифу пятнадцать лет и за это время успел натворить таких дел, что только авторитет Гусейна защищал его от расплаты. Грубо говоря, Федор, наш друг Сардар жив только до тех пор, пока с Арифом все было в порядке.

— А если его обещали пощадить? И на это купили?

— Есть вещи, которые не прощают даже в наши прагматичные дни, — развел руками адвокат. — Сардар об этом прекрасно знает и не мог продаться. Не мог. И уж тем более он бы не согласился на план, который выводит его в число главных подозреваемых. — Розгин пожал плечами: — Возможно, мои слова покажутся вам чересчур пафосными, но я, несмотря на то что видел многое, не верю в виновность Сардара.

* * *

С самого раннего детства Беспалый не любил запах горящих свечей. Не то чтобы совсем не выносил, но по возможности старался избегать и ни разу в жизни не купил ни одной свечи. Ни разу. Подобная странность была весьма необычной для человека, проводящего большую часть времени вдали от цивилизации, но таким уж Григорий уродился. Его путь освещали лучины и факелы, костры и керосиновые лампы — даже вонь горящей нефти казалась Беспалому более приятным ароматом, нежели запах плавящейся свечки.

Гнетущий. Всепроникающий.

Оказавшись в большом городе, Григорий решил, что уж здесь-то ему не доведется почувствовать ненавистный дух — какие могут быть свечи в мире электричества?

Решил и ошибся.

Их не было в снятой квартире, в полюбившемся Беспалому маленьком дешевом кафе, их не зажигали в его присутствии друзья. Но, увы, самая главная московская встреча, самый важный разговор прошел как раз при свечах.

Такое вот совпадение.

Или предзнаменование.

Нелюбимый запах не исчез, не погиб в огромном мегаполисе, а лишь затаился, подобно выжидающему охотнику, чтобы явиться в самый неподходящий момент.

И принести с собой беду.

Или явиться вместе с бедой.

И усилить мучения Григория.

— Спасибо, что пришел, — негромко произнесла старуха.

— Для меня большая честь разговаривать с вами, Бабушка, — так же тихо отозвался Беспалый.

Она приняла слова Григория как должное. Немногие удостаивались приглашения в этот дом.

— Садись, — кивнула на кресло. — Чай?

— Нет, спасибо.

— Хороший, на травах. — Помолчала. — Как ты любишь.

И уж совсем немногие могли рассчитывать на особое к себе отношение в этом доме. Беспалый не сомневался в том, что чай действительно заварен по его любимому рецепту: две четверти черного цейлонского, четверть китайского зеленого и четверть зверобоя. Как было бы приятно сделать сейчас глоток обжигающего напитка! Как вовремя! Но...

— Не хочу. — Опустил глаза. — Спасибо.

«Проклятый запах!»

— Что ж, настаивать не буду.

Они разговаривали в гостиной, одну из стен которой практически полностью занимал камин с уставленной фарфоровыми куклами полкой. Не игрушками со стеклянными головами, а произведениями искусства, полностью выполненными из фарфора статуэтками, многим из которых исполнилось больше ста лет. Знаменитая коллекция Бабушки Осень. Справа от камина — французское окно, выходящее на открытую веранду, за которой начинался лес. Старуха не любила сады и парки, а потому ее дом находился посреди нетронутой рощи. У левой стены стояли низенький столик и два вольтеровских кресла, в которых и расположились собеседники.

И никаких люстр. Только свечи в настенных бра. Только проклятые свечи.

А еще — внимательный взгляд старых, но таких молодых глаз.

— Я думала, мой дом поможет тебе успокоиться.

— Так и получилось, — выдавил из себя Григорий. — В городе я чувствовал себя еще хуже.

Большие глаза Бабушки Осень оставались единственной частью лица, которой не коснулось время. Сухая морщинистая кожа, крючковатый нос, бледные тонкие губы, редкие брови... и две черные звезды, свет которых выдавал силу и ум. Мало находилось людей, способных выдержать взгляд старухи.

И мало кто, увидев ее, оставался равнодушным.

Царственная осанка, гордая посадка головы, глухие, старинного фасона платья с пышными юбками, длинные седые волосы, всегда собранные в высокую прическу, — Бабушка Осень походила на постаревшую императрицу из сказок. В ее присутствии любой, даже самый невоспитанный человек начинал говорить тихо, а то и просто молчать, ожидая, когда его спросят.

— Москва становится опасной для тебя, Григорий.

— Я знаю, — прошептал Беспалый.

Между ними трепетала завеса дыма — разговаривая с Григорием, старуха курила трубку. Однако даже табачный аромат был неспособен уничтожить запах горящих свечей.

— Ты должен уехать.

— Бежать?

— Уехать, — поправила Беспалого Бабушка. — Гончар ищет тебя.

— Он опоздал, — сказал Григорий, стараясь, чтобы голос звучал бодро. — И знает, что опоздал.

— Тем не менее он будет искать встречи. — Старуха прищурилась. — Встречи, которую ты не переживешь.

Суровые слова не заставили Беспалого вздрогнуть. Он и сам знал, чем закончится рандеву с Гончаром. Спокойно улыбнулся:

— Бежать бессмысленно, он напал на след и найдет меня где угодно. — И посмотрел в глубокие глаза Бабушки. — Зачем вы меня пригласили?

В голосе не было надежды. Григорий не просил о помощи, не искал ее, он просто хотел разобраться в мотивах старухи.

— Я могу спасти тебя.

— Вы обещали Гончару нейтралитет.

— Я дам слово, что тебе ничего неизвестно. Он не рискнет спорить.

Беспалый вновь улыбнулся:

— Зачем?

— Ты будешь жить.

Он шел за плохими новостями, а увидел протянутую руку, спасательный круг, брошенный в самый последний момент, в ту самую минуту, когда путаются мысли, отступают принципы и всеми поступками управляет великий Инстинкт Самосохранения. В тот самый миг, когда принятое решение проверяется на крепость.

— Сейчас я знаю, кем был и кем умру, — медленно произнес Григорий. — Но совершенно не представляю, кем буду жить, если приму ваше предложение. Я не жалею ни о чем, но не хочу ни повторять свою жизнь, ни начинать ее заново. В первом случае мне рано или поздно придется повторить то, что я сделал. Во втором... во втором не будет Смысла. Я не хочу просто ползать под солнцем.

Бабушка Осень выдохнула новую порцию дыма. Некоторое время наблюдала за причудливым облаком, а затем, не глядя на Григория, спросила:

— Ты на самом деле ни о чем не жалеешь?

Беспалый вздрогнул. Он не мог поймать взгляд старухи, но все равно не отрываясь смотрел на ее лицо. Выдохнул резко:

— Нет!

И вдруг показалось, что клубы табачного дыма перестали быть хаотичным облаком и приняли форму призрачных фигур. Изобразили мертвых людей, память о которых выжгла душу Григория. Вот человек с перерезанным горлом, вот с разбитой головой, вот — покрытый кровоточащими язвами...

— Ты жалеешь, — грустно улыбнулась Бабушка Осень. — Ты жалеешь, но при этом понимаешь, что не имеешь права жалеть о том, что сделал. Не имел. Но в то же время не мог не жалеть. Ты запутался, Григорий. Ты отплыл от одного берега, а к другому не причалил. Тебе нужно время, чтобы разобраться в себе, а его у тебя нет. Ты запутался, тебе кажется, что самый легкий выбор —

самый правильный. Но это, поверь мне, не так. И поэтому я спрошу еще раз: ты примешь мою помощь?

— Нет, — хрипло ответил Беспалый.

— Мне очень жаль.

Ее морщинистое лицо казалось маской безразличия; спокойное и холодное, оно резко контрастировало с той нежностью, и даже болью, что прозвучала в голосе:

— Прощай, Шаман...

Говорят, сомнения выдают критический ум.

Возможно.

С течением времени человек переосмысливает известные ему факты, узнает новое, смотрит на старые, привычные вещи другими глазами. Начинает понимать больше.

Или ему только кажется, что больше?

Часто сомнения ведут к разочарованию, порождают хаос в душе, заставляют опускать руки... или наоборот — совершать немыслимые поступки. Не великие, не значимые, просто — немыслимые. Маленький червячок способен поглотить весь внутренний мир человека, потушить глаза, заставить совершить предательство или уйти от людей.

Или умереть.

Или предать. Себя ли, других — не важно. Изменить идеалам или друзьям. Изменить себе, тому, еще не знавшему о червячках сомнений.

Говорят, сомнения выдают критический ум.

Это так.

Но еще — слабость. Потому что нет в этом мире ничего более сложного, чем следовать давно сделанному выбору. Быть твердым, несгибаемым. Сохранить в себе стержень. Железный стержень, о который сломает зубы червяк любого размера.

И поэтому лицо Бабушки Осень оставалось бесстрастным, а глаза — холодными. Сочувствие в голосе — единственное, что она позволила себе. Потому не стала она настаивать или силой спасать человека, которого знала и любила с момента рождения, которого считала одним из своих внучат.

Бабушка Осень признавала право Григория на слабость.

* * *

Из особняка Гусейнов Очкарик направился к экспертам, искренне надеясь, что громкое убийство, взятое под личный контроль Генеральным прокурором — слухи об этом уже поползли, — заставило суетиться обычно неторопливых криминалистов. Так и получилось. То ли ребята пришли на работу затемно, то ли вовсе не ложились спать, но кое-каких результатов они уже добились.

— Это искусство, — широко улыбнулся Николаев, пожимая Волкову руку. — О таких убийствах только в книжках писать.

— Рад, что тебе понравилось, — вздохнул Федор. — Кстати, если у тебя уже есть эта книга, то я бы с удовольствием прочел последнюю страницу — очень хочется узнать имя преступника.

— Давай назовем его Художником, — предложил эксперт.

— Почему?

— Потому что он Художник во всех смыслах. — Николаев увлек Очкарика к столу, на котором горделиво высился давешний унитаз. — Во-первых, эстетика преступления...

«Да уж, мочить в сортире по нынешним временам стильно...»

— Во-вторых, мне удалось восстановить, с купюрами, конечно, но довольно точно, окраску колышка...

— Извини, что перебиваю, но какой яд использовал убийца?

— Пока неизвестно, — жизнерадостно ответил эксперт. — Но я думаю, что-нибудь из семейства кураре.

— Экзотика, — пробормотал Федор.

— Настоящая экзотика здесь! — Николаев жестом предложил Волкову заглянуть в унитаз. — Колышек раскрашен идеально. Понимаешь? И-де-аль-но! Переданы все перепады освещения. Обнаружить его при поверхностном осмотре, а вряд ли телохранитель шарил по очку руками, невозможно. Это мой вывод, и я готов под ним подписаться.

Очкарик восторгов эксперта не разделял. К тому же его интересовали выводы, которые можно было сделать из выводов:

— Преступление готовилось заранее. Убийца наведался в казино, как следует изучил туалет, возможно — сфотографировал... В принципе, для него это было безопасно: в кабинках видеокамер нет.

— И похожих кабинок нет, — уточнил Николаев. — В каждую из них свет падает по-разному, освещение в туалете общее, и колышек, подготовленный для одной, не подойдет для другой. Штучная работа.

— О свете я не подумал, — признался Федор.

Эксперт улыбнулся.

— В туалете четыре кабинки.

— Верно.

— Заряжена была одна.

— Ага.

— Получается, убийца заранее знал, что Ариф выберет именно ее.

— Получается, — согласился Николаев.

— При этом преступника совершенно не волновало, что вместо Гусейна в кабинке мог оказаться посторонний человек. А ведь вероятность такого исхода весьма высока.

— Может, появился маньяк? — предположил эксперт.

Психопат-отравитель, террористическая бригада «Смерть олигархам!», конкурентные войны — убийство уважаемого бизнесмена серьезно подпортит имидж казино... Версий можно выдумать огромное количество, вот только все они даже на первый взгляд выглядят глупыми.

— На самом деле есть предположение, которое все объясняет, — медленно произнес Волков, потирая пальцами переносицу. Негромко произнес — не для эксперта, для себя. — Если допустить, что в убийстве замешан Сардар, все сразу становится на свои места.

Фантастические версии о террористах и маньяках следует отбросить и сосредоточиться на главном: убили именно того, кого хотели, — Арифа. То есть преступник установил кол именно для него, но реализовать столь сложный план можно было только с помощью сообщника. Причем не просто сообщника, а человека, который бы лично подвел Арифа к месту казни, человека, которому Гусейн безоговорочно доверял.

— Итак, наиболее очевидная версия выглядит так: убийца находился в постоянном контакте с телохранителем. Сардар достаточно опытен, чтобы понять, когда Ариф захочет в туалет, сообщает об этом убийце, тот устанавливает кол, возможно, некоторое время удерживает кабинку и исчезает прямо перед тем, как Сардар приблизится к туалету.

Николаев не в первый раз наблюдал подобное поведение Волкова и знал, что должен подавать реплики. Так Очкарику лучше думалось.

— Сомневаюсь, чтобы Сардар находился на постоянной связи с убийцей, оставаясь на глазах у Арифа.

— Звучит действительно странно, — согласился Федор. — Но, если вдуматься, ничего сложного нет. Во-первых, Ариф доверял Сардару и не особо к нему приглядывался. Во-вторых, у убийцы мог быть напарник в зале, то есть третий сообщник, которому Сардар подавал условные знаки. А тот звонил убийце или предупреждал его иным образом.

— Сложно, — покачал головой эксперт.

— Никто не говорил, что убить Гусейна — простая задача.

— Но если убийца купил столь близкого к Арифу человека, зачем придумывать экзотический план?

— Для отвода глаз. Пуля в голову — это заурядная заказуха, мы сразу же начнем копать среди тех, кто способен оплатить работу киллеров. А палка в задницу, как ты правильно заметил, — экзотика. На кого думать?

— Получается, Сардара купили?

— Получается...

Волков вспомнил слова Розгина: «Есть вещи, которые не прощают даже в наши прагматичные дни. Сардар об этом прекрасно знает и не мог продаться». Не мог? С другой стороны, можно допустить, что адвокату известны заказчики и все его усилия направлены на то, чтобы отвести от них подозрения? Возможно. Но ведь Павел не маленький мальчик и хорошо понимает, что особого доверия к нему нет, каждое слово будет проверяться и перепроверяться. Зачем защищать Сардара, когда все указывает на него?

К тому же был еще один нюанс. Час назад Очкарику позвонил генерал Сидоров и сообщил, что Сардар изъявил горячее желание пойти на службу в МВД. Попросил защиту и новое имя, обещая взамен делать что угодно и работать против кого угодно. И еще попросил не отпускать его на свободу до принятия решения. Учитывая, что Кавказ был и оставался головной болью, предложение отставного телохранителя вызвало интерес: для таких людей работа найдется. Но Сидоров не преминул отметить, что положительный ответ Сардар получит только в том случае, если Волков докажет его непричастность к гибели Арифа.

Федор достал из кармана пачку сигарет, закурил, невидяще глядя в стену. Николаев понял, что полковник погрузился в размышления, отошел к столу и занялся своими делами.

Сардар. Собака, оставшаяся без хозяина. Причем — злая собака, успевшая много натворить. Сардар не может не понимать, что его будут использовать в самых грязных делах, что его не будут ценить и, в случае необходимости, избавятся от него без жалости и колебаний. Все понимает, но идет на вербовку. Потому что хочет жить. Или этот шаг — часть плана? Еще одна попытка отвести от себя подозрения? Но на что его еще могли купить, кроме как на обещание пощады? Жены у Сардара нет, детей нет, всех близких смело в Нагорном Карабахе. Нет крючочка, на который его можно подцепить, нет...

Но и другой версии, которая бы объяснила все известные факты, у Очкарика не было. Вот и получается, что убить Арифа мог только Сардар — похоже, единственный человек в мире, который в результате смерти Гусейна терял все.

«Отставить Сардара! — приказал себе Федор. — Пока отставить!»

Волков смял недокуренную сигарету в пепельнице, потер переносицу и обратился к эксперту:

— Записи с видеокамер просмотрели?

— Ничего интересного, — махнул рукой Николаев. — Если не учитывать тот факт, что примерно за десять минут до убийства вырубилась камера, пишущая входящих в казино людей.

— Поломка искусственная? — насторожился Федор.

— Нет, — уверенно ответил эксперт. — Мы ее забрали и проверили — все чисто, сломалась сама. Во всяком случае, очевидных следов нет. Охранники казино сказали, что камера давно барахлила, ее должны были заменить утром, но слишком поздно привезли запасную, а потому решили подождать до следующего дня.

— То есть если преступник вошел в казино незадолго до убийства, то его изображения у нас нет?

— Именно, — подтвердил Николаев.

— Не слишком ли много странностей в деле? Ариф пришел именно в ту кабинку, в которой установили ловушку. Подозрения падают на человека, преданного Арифу до мозга костей. Неожиданная поломка видеокамеры, и мы теряем единственную возможность вычислить непосредственного исполнителя.

— Я же говорил: о таких убийствах только книжки писать.

«А что будет, если снять подозрения с Сардара?»

Итак, телохранитель ни при чем, он просто не заметил искусно замаскированный кол. А убийца... Убийца ЗНАЛ, когда Ариф пойдет в туалет. Убийца ЗНАЛ кабинку, которую выберет Сардар. Убийца ЗНАЛ, что сможет остаться незамеченным, потому что камера вышла из строя.

ЗНАЛ.

Безумие.

Но как ни странно, эта идиотская версия, подразумевающая наличие некоего «фактора Х», позволяющего убийце знать все на свете, понравилась Очкарику гораздо больше, нежели предыдущая. Лишившийся всего Сардар или фантастический «фактор Х»? Обычный следователь не колебался бы ни секунды — виноват телохранитель. Волков же готов был ставить на журавля в небе.

«Отставить Сардара! Отставить «фактор Х»! У любого преступления должен быть мотив!»

Розгин не только рассказал Федору об обстоятельствах женитьбы Арифа, но и подготовил информацию: номер мобильного телефона Лалы и материалы на Ильгара, бывшего жениха девушки. Номера телефонов Очкарик передал экспертам и теперь поинтересовался, нет ли результатов.

— Мобильник Лалы Гусейн чист, подозрительных звонков не было, — сообщил Николаев. — А вот парень звонил кому-то этой ночью, примерно через полтора часа после убийства.

— Телефон определили?

— Номер зарегистрирован на некую Эльмиру Сулейманову. Я проверил...

— Спасибо, — кивнул Федор.

— Не за что. Так вот, я его тоже проверил и выяснил, что сим-карта активизирована два месяца назад. И до ночи убийства звонили с этого номера только на один телефон, зарегистрированный на некоего Закира Таги. И номер этот — вот ведь совпадение! — тоже был активизирован два месяца назад. И звонки с него шли исключительно Эльмире.

— Да ты, получается, раскрыл дело, — усмехнулся Волков.

— С тебя бутылка, — сориентировался Николаев.

— Договорились.

В факте наличия «конспиративных» телефонов еще не было ничего преступного: Ильгар и Лала могли встречаться и принимали меры предосторожности. Однако потянуть за эту ниточку стоило.

И потянуть как можно быстрее.

* * *

Каждый из нас идет по дороге, верстовые столбы на которой поставлены прожитыми годами. Каждый движется вперед, иногда к какой-то цели, иногда — просто так. Каждый из нас встречается и расстается с попутчиками, мечтает и завидует, любит и ненавидит, но даже самый близкий человек неспособен полностью разделить с нами путь.

И не должен, потому что у каждого своя дорога.

Близкий человек может идти рядом, делить с тобой радости и невзгоды. Ваши пути могут навсегда слиться в один. Но ведь когда-то вы шли порознь.

Не бывает одинаковых жизней. Не бывает.

У одних — скоростное шоссе, у других — извилистая тропинка, то и дело разрываемая завалами. Кто-то скучно бредет по пыльному проселку, а кто-то, пританцовывая и подпрыгивая, бежит по аккуратно выложенной мостовой. Но каждому из нас, не большинству, а абсолютно каждому, рано или поздно приходит в голову вопрос: «По той ли дороге я иду?» И утвердительный ответ на него иногда требует большого мужества.

Людям нравятся широкие магистрали, а вот пыльные проселки вызывают у них отвращение. Людям хочется туда, где даже ночью светло, как днем, а гладкий асфальт лентой стремится в манящую даль. Люди пытаются схитрить, перебраться на дорогу получше, расталкивают попутчиков, лезут... и очень часто выясняют, что сменили пыльный проселок на пыльную обочину. Которая вообще никуда не ведет.

Люди редко думают о том, что все дороги связаны друг с другом, что самая захудалая тропинка способна превратиться в заветное шоссе. Что надо не просто идти, уповая на лучшее, а прокладывать свой путь. Что надо найти ту самую дорогу, по которой ты можешь идти с закрытыми глазами, по которой тебя ведет душа, — и оставаться верным ей. А еще — быть упорным и трудолюбивым.

Илья Стрекалов относился к редкой категории людей, которые нашли свою дорогу практически сразу, безошибочно определили тропинку, по которой следует идти, и отправились по ней, не мучая себя ненужными сомнениями. Не позволяя себе отвлекаться от выбранной стези, вкладывая в нее всю свою энергию и все способности.

Илья умел делать деньги. Причем занятие это было для него не обязанностью, не способом обрести власть и положение в обществе, а любимым делом. Увлекательным занятием, от которого Стрекалов получал истинное наслаждение. Подобно писателю он создавал бизнес-планы, подобно композитору чувствовал фальшь в гармонии договоров, был актером на многочисленных переговорах и художником, рисующим финансовые картины. Он не работал, он жил, а потому ему не могла не сопутствовать удача.

Она ведь любит упорных.

И часто, подобно фее из детской сказки, дарит трудягам неожиданные подарки. Рассказывает, как до краев наполнить бокал жизни, как насладиться ею всей, без остатка, чтобы не жалеть ни о чем, стоя у последнего верстового столба.

Вот что такое настоящая удача.

Подарок феи настиг Петровича в Гарварде, где он получал второе образование. В один из выходных Стрекалов отправился в Ботанический музей при университете. С детьми, разумеется, отправился, поскольку сам Илья к подобным заведениям относился с прохладцей. Передав отпрысков экскурсоводу, Петрович прогуливался по залам, размышлял о бизнесе, мельком просматривая информационные таблички. И едва не прошел мимо великолепно сделанной модели гидроидного полипа Tubularia larynx. Точнее, прошел — ни полипы, ни какие-нибудь сифонофоры Стрекалова не интересовали, — но, сделав пару шагов, резко развернулся и быстро подошел к витрине. И замер, охваченный чистым детским восторгом: модель Tubularia larynx была изготовлена из стекла.

Искусная работа старых немецких мастеров поразила Илью в самое сердце. Напомнила давным-давно забытые ощущения, что испытывал умный и серьезный малыш, которого уже начали звать Петровичем, завороженно разглядывая хрустальную вазу или сияющую богемскую люстру. Он нашел ту самую каплю, которая наполнила чашу его жизни до краев и придала напитку восхитительный, уникальный аромат.

Илья пробыл в музее до вечера. Отправил Оксану с детьми домой, а сам все мучил и мучил экскурсовода расспросами о творчестве братьев Блашка. Упросил показать те работы, что хранились в запаснике, вымолил разрешение потрогать, прикоснуться к хрупкому стеклянному чуду. Уехал после закрытия и возвращался каждый день в течение недели. Восхищался.

И одновременно размышлял, что делать дальше.

Первые шаги Стрекалова были предсказуемы, если не сказать — стандартны, для человека его положения. В течение шести последующих месяцев Илья стал обладателем всех раритетов Блашка, которые можно было купить. Всех пяти штук, которые каким-то чудом оказались в частных коллекциях, ибо музеи расставаться с искусными работами отказались категорически. Две недели Петрович упивался сокровищами, а затем понял, что движется не туда, что обладание чудесными, но сделанными чужими руками редкостями его не прельщает. Он хотел творить сам.

Творить в стекле.

И не повторять работы гениальных немцев.

Придя к этой мысли, Стрекалов с энтузиазмом взялся за новое дело. Купил небольшую московскую фабрику, заполучив производственную площадку, полностью переоборудовал ее и тщательно отобрал сотрудников. Илья-бизнесмен не мог допустить мысли, что производство станет простой игрушкой: фабрика вышла на рынок и со временем стала приносить прибыль. А Ильяфанат стал обладателем великолепно оснащенной лаборатории, в которой мог создавать уникальные вещи.

При этом отношение Стрекалова к основному бизнесу ничуть не изменилось. Он по-прежнему с любовью и душой делал деньги, по-прежнему наслаждался плаванием в финансовых морях, но обязательно выкраивал два-три часа в день, чтобы побывать на фабрике.

Вот и сейчас, перед тем как выйти провожать друзей — Лева и Рита засобирались по домам, — Петрович велел водителю готовить машину. И после традиционных объятий и поцелуев, после того, как машина Риты исчезла за воротами, а дети побежали в рощу, Илья обнял жену и негромко спросил:

— Не будешь возражать, если я съезжу на фабрику?

— Подлизываешься?

— Ни в коем случае.

Ксюха улыбнулась. Как и любая умная женщина, она прекрасно понимала, каким мужским слабостям следует потакать, а с какими — бороться.

— К одиннадцати вернешься?

— Договорились.

Илья еще раз поцеловал жену и уселся в лимузин.

* * *

К Ильгару Федор отправился под вечер, здраво рассудив, что летний воскресный день семейство Гамбаров может провести вне квартиры. На встречу с самим Ильгаром Очкарик не особенно рассчитывал: замешан парень в убийстве или просто спал с бывшей невестой, он наверняка уже знает о смерти Арифа и, если не дурак, дома вряд ли появится. Связываться с молодым человеком по мобильному телефону Волков тоже не хотел — личный визит произведет большее впечатление, а потому, закончив разговор с экспертом и пообедав, Федор отправился в старый спальный район у Кольцевой дороги.

В дешевый район.

И дом, в котором проживали Гамбары, тоже был дешевым: обычная панельная многоэтажка, венец социалистического домостроения, получить квартиру в котором когда-то мечтали инженеры, младшие научные сотрудники и рядовые работяги. Когда-то они здесь и жили. Гуляли с детьми в сквере, ругались или дружили с соседями, ждали пенсии. Теперь же, как наметанным глазом определил Волков, среди жителей дома преобладали совсем другие люди. Тоже младшие, тоже рядовые, но отнюдь не инженеры. Совсем не инженеры.

«Население Next».

Федор видел выстроившиеся вдоль дома «Газели» и шеренги потрепанных «четверок»-«шестерок» с тонированными стеклами. Слышал гортанную речь и ловил на себе косые взгляды черных глаз: чужаков здесь недолюбливали. Он знал, что неподалеку, у МКАДа, расположен крупный рынок, который, судя по всему, давал работу местным обитателям, и не сомневался, что во многих соседних дворах увидит такие же табуны «Газелей» и «Жигулей».

Очкарик вошел в грязноватый, освещенный единственной лампочкой подъезд, почувствовал стойкий запах шафрана, презрительно оглядел разрисованные внутренности лифта, пешком поднялся на третий этаж и нажал на кнопку звонка у нужной двери. Прислушался и через пару мгновений уловил едва слышный звук шагов: кто-то прошел по коридору и остановился, изучая Федора через глазок. Выждав паузу, Волков вновь надавил на кнопку.

Открывать не спешили. Впрочем, и от двери не отошли.

— Мне нужен Ильгар Гамбар, — громко произнес

Федор невидимому собеседнику. Помолчал и добавил: — Я не уйду.

— Кто вы? — поинтересовались из квартиры.

Голос настороженный, мужской, но явно не молодой. «Отец?»

— Я из милиции, — сообщил Очкарик. — Мне нужно поговорить с Ильгаром.

— О чем?

— Через дверь говорить не буду.

К мужчине присоединился еще кто-то. Сначала Волков обрадовался: «Неужели Ильгар?!», но затем услышал едва различимый женский голос и вздохнул: «Жена».

О чем переговаривались Гамбары, Федор бы не разобрал, даже если бы они общались по-русски. Единственное, что он сумел различить, — интонацию, мужчина что-то приказал женщине, она попыталась спорить, он чуть повысил голос, и женщина проследовала в глубь квартиры.

— Открывайте, — повелительно попросил Федор. — Мне надоело здесь торчать.

К некоторому его удивлению, замок заскрежетал, и металлическая дверь, тихонько скрипнув, отворилась. Странно. Очкарик не ожидал подобной покладистости. То ли Гамбар был честным человеком, то ли рассчитывал на чью-то поддержку.

— Добрый день.

Федору не ответили.

Стоящий в коридоре мужчина обладал заурядной для Москвы внешностью. Невысокий, полный, с короткими черными волосами, обрамляющими большую лысину, черными глазами и большим носом. Серые брюки от дешевого костюма, рубашка с расстегнутым воротом, тапочки. Глава семейства воскресным вечером.

— Вас зовут Рафиг? — спросил Волков.

— Да.

— Мне нужен ваш сын.

— Зачем?

— Поговорить.

— О чем?

Старший Гамбар предпочитал короткие фразы и всем своим видом давал понять, что не рад незваному гостю.

— Ильгар дома?

— Нет. — Рафиг угрюмо мотнул головой: — Уходите.

Из ближайшей к прихожей комнаты доносился женский голос. Она говорила взволнованно, слышались просительные нотки.

Как раз в тот момент, когда Рафиг предложил Волкову убраться, женщина закончила разговор и специально повысила голос, произнеся последнюю фразу так, чтобы ее услышал муж. Фраза Рафигу понравилась, в его взгляде мелькнуло облегчение.

«Похоже, едет подмога. Интересно, кого ждать?»

— Вы напрасно меня опасаетесь, — вежливо сказал Федор. — Я хочу поговорить с вашим сыном. Ничего больше.

— О чем поговорить?

— О Лале.

Гамбар нахмурился:

— Лала — жена другого мужчины.

— Он недавно умер.

— Я не слышал.

— Вполне возможно, — усмехнулся Волков. — Но где Ильгар?

— Его здесь нет.

— Он придет сегодня?

— Не знаю.

— Вы будете ему звонить сегодня?

— Не знаю. — Рафиг чуть повысил голос: — Я не понимаю, зачем этот разговор?

— Я веду расследование смерти Арифа Гусейна, — объяснил Федор.

— При чем здесь мой сын?

— Я обязан проверить все версии.

— Я не понимаю твоих слов. — По мере того как текло время, Рафиг обретал все большую уверенность, а его русский язык становился все менее и менее правильным. — Где бумага? Бумагу дай.

— У меня ее нет.

— Тогда зачем пришел?

Женщина, уловив изменения в поведении супруга, вышла в коридор. В меру толстая тетка лет сорока, пытавшаяся стать блондинкой, но в итоге согласившаяся на грязно-желтый окрас кудрявых волос. Грубое лицо с большим носом, золотые зубы, широченные брови. Классика.

— Рафиг, у него есть бумага?

— У него нет никакой бумаги.

— Пусть он уходит! — Она неприязненно посмотрела на Волкова и отпустила фразу на азербайджанском.

Муж криво усмехнулся, ответил, и Гамбары рассмеялись. Они прекрасно знали, как смутить чужака, как заставить его почувствовать неуверенность. Натренировались на жителях соседних домов. Но смутить Федора было не легче, чем сдвинуть с места пирамиду Хеопса.

— Уходи!

— Если мы не договоримся, это косвенно подтвердит мои подозрения, — спокойно произнес Очкарик. — К вам придут другие люди. У них будет бумага. Но разговаривать здесь они не станут. Возьмут вас и отвезут в мой кабинет.

— Я ничего не знаю, — отрезал Рафиг. — И сына здесь нет.

В дверь позвонили. Гамбар улыбнулся и сделал шаг вперед:

— С дороги уйди.

— Оставайся на месте, — предложил Волков. — Я сам открою.

После секундного раздумья Рафиг решил подчиниться. И даже цыкнул на жену, начавшую что-то говорить. Хозяина дома несколько смутила уверенность гостя.

Федор распахнул дверь и окинул взором стоящего на пороге милиционера. Тот ответил не менее уверенно, и не только взглядом:

— Ты кто?

— А вы? — Федор нажал на «вы», намекая визитеру, что следует быть вежливее. Тот оставил замечание без внимания.

— Разве не видишь, кто я?

— Увижу, когда вы предъявите документы.

— Умный? — прищурился милиционер.

Гамбары сделали пару шагов назад. Ожидают скандала?

— Капитан, документы предъявите, пожалуйста. — Федор добавил в голос чуть-чуть металла.

— Движений резких не делай, — жестко произнес милиционер. — Мне сказали, что ты ворвался в квартиру.

— Я позвонил, мне открыли.

— Сказали, что ты угрожал.

— Чем?

— Говори, кто ты?

— Как вы видите, капитан, здесь не происходит ничего противозаконного. — Волков тоже умел не замечать чужих фраз. — А значит, мы можем вернуться к началу разговора. Я хочу видеть ваши документы. Сейчас.

Очкарик слегка разозлился, но не позволил себе потерять самообладание. И резких движений не делал, чтобы не дать милиционеру повода затеять свару. Зато постарался вложить в голос твердую уверенность в крепости своих позиций, а в последнем слове и вовсе использовал командную интонацию. Здоровяк, в свою очередь, решил не переть на рожон. Как и Гамбара, его смутило спокойствие Волкова, и милиционер рассудил, что стоит выполнить требование незнакомца.

— Капитан Мамедов. — Он продемонстрировал Федору удостоверение. — Участковый.

— Очень хорошо, товарищ капитан. — Очкарик показал свои документы. — Полковник Волков, министерство.

— Коллега, да? — Мамедов молниеносно сменил тон и широко улыбнулся. — Извини, друг, я не понял сначала. — Похлопал Федора по плечу. — Сам понимаешь, ситуации разные бывают. Люди здесь в основном мелким бизнесом занимаются, мало ли какие бандиты захотят наехать? Вот я и проверяю. Опять же фашисты всякие головы бритые поднимают, гады, от этих тварей только и жди неприятностей.

Корочки Волкова не выбили капитана из колеи. Линию поведения он сменил, но по-прежнему оставался уверен в своих силах. Мамедов крепко стоял на своей земле.

— Вы слышали о смерти Арифа Гусейна?

— Конечно.

— Я веду расследование и хочу поговорить с Ильгаром.

— Какой он убийца? — удивился капитан. — Мальчик совсем. И не горячий. Тихий совсем. Скромный. Никаких хлопот с ним не было. Тут в районе наркоманов полно, алкашей малолетних, скинхеды всякие бродят, твари фашистские, а Ильгар — правильный. В школе хорошо учился, в институт поступил. Надежная опора родителям.

— Когда он здесь появлялся?

— Неделю, может, больше. — Мамедов покосился

на Гамбара: — Рафиг, когда Ильгар последний раз приезжал?

— Неделю назад.

— Видишь, я не ошибся.

— Когда появится, пусть мне позвонит.

— Обязательно передам, — пообещал капитан. — Пошли?

Оставаться в квартире не было смысла. Милиционеры пешком спустились на первый этаж, вышли из подъезда и закурили.

— Твоя машина? — Мамедов кивнул на «Ауди».

— Да.

— Дорогая. — В голосе капитана прозвучало уважение. — В министерстве хорошо платят?

— Не всем.

— Это я понимаю.

Пока Волкова не было, его автомобиль успели заблокировать. Сзади «Ауди» поджала темная «девятка», спереди — подержанный «бумер» без номеров.

— Места для парковки мало, — дружелюбно объяснил Мамедов. — Людям машины ставить некуда.

И незаметно, как он думал, сделал жест рукой. «БМВ» медленно подал вперед и покинул двор, за ним потянулась «девятка». Несмотря на то что машины проехали в двух шагах от Федора, Очкарик не смог разглядеть сидящих внутри людей: настолько сильно были затонированы стекла.

— Ну, бывай, полковник, может, еще увидимся.

Волков посмотрел в глаза капитана, сжал протянутую руку, не сильно сжал, обыкновенно, но не отпустил, задержал в своей руке и отчетливо произнес:

— Завтра до двенадцати утра я должен переговорить с Ильгаром. Если этого не произойдет, гарантирую тебе весомые неприятности. Лично тебе.

— Угрожать не надо, — с веселой издевкой попросил Мамедов. — Звездочки береги, полковник. Не забывай, где находишься.

Он твердо стоял на своей земле.

— Ты о моих звездах не беспокойся, — жестко велел Очкарик. — Имя мое тебе известно. Прозвонись по своим каналам, поинтересуйся, кто я. А на тот случай, если нам еще придется встретиться, запомни: обращаться ко мне только на «вы». Все понятно?

Мамедов угрюмо выдернул руку.

— Я не услышал ответ.

— Будет видно, — буркнул участковый.

— Будьте добры отвечать по уставу, товарищ капитан.

— Так точно, товарищ полковник, — злобно глядя на Волкова, произнес Мамедов. — Я все понял.

Но взгляда Федора не выдержал, отвернулся.

— До двенадцати, — напомнил Очкарик и сел в машину.

И почти сразу же запиликал висящий на поясе мобильник. Волков завел двигатель, медленно подал вперед и поднес трубку к уху:

— Да!

— Федя, спаси меня! — прорыдал Корзинкин.

* * *

Удивительно, как много впитывается и навсегда остается в наших вещах. Едва уловимый запах и соль пота, прикосновение пальцев, тепло кожи и уникальное дыхание души. Мы редко задумываемся над тем, какая хорошая память у наших вещей. Как относятся они к нам? Почему некоторые из них прикипают к сердцу, становятся любимыми, а другие лежат в шкафу, позабытые, ни разу не надеванные?

Вот бы удивился любой нормальный человек, узнав,

как много способна рассказать о своем хозяине простая пуговица.

Дешевая пластмассовая пуговица, крепко зажатая в кулаке.

Окно плотно зашторено, дверь закрыта, свет выключен. Гончар сидел в кресле, выдвинутом в самый центр комнаты. Расслабленная поза, опущенная на грудь голова. Казалось, он спит, и лишь его левая рука дрожала от напряжения. Левая рука, в которой пряталась пластмассовая пуговица. И часть силы, что бушевала в стиснутом кулаке, заставляла подрагивать окружающий Гончара сумрак. По темной, запертой комнате гулял несильный ветерок, покачивал шторы и шевелил волосы Гончара. Едва ощутимый ветерок, исходящий из левой руки сидящего в кресле человека.

Тридцать минут потребовалось Гончару, чтобы прочесть душу переданной Дантистом посылки. Полчаса вызванный им ветерок нарушал сумрачный покой комнаты. Затем все прекратилось. Гончар медленно разжал кулак — ставшая ненужной пуговица упала на паркет, — нащупал стоящую у кресла бутылку вина, зубами выдернул неплотно воткнутую пробку, выплюнул ее и жадно припал к горлышку. Полминуты в комнате слышалось только бульканье. Затем Гончар вернул опустевшую бутылку на пол, вытащил из кармана телефон и набрал номер:

— Проказа?

— Да.

— Записывай адрес...

— Кто его прикрывает? — угрюмо осведомилась Испанка.

— Никто, — пожала плечами Проказа.

— Говорят, он крепкий мужик, — подал голос Невада. — В тайге слабаки не выживают.

— Слабаки нигде не выживают, — хмыкнула Проказа. — Только под мамочкиным крылышком. Ты-то чего трясешься? У тебя работа безопасная...

Презрение, отчетливо прозвучавшее в последней фразе, задело Круса. На секунду его глаза вспыхнули, однако доводить дело до скандала он не стал. Заставил себя высокомерно улыбнуться:

— Кто бы говорил!

И отвернулся.

Роли члены команды расписали заранее. Травник прикрывал: остался на лестничной клетке и следил за тем, чтобы соседи не проявили к происходящему в квартире нездоровый интерес. Задача Проказы заключалась в том, чтобы войти и обездвижить Беспалого: учитывая бойцовский опыт девушки, никто не сомневался, что она справится. Испанке предстояло задавать вопросы. После вторжения Проказы, которое обязательно закончится жестоким избиением Беспалого, мягкость белоконосой наверняка вызовет пленника на откровенность. Испанка умела влезть человеку в душу. Если же не получится мягко, то она достанет из сумочки флаконы с разноцветными жидкостями, способными вывернуть любого человека наизнанку и превратить его в кричащий от боли сгусток нервов.

А Невада сделает то, от чего отказались остальные, — прольет кровь искусника. Добровольно ответит Беспалый или его придется пытать — не важно, Гончар приказал не отпускать Шамана живым.

— Чего ругаться? — негромко произнес Травник. — Все замазаны.

Испанка опустила глаза. Проказа скривила рот, но комментировать слова здоровяка не стала. Кивнула:

— Пошли!

И первой выбралась из машины.

«Ты запутался, Григорий. Ты отплыл от одного берега, а к другому не причалил. Тебе нужно время, чтобы разобраться в себе, а его у тебя нет. Ты запутался, тебе кажется, что самый легкий выбор — самый правильный. Но это, поверь мне, не так...»

Беспалый понимал, что Бабушка Осень знает, о чем говорит. В ее словах звучит мудрость, накопленная за многие поколения. И еще мудрость врожденная. Не зря ведь ходят слухи, что Бабушка Осень родилась старой.

Она была права... и она была не права. Она советовала, но не указывала. Она понимала, что выбор человек должен сделать сам. Выстрадать, вымучить, определиться и не отступать. Даже если выбор этот порожден чудовищными сомнениями, превратившимися в чувство чудовищной вины.

«Я знаю, кем умру, но понятия не имею, кем буду жить...»

Григорий перебрал лежащие на столе фотографии. В очередной раз вгляделся в изображенных на карточках людей. В очередной раз ощутил пустоту внутри.

«Я ни о чем не жалею, но не хочу ничего повторять...»

Он знал, что все обязательно повторится, что никто не отступит, что и с той, и с другой стороны полным-полно твердых людей. По-настоящему твердых, не таких, как он. Но для него игра закончена. Он сделал все, что должен был сделать. Исполнил все обязательства.

Пришло время разобраться с самим собой.

Дверь в квартиру Проказа вскрыла за десять секунд. Та оказалась запертой всего на один, самый простой замок, словно хозяин ждал незваных гостей и решил не чинить им особых препятствий. Легкость, с которой они попали в квартиру, насторожила Проказу, а потому, приоткрыв дверь, она вытащила не нож, как собиралась изначально, а пистолет с длинным глушителем и только после этого черной тенью скользнула внутрь.

Остальные, как и было договорено, ждали условного сигнала снаружи. Молча. Напряженно прислушиваясь, не раздадутся ли из квартиры звуки борьбы.

Не раздались.

Проказа появилась секунд через двадцать. Оружие убрано, во взгляде черных глаз — большая редкость! — видна некоторая растерянность. Широко распахнула дверь и негромко приказала:

— Проходите. — И сразу же добавила: — Мы опоздали.

Ненужных вопросов никто не задавал. Зачем? Сейчас все сами увидят. Испанка и Невада прошли за Проказой к ванной комнате и по очереди заглянули внутрь. Среагировали по-разному. Крус негромко выругался. Женщина закусила губу. Затем молча переглянулись.

Беспалый лежал в красной от крови воде. Лицо спокойное, умиротворенное. Лицо человека, твердо знающего, что сделал именно то, что нужно. Лицо несомневающегося человека.

— Вскрыл себе вены, подонок, — буркнула Проказа. — Обманул нас.

— Плевать он на нас хотел, — прошептала Испанка. — Он это сделал для себя.

И перекрестилась.

Невада последовал ее примеру, но не удержался, добавил:

— Порвалась ниточка...

— Да уж... — Проказа широким шагом прошла на кухню. Крус за ней. Испанка медленно закрыла дверь ванной, подумала и последовала за компаньонами.

— Даже дерьмо за собой не убрал! — выругалась Проказа, разглядывая лежащие на столе фотографии. — А если бы менты нашли?

— Он знал, что мы идем. — Испанка взяла в руки

пару сделанных «Поляроидом» моментальных снимков. Человек в камуфляжной форме, голова разбита, лица не разобрать — залито кровью. Еще один мертвец, тоже в походной одежде, лежит на земле, обеими руками держась за торчащий из живота нож. Снято в лесу. Или в тайге.

На остальных снимках то же самое: трупы, трупы, трупы... Сколько их?

— Тридцать два человека, — тихо сказал Невада. — Я слышал об этой истории.

Тридцать третий с перерезанными венами лежал в ванной.

— Надо позвонить Гончару и спросить, что делать, — громко произнесла Проказа.

— Только давай выйдем на улицу, — предложил Крус.

— Вы звоните, а мы с Травником, пожалуй, поедем, — пробормотала Испанка.

— Куда торопишься? — прищурилась Проказа.

— Надо Оружейника сменить, — спокойно объяснила беловолосая. — Увидимся.

* * *

— Рита, солнышко, привет! — промурлыкал в телефонную трубку Федор. — Узнала?

— Очкарик, тебя трудно с кем-нибудь спутать, — с веселым удивлением отозвалась Шашкина.

Она делала вид, что не ожидала звонка, но Федор прекрасно знал, что это не так.

— Значит, богатым мне не быть?

— И не надейся.

Волков услышал мужской голос:

«Кто это?»

«Волков, — ответила Рита, небрежно зажав пальцем микрофон. — Друг Стрекалова. Помнишь, он был у нас на свадьбе?»

«Мент?»

«Да».

«Чего ему надо?»

«Сейчас выясню».

Шашка вернулась к разговору с Очкариком, но при этом установила звук телефона на максимум, чтобы любимый ревнивец мог слышать каждое слово:

— Чего звонишь?

«А то ты не знаешь!»

— Заехать хочу, — усмехнулся Федор. — Не возражаешь?

— Есть повод?

— Ты забыла у Петровича вазу.

— Ах да! — Умная Рита мгновенно поняла придуманную Волковым легенду и даже «вспомнила» уточняющую деталь: — В гостиной!

— Точно. Так ты не против, если я заскочу?

— Я скажу, чтобы тебя пропустили.

Очкарик отключил телефон и покосился на лежащую на переднем сиденье вазу, за которую час назад выложил в магазине почти тридцать тысяч. Авторская работа, едрить ее за ногу. Зато напоминает те штуковины, что изготавливаются на фабрике Петровича и которые Илья обожает дарить друзьям. Риткин муж о «стеклянном» хобби Стрекалова знал, так что подозрений визит Волкова у него не вызовет: жена забыла очередную безделушку, старый приятель вызвался ее завезти.

Ритка, в свою очередь, сделала все так, как надо. Распорядилась пропустить машину Федора во двор, обеспечив возможность припарковаться в нужном месте, но из дому не вышла, встретила Очкарика в гостиной и представила несколько мрачному мужу:

— Иннокентий. Но вы, кажется, знакомы.

Волков подтвердил, что — да, виделись. В ответ Иннокентий состроил кисло-дружелюбную мину — он явно не обрадовался нежданному визиту человека «не их круга» — и сообщил, что погода в Шанхае, откуда он только что прилетел, — дрянь. Спорить с путешественником Федор не стал. Передав «подарок Петровича» — Ритка тут же заставила мужа оценить произведение, тот скучно восхитился, — Волков признался, что тоже ничего не понимает в стекле, после чего посмотрел на часы и засобирался. Удерживать его не стали.

Отъезжая от особняка Иннокентия, Очкарик набрал номер Стрекалова:

— Ты ведь общаешься с Шашкиным мужем?

— Время от времени, — подтвердил Илья.

— Так вот знай: сегодня ты подарил Ритке стеклянную вазу собственного производства. Фотку я пришлю по электронной почте.

— Я подарил? — уточнил Петрович.

— Ну не я же.

— А зачем я подарил?

— Просто так, — улыбнулся Волков. — Потому что ты хороший мужик. А еще потому, что мне нужно было попасть в их дом.

— Хитришь?

— Не без этого.

Федор остановил машину, нажал на открывающую багажник кнопку, и через несколько секунд на соседнее кресло плюхнулся Корзинкин.

— Очкарик! — шумно выдохнул Лева. — Ты не поверишь, что мне пришлось пережить!

— Где тебя искать? — деловито спросила Испанка.

— В Подмосковье, — пробурчал Оружейник. — На Рублево-Успенском.

Сидящий за рулем Травник нахмурился, припоминая схему Москвы.

— Что он там забыл?

— Дружка выручал, — объяснил старик, наблюдая,

как толстенький мужчина вылезает из багажника и пересаживается в салон «Ауди».

— Мы сейчас едем в сторону Москвы, если что изменится, я перезвоню.

— Договорились.

А начинался воскресный вечер самым что ни на есть приятным образом.

— Шашка сказала, что Иннокентий раньше среды из Китая не вернется, — громко начал Корзинкин рассказ о своих приключениях. — Слуг нет, дом пустой...

— А соседи?

— Так у них подземный гараж, и стекла в машине тонированные, — объяснил Лева. — Я перед самым поселком на заднее сиденье перебрался, и никто меня не видел.

«Конспиратор!»

Дальнейшие события развивались по традиционному сценарию.

— Ритка в душ отправилась, я винишка сообразил, хорошо еще, что в один бокал. — Корзинкин погладил лысину. — И хорошо, что раздеваться не стал. Короче, минут через пять смотрю: ворота открываются. Кеша вернулся...

А поскольку нынешний супруг веселой Шашки перемещался исключительно в компании трех-четырех телохранителей, да к тому же отличался горячим нравом, Лева понял, что попал в беду.

— К счастью, я в их доме немножко ориентируюсь, — скромно уточнил Корзинкин, — и сразу сообразил, куда спрятаться. В подсобку рванул. Телохранители туда не ходят, а садовник только завтра появится. Там и переждал.

По телефону Лева шепотом объяснил Очкарику, куда выходит дверь его убежища, и, когда Федор поставил рядом с ней машину, незаметно перебрался в оставленный открытым багажник.

— Кстати, он у тебя чистенький.

— Спасибо, — улыбнулся Волков.

Интересно было бы посмотреть на физиономию вышедшей из душа Риты, которая вместо Левы увидела перед собой обожаемого супруга. Впрочем, выдержки и хладнокровия Шашке не занимать. Наверняка завизжала «от радости» и бросилась целовать любимого, на ходу соображая, куда мог подеваться бывший муж.

— За следующим поворотом есть неплохой ресторан, — сообщил Корзинкин. — Давай туда, я ведь так и не поужинал.

— Давай. — Федор тоже проголодался.

Друзья прошли в небольшой уютный зал, расположились за столиком и велели симпатичной официантке начать с бутылочки красного. И только здесь, поняв, что Лева считает историю законченной, Волков поинтересовался:

— Ты чего у Ритки-то забыл? По старой памяти, что ли?

И усмехнулся собственной шутке.

Из четверки друзей Лева отличался самым беспокойным по женской части нравом. С девственностью он, разумеется, расстался первым, если не врал — в объятиях соседки по даче, дамы в самом соку. Начиная с восьмого класса вовсю ухлестывал за старшеклассницами, что стало причиной нескольких крупных драк, которые друзьям пришлось провести со старшими ребятами. Стоит ли говорить, что дальнейший путь Корзинкина был устлан девичьими вздохами, а его жизненным девизом стала фраза: «Когда в семье только одна жена, она вырастает эгоисткой»?

При этом Федор никогда не понимал, чем Лева берет женщин? Не красавец, не атлет, прилично зарабатывать стал только в последние годы, до этого особым богатством не страдал. Ну, балагур. Ну, оптимист. Так мало ли таких? Получается, таких — мало.

— Или по привычке заехал?

— Понимаешь... — Корзинкин замялся. — Можно сказать и так — по привычке. — И с подчеркнутым вниманием уставился в меню. — Жрать охота. Наверное, это нервное, да?

— Наверное... — Очкарик чуть подался вперед: — Посмотри мне в глаза.

— Люблю я модные показы, — жизнерадостно сообщил Лева, уставившись в висящий под потолком телевизор, по экрану которого беззвучно разгуливали гламурные красавицы. Длинные и тощие. — Только не понимаю, зачем манекенщиц всегда во что-нибудь одевают?

— Чтобы люди не пугались, — буркнул Волков. — Но ты от темы не отвлекайся, ты в глаза мне посмотри.

— Зачем?

— Тебе трудно?

— Кстати, седло барашка в этом заведении готовят восхитительно. — Корзинкин вернулся к меню. — Рекомендую.

— Стрелки не переводи, — попросил Федор. — И глазки подними. Взгляни на друга-то.

— Пожалуйста! — Лева захлопнул книжечку и вытаращился на Волкова. — Доволен?

Пару секунд Очкарик смотрел в глаза Корзинкина, а затем поверил... не догадался — это произошло чуть раньше, — а поверил в то, чего не мог понять:

— Ты с ними спишь... Ты спишь со всеми своими бывшими!

— Ну, не со всеми... — Лева уставился куда-то за спину Федора.

— Врешь.

— Хорошо, — сдался Корзинкин. — Со всеми, но не постоянно. От случая к случаю... А что я могу поделать?

— Рассказывай!

— Он тебя не засек? — поинтересовался Травник.

— Не в первый раз, — проворчал Оружейник. — Все нормально.

В ресторан, несмотря на то что деньги у него были, старик не пошел — слишком уж он приметный. Слишком бы выделялся своим потасканным видом на фоне наряженных гостей дорогого заведения. Да и собака опять же. Пес у него воспитанный, лаять не будет, но и в сумке сидеть не останется, обязательно привлечет к себе внимание.

Резоны показались Оружейнику достаточными для того, чтобы остаться на улице и не мелькать лишний раз перед Федором. И подъехавшим компаньонам он предложил внутрь не соваться:

— Машина его здесь, слежки Волков не заметил, сбегать ему незачем, так что гарантирую — выйдет он через двери.

Травник согласно кивнул, он был не против остаться в «БМВ». Однако Испанка решила иначе.

— Я хочу есть, — безапелляционно заявила блондинка и открыла дверцу машины. — Хосе, за мной!

Официантка принесла вино и выслушала заказ: салат, пара разных закусок и вожделенное седло барашка: похоже, Лева действительно проголодался. Волков ограничился стейком с овощами. Друзья разлили по бокалам вино, чокнулись, выпили, и только после этого, поудобнее устроившись в кресле, Корзинкин без напоминаний вернулся к теме:

— Началось все с Гальки. — Так звали его первую жену. — После меня она выскочила за того доходягу из «Люфтганзы»...

Может, тот немец и был доходягой, зато весьма и весьма обеспеченным. Хитроумная Галина умудрилась подцепить не кого-нибудь, а одного из главных менеджеров российского представительства авиакомпании.

— Помнишь его?

— Смутно, — признался Федор.

— Не важно, — махнул рукой Лева. — Короче, мужик оказался порченым, с крупными проблемами по нашей линии, понимаешь?

— Импотент, что ли?

— Да нет, с этим нормально. Все работает, но вхолостую: бесплоден, как пустыня.

— А-а...

— Сначала доходяга бодрился, лечился, старался как мог, а когда понял, что диагноз окончательный, стал подбивать Гальку на усыновление. А она уперлась, мол, дети должны быть только свои. Ты же помнишь, у нее на этом деле пунктик.

— Помню.

— Короче, она уговорила немца попробовать последний раз. То ли пересадка, то ли подсадка, то ли еще какое-то клонирование... — Лева не сдержался и, доливая в бокал вино, самодовольно улыбнулся. — А сама поехала ко мне.

— И ты не устоял.

— Ритка тогда беременная ходила, — объяснил Корзинкин. — Я, конечно, перебивался, кое-какие походы налево были, но так, с пятого на десятое. Шашка за мной строго приглядывала, так что сам понимаешь, нужно было пользоваться любой ситуацией. В общем... не устоял.

— У Гали трое детей, — припомнил Волков.

Старшего сына она родила, еще будучи женой Левы, а двое других...

— Ну да, — признался Корзинкин. — Она потом еще приезжала.

Федор поковырялся в Левином салате, подцепил на вилку креветку и поинтересовался:

— Доходяга в курсе?

— Мне, знаешь, до лампочки, — не стал скрывать Лева. — В доме я у них не появляюсь, чтобы никого не тревожить. А на свиданки ко мне она только старшего привозит. Так сказать, официального.

— И не думаешь о них? Неужели не хочешь их видеть?

— Бывает, хочу, — кивнул Корзинкин. — Не то чтобы скучаю, однако периодически что-то сентиментальное в душе наблюдается. С другой стороны, я за ребят спокоен — у них хорошая мама.

Такие вот в современных шкафах водятся скелеты. Впрочем, точно такие же, как и раньше, мало ли благородных графинь приносили мужьям наследников от садовников?

— С Анькой случайно получилось, — продолжил повествование Лева. Чувствовалось, что ему давно хотелось поведать кому-нибудь свою историю, и он с радостью использовал представившуюся возможность. — Она вскоре после свадьбы крупно поцапалась со своим новым и примчалась ко мне плакаться. Я тогда был временно холост, так что слово за слово... Опомнились под одеялом. Да и то когда все закончилось. — Корзинкин почесал подбородок. — Но младшая девчонка у нее от нынешнего мужа. Анька женщина честная, подарила любимому ребенка.

У Федора существовало свое понимание честности, однако он решил не вступать в философский спор.

— А Шашке чего от тебя надо?

— То же, что и остальным.

— Так у нее положение — ого-го! — удивился Волков. — Зачем ей рисковать?

— Душа человеческая — потемки, — развел руками Корзинкин. — А женская душа — вообще черная дыра. Мы, если у Петровича встречались, после обычно ко мне ездили. Кто же знал, что Кешу из Китая на три дня раньше принесет?

— Ты, кстати, спасибо мне так и не сказал, — заметил Федор.

— Не напрягайся, — улыбнулся Лева, — скажу как-нибудь.

Мужчины рассмеялись. Вкусная еда, негромкая музыка, хорошее вино, приятный разговор со старым другом — такие часы больше напоминают экскурсию в рай, нежели эпизод из реальной жизни.

— Так сколько же у тебя детей?

— Официально четверо, — отозвался Корзинкин и принялся загибать пальцы. — От каждой жены по одному. У Аньки пятый. Еще двое у Гальки. Третий Риткин тоже мой. Получается — восемь.

— И все пацаны.

— Ага.

Здесь Лева осечек не допускал. Получались у него исключительно мальчишки, причем весьма неглупые мальчишки. Во всяком случае, все Корзинкины, с которыми доводилось общаться Волкову, оказывались ребятами умными, начитанными и думающими. Гены? Может, поэтому его бывшие постоянно возвращаются? Обманывают мужей и рискуют, потому что подсознательно чувствуют самца, способного дать наиболее перспективное потомство?

При этом действительно рискуют. Положением, благополучием. Сегодняшнее приключение не в счет, случайность, просто яркий эпизод. Но все Левины женщины неплохо устроились, у всех богатые мужья, обеспеченная жизнь и... скелеты в шкафах. Неужели в них настолько силен материнский инстинкт?

— Слушай, тебя самого это не смущает?

— А что делать? — вздохнул Корзинкин. — Все-таки жены.

— Бывшие, — уточнил Федор.

— Не бывает бывших жен, — нравоучительно произнес Лева. — Бывают женщины, с которыми ты теперь живешь в разных местах. Это я после первого случая понял. — Помолчал, улыбнулся, словно припомнил какой-то забавный эпизод, и закончил: — Запомни, старик: для нормального мужчины женщина, особенно когда она мать твоего ребенка, — это навсегда.

Столик, который выбрала Испанка, находился за спиной Волкова. Зато его пухленький спутник смотрел прямо на нее. И если в течение первого часа, который беловолосая провела в ресторане, пухленький был увлечен беседой с Волковым, то последние двадцать минут он стал больше внимания уделять окружающему миру, а после того, как Травник вернулся в машину, несколько раз бросал на Испанку заинтересованные взгляды.

Которые, как ни странно, заставляли сердце женщины биться сильнее.

«У меня что, давно не было мужчины?»

Это не так. Испанка, в отличие от Проказы, свою страстность не афишировала, но в удовольствиях себе не отказывала.

«Тогда в чем дело? Опомнись! Ты здесь по делу!»

Но опомниться не получалось. Толстенький мужчина, остатки волос которого были собраны в смешную косичку, волновал Испанку. А его недвусмысленные взгляды показывали, что интерес — взаимный. И поэтому, когда женщина услышала фразу Волкова: «Тебя довезти до дома?», она взяла телефон...

«Боже, что я делаю?»

И прошептала:

— Хосе, сейчас он выйдет, езжай за ним один.

— А ты? — насторожился Травник.

— У меня есть дела...

И отключила телефон. Потому что Волков уже выходил из зала, а к ее столику, улыбаясь, направлялся его толстенький приятель.

«Боже, что я делаю?!»

* * *

Он считал, что все сделал правильно, но почему-то постоянно появлялись сомнения. Постоянно. Нет, его не мучила совесть, не терзали переживания, не оглушала мысль: «Я стал убийцей!» Смерть Арифа, точнее, его в ней участие, не вызывала у Ильгара никаких эмоций. Убил и убил, забыли. Возможно, если бы ему пришлось бить ненавистного Гусейна ножом в грудь, или спину, или стрелять в него из пистолета, одним словом, принимать деятельное участие в процессе, молодой человек воспринял бы убийство глубже. Но ничего такого не потребовалось. Была лишь палка, простая палка, установленная в указанном месте.

И все.

И беспокоился Ильгар не из-за того, что обагрил свои руки кровью, нет, он боялся, что совершил роковую ошибку. Что его найдут.

«Но как найдут? А главное — как докажут? План идеален!»

Эти мысли заставляли Ильгара улыбаться. Он ненадолго обретал спокойствие, занимал себя какими-нибудь делами, но вскоре вновь начинал нервничать. Вздрагивать от каждого шороха. И причиной возвращающихся волнений, тем толчком, что вызывал приступы панического страха, служило то, что он никак не мог дозвониться до Лалы.

«Почему она не отвечает?»

Ильгар готов был сделать все что угодно, лишь бы услышать любимый голос. Снова и снова набирал телефонный номер, но...

«Аппарат абонента выключен или находится вне зоны действия сети».

Разумеется, он звонил не на тот, «особый» телефон, которыми они обзавелись по предложению Лалы. «Особые» они уничтожили сразу после операции. Он звонил на ее настоящий мобильный, имел полное право поддержать хорошую знакомую в минуту утраты, кто придерется? Однако...

«Аппарат абонента выключен или находится вне зоны действия сети».

Что происходит?!

Ильгар пытался взять себя в руки, говорил, что все в порядке, что Лала просто отключила телефон, чтобы ни с кем не общаться, чтобы случайно не выдать свою радость по поводу избавления от Арифа, но сеансы самоуспокоения получались у юноши плохо. Мысли путались, страх возвращался, а среди царящих в голове панических воплей выделялся самый главный:

«Я хочу поговорить с Лалой! Я должен услышать ее голос!»

Ильгар звонил сам и надеялся, что любимая даст о себе знать. Не выпускал из рук трубку мобильного, но дождался лишь весточки от капитана Мамедова.

* * *

Кто-то строит космические корабли, а кто-то коллекционирует задранные юбки.

Любвеобильность не единожды женатого Левы давно стала в их компании темой для шуток, а потому услышанная история не произвела на Волкова особенного впечатления. Удивила, конечно, но не более. В конце концов, какая разница, за кем бегает Корзинкин: за молодыми девчонками или за бывшими женами? Результат-то один. Да и юными красавицами, если честно, Лева не пренебрегал, в периоды, когда он бывал «временно холост», его спутницы менялись с калейдоскопической частотой. Затем среди них появлялась «самая главная», «самая желанная», «самая, самая...», которая железной рукой вышибала конкурентов и вела плачущего от счастья Корзинкина в загс. Рекорд совместной жизни установила Рита Шашкина — год и семь месяцев, остальные покидали Леву раньше, как правило, месяца через два-три после рождения ребенка. И вот, как выяснилось, все возвращались.

«Загадка, черт побери! Вот что надо расследовать!»

Федор улыбнулся и остаток пути размышлял над тем, стоит ли рассказать Петровичу о шалостях Левы или заставить Корзинкина лично поведать историю другу. Разумеется, только мужикам, во время очередной ночной посиделки. И уже загоняя машину в гараж, решил, что лучше надавить на Леву.

Благодушное настроение не оставило Очкарика и во время прогулки до подъезда. Он сознательно заставил себя не думать о расследовании, фальшиво насвистывал услышанный по радио мотивчик и размышлял, что подарить Альбине на приближающийся день рожденья. Самым идеальным вариантом почему-то казалось кольцо.

«И не просто поздравить, а сказать...»

— Товарищ полковник!

Оклик настиг Федора почти у самых дверей дома. Очкарик остановился и обернулся.

— Вы не уделите мне пару минут?

Мужчина говорил через открытое окно темного «Мерседеса», припаркованного напротив подъезда. Волков молча кивнул, и незнакомец вышел из автомобиля.

— Меня зовут Андрей.

— Федор. — Очкарик пожал протянутую руку.

«Смежники?»

— Федеральная Служба Охраны. — Мужчина раскрыл удостоверение.

«Полковник Шипилов Андрей Геннадьевич». Все

нормально. Волков, разумеется, не был лучшим экспертом в мире, но распознать фальшивку мог. К тому же поведение мужчины не вызывало подозрений — служака служаку чует.

— Чем обязан?

— Вы уже поняли чем.

Андрей не выглядел могучим воином, которыми в представлении обывателей должны быть телохранители первых лиц государства. Высокий? Да. Плечистый? Да. Крепкий. Но не бросающийся в глаза. Умеющий быть незаметным.

— Наша встреча связана со смертью Арифа Гусейна.

— Неужели вы его охраняли?

— Нет, — улыбнулся Шипилов. — Мы заботимся о других людях. Однако занимаемся не только охраной, но и предупреждением э-э... правонарушений.

Идеальные телохранители не спасают шефа во время покушения, а предотвращают нападение.

— Понимаю, — кивнул Федор.

— Может, присядем? — Андрей указал на лавку.

— Почему нет? — Волков опустился на скамью и достал сигареты.

— Наша служба получает информацию из всех возможных источников, — продолжил разговор Шипилов. — Мы ее обрабатываем, систематизируем и, разумеется, обращаем внимание на интересные факты. Или совпадения.

— Кому-то из видных чиновников поставили кол в унитазе?

Однако Шипилов шутки не принял, остался серьезен.

— В течение последних двадцати лет произошло несколько странных убийств. Гибли не лидеры государств, но весьма влиятельные люди, охранявшиеся спецслужбами.

— Чем же они странные?

— Преступления совершались так, словно убийца

знал, когда и как нужно действовать, чтобы добиться цели. И орудия при этом использовались совершенно удивительные. Но эффективные.

Волков насторожился:

— Например?

— Три года назад убрали американского сенатора. Бедняга обожал плескаться в бассейне ранним утром, а поскольку ранчо тщательно охранялось, телохранители относились к моциону шефа без должного внимания и не всегда сопровождали его во время купания. В тот день сенатор оказался у бассейна один, как обычно, нырнул с бортика — он не любил входить в воду по лесенке, — а на поверхности оказалась расстелена тонкая, но прочная пленка. В которой сенатор благополучно запутался.

— Такое возможно?

Шипилов пожал плечами:

— Паника, потеря контроля. Возможно все. Главное — результат. Человек умер, и это не было несчастным случаем.

Однако Очкарика такой ответ не удовлетворил.

— Если убийца смог добраться до бассейна, что ему мешало проникнуть в спальню и просто шлепнуть сенатора?

— В доме автономная система защиты, — объяснил Шипилов. — Плюс два телохранителя у двери. А вот территория ранчо, как потом выяснилось, просматривалась недостаточно хорошо. К тому же... — Андрей бросил на Волкова многозначительный взгляд, — в эту ночь вышла из строя одна из видеокамер.

Действительно совпадение. Очкарик хотел улыбнуться, но передумал — слишком серьезен был Шипилов.

— Ариф, конечно, не был сенатором, но его тоже хорошо охраняли. И стиль убийства совпадает: максимально эффективное использование слабых мест, узнать о которых чрезвычайно сложно.

— В России этот человек... — начал Федор.

— С подачи американцев его называют Призраком, — сообщил Шипилов.

— Пусть так. — Волков поморщился, он не любил громкие фразы. — В России Призрак работал?

— Нет. Но география его преступлений широка.

— Какие-нибудь зацепки? Следы? Версии?

— Нет.

— Вообще? — удивился Очкарик.

— Абсолютно, — подтвердил Андрей. — Его ищут американцы, англичане, французы, немцы, израильтяне и китайцы. Безуспешно.

«Чем дальше, тем интереснее...»

— Кажется, я понимаю, чего вы от меня хотите, — усмехнулся Волков.

— Несмотря на вашу репутацию и послужной список, я не верю, что вы его возьмете, — честно сказал Шипилов. — Тем не менее шанс есть, и поэтому я решил встретиться. Нас интересует не заказчик, а исполнитель, разработчик плана. Призрак. Если поймете, что взяли след, — обращайтесь за любой помощью. Я знаю о вашем особом положении в МВД, но поверьте: мы можем значительно больше.

Андрей протянул Федору визитку:

— Здесь указан мой телефон.

— Я должен буду доложить о нашем контакте, — сообщил Очкарик, принимая картонный прямоугольник.

— Разумеется, — не стал протестовать Шипилов. — Но ваше руководство уже в курсе. С ним разговаривал мой шеф.

Он не попрощался, просто направился к машине, оставив Волкова у подъезда.

Второй раз за день Федору предлагали любую поддержку в расследовании смерти Арифа. Если так пойдет и дальше, то скоро следует ожидать появления раскаявшегося преступника.

✵

Сибирь 2004 год,
тридцать восьмой день экспедиции

— Ты говорил, что путь не займет и трех недель, а мы блуждаем по тайге больше месяца, — холодно и предельно жестко произнес Остин, глядя на проводника в упор. — Как ты это объяснишь?

— Шаманы дорогу прячут, — манси жалко улыбнулся и в поисках поддержки покосился на профессора Кантора.

Эммануил промолчал.

— Шаманы? — переспросил Джеймс.

— Да.

— Как прячут?

— Они хорошо тайгу знают, — дрожащим голосом пояснил проводник. — Умеют прятать. Они много умеют.

Его звали Ерофеем, Ерофеем Портянкиным, и этот спившийся охотник был главной надеждой Кантора на успех миссии. Собственно, не будь у профессора этого козыря, не видать бы ему средств на экспедицию как своих ушей.

Отыскалась надежда самым случайным образом: о Портянкине Кантору рассказал безвестный русский ученый, фанатик, одержимый поисками сибирских сокровищ. Бедолага грезил лаврами Шлимана, жаждал всемирной славы, а потому рыскал по таежным углам в поисках то золота Ермака, то золота Колчака, то золота Сталина, то персидского серебра. Упорства, как и всяким одержимым, ему было не занимать. Он искал, расспрашивал, наблюдал и в результате отыскал в дешевом привокзальном буфете спящую под столом, храпящую и воняющую мочой жемчужину. Ерофея Портянкина. И, поговорив с ним, по-

нял, что вытянул счастливый билет: после второго стакана Ерофей похвастался, что знает дорогу к главному капищу Золотой Бабы.

Однако безымянный ученый допустил обычную в таких случаях ошибку. Он мечтал заполучить все и сразу, не хотел, чтобы судьбу «дела всей его жизни» решали престарелые советские академики, которых он абсолютно не уважал, или, что еще хуже, академики новые, скоробогатеи, прикупившие недорогое звание в расплодившихся «академияхсамыхразныхнаук», которых он и вовсе ненавидел. Он мечтал найти честных людей, но, как это часто бывает, не преуспел. Не доверяя соотечественникам, одержимый имярек принялся искать выходы на «цивилизованных ученых» и сумел привлечь внимание Кантора. И не просто привлечь, а заинтриговать.

Для Эммануила же информация русского стала слаще манны небесной. В те дни Кантор как раз переживал кризис, с тоской вспоминал, что последнюю статью в научном журнале опубликовал больше года назад, никак не мог найти подходящее направление для исследований и всерьез подумывал над тем, чтобы впасть в краткосрочную, недели на две-три, депрессию.

И вдруг!

Весть о том, что существует человек, знающий дорогу к капищу таинственной Золотой Бабы, вернула Кантора к жизни, заставила надавить на все доступные ему рычаги. И даже на недоступные. Он провел колоссальную работу: всего за несколько месяцев нашел финансирование, поддержку от американского правительства, договорился с РАН — добился сотрудничества, не раскрывая главной цели экспедиции, завершил подготовительный этап и перебросил людей и оборудование в Сибирь. Правда, русскому ученому места в составе экспедиции не нашлось.

Да о нем никто и не помнил.

Тем временем «жемчужина» шумно высморкалась, а Джеймс строго произнес:

— Я хочу знать, когда мы достигнем цели?

— Ерофей давно не ходил к капищу, — примирительным тоном произнес Кантор. — Ничего странного в том, что он слегка путается.

Последние две недели Эммануил повторял эту мантру так часто, что сам стал в нее верить.

— Возможно, он бы путался меньше, если бы прекратил пить, — угрюмо заметил Остин, перейдя на английский.

В день Портянкин выпивал, или, как он сам говорил: «vyzhiral», не менее двухсот пятидесяти граммов водки. Наливать проводнику сверх этой дозы Джеймс запрещал категорически: в самом начале пути экспедиция потеряла целый день из-за невозможности разбудить упившегося ночью Ерофея. Но и заставить Портянкина отказаться от регулярного употребления спиртного оказалось невозможным. Вот и сейчас от него пахло: первое, что сделал Ерофей по окончании дневного перехода, — потребовал сто граммов из ежедневной дозы.

— Если бы он не пил, то вряд ли бы согласился вести нас к Золотой Бабе, — так же по-английски ответил профессор.

— Вы думаете?

— Я уверен, — резко произнес Кантор. — Ведь ему грозит месть.

— То есть сказки о шаманах...

— Не сказки, — перебил офицера Эммануил. — И давайте сначала закончим с Ерофеем, а затем переговорим обо всем остальном. Хорошо?

— Хорошо, — согласился Остин. Он вновь повернулся к проводнику и по-русски спросил: — Посмотри на карту. Ты можешь сказать, где мы находимся?

Портянкин неуверенно пожал плечами:

— Нет.

Экспедиция остановилась на ночевку на небольшой поляне, со всех сторон окруженной непроходимой тайгой. Ее размеры делали невозможным конфиденциальный разговор, а потому Джеймс увлек Кантора и Портянкина ближе к деревьям. Источником света служил висящий на ветке фонарь, а топографическую карту офицер расстелил прямо на земле.

— Смотри сюда, — приказал Джеймс, указывая на ломаную красную линию. — Это наш путь. Каждый день мы отмечали направление и пройденное расстояние, сверяясь с навигационным спутником.

— Хорошо, — кивнул Ерофей. — Красиво.

Ему нравилось разглядывать цветную карту и водить по ней пальцем, но читать ее Портянкин не собирался.

— Мы находимся здесь? — Остин ткнул в точку, на которой заканчивалась линия.

— Наверное, — протянул проводник и жалобно добавил: — Я человек маленький, я ничего такого не знаю.

— Джеймс, по-моему, вы уже пытались заставить Ерофея прочесть карту, — вздохнул профессор. — Недели три назад.

Не три, а гораздо больше, еще перед тем, как экспедиция ушла в тайгу. Однако ни угрозы, ни обещания увеличить ежедневную дозу спиртного не помогли — Портянкин не был способен совместить окружающую действительность с рисунком на бумаге.

— За это время он вряд ли поумнел, — пошутил Кантор.

— Пошел вон! — угрюмо велел выпивохе Остин.

Портянкин икнул и радостно засеменил от приставучих командиров прочь, к лагерю, где его ожидал капрал Роджерс, вечный спутник Ерофея, наполовину телохранитель, наполовину охранник. Джеймс распорядился не выпускать Портянкина из виду ни днем ни ночью, но присутствовать при разговоре Роджерс не мог, потому ожидал подопечного в тридцати шагах от места совещания.

Кантор проводил парочку долгим взглядом, затем повернулся к Остину и поинтересовался:

— Почему вы так настойчиво пытались узнать у Ерофея, где мы находимся?

— А почему вы верите в шаманов? — вопросом на вопрос ответил Джеймс.

— Но... — начал профессор, однако Остин не дал ему закончить мысль.

— Вы обещали поговорить о том, что меня волнует, — напомнил он. — О том, что интересует вас, переговорим после.

— Хорошо, — после короткого раздумья Эммануил решил не спорить с офицером. — Я верю в шаманов, потому что видел их в деле.

— Вы мне об этом не рассказывали.

— Я много чего вам не рассказывал, — загадочно, как ему показалось, усмехнулся Кантор.

Однако добился совсем не той реакции, на которую рассчитывал. Джеймс отнесся к заявлению с усталым пренебрежением:

— Эммануил, перестаньте валять дурака и просто расскажите, что видели. Мы не в том положении, чтобы ходить вокруг да около.

— А в каком мы положении? — осведомился профессор. — И, может быть, вы будете обращаться ко мне, как к своему командиру?

— Что вы видели?! На что способны эти трёхнутые шаманы?!

Вопль разъяренного Остина перепугал Кантора. Если до этого момента он считал разговор обычным совещанием, то теперь сообразил, что офицер чем-то сильно расстроен. И поспешил ответить на вопрос:

— Я видел, что умеет Ерофей.

— Он что, шаман? — недоверчиво прищурился Джеймс.

Вспышка гнева прошла столь же стремительно, как началась. В сущности, ее и не было: опытному офицеру не *составило труда разыграть приступ ярости, чтобы заставить профессора подчиниться.*

— Поэтому он так ценен, — объяснил Кантор. — Думаете, правительство дало мне деньги только потому, что я показал им пьяного русского мужика? Этот мерзавец должен был стать шаманом. Но что-то не сложилось. Я не знаю что: Ерофей не говорит. Его выгнали. Не убили, но выгнали. Давно уже выгнали. Он растерял почти все способности, но кое-что умеет, и это «кое-что» заставило наше правительство вложить в экспедицию несколько миллионов баксов.

— Что он умеет?

— Что-то вроде ясновидения. Лаборант сидел в закрытой комнате и открывал карты, а находящийся в другом помещении Ерофей называл их.

— И все?

— А вы занимаетесь ясновидением перед завтраком? — огрызнулся профессор. — Или оно входит в стандартную подготовку морпеха?

— Нет... — Остин немного смутился. — Но ясновидение? Всего один фокус заставил правительство раскошелиться на такую сумму?

— Ерофей сильно деградировал, — напомнил Кантор. — Он не скрывает, что ясновидение — единственное сохранившееся умение, да к тому же требующее от него колоссальных усилий. А для обычных шаманов оно является детской забавой. Они умеют больше.

— Насколько больше?

— Можно только гадать, — вздохнул Эммануил. — Настоящие шаманы — это люди, достигшие вершины развития, способные использовать едва ли не все возможности организма. Они лечат и насылают порчу, призывают животных и рыбу или, наоборот, отгоняют их. Рассказывают, что некоторые из них способны оборачиваться дикими зверями и птицами. Сибирские шаманы скрывают

много тайн, но главная из них — Золотая Баба, идол, который ищут больше трехсот лет.

— Вы считаете, что она дает шаманам их силу, — догадался Остин.

— Верно, — кивнул Кантор. — Это одна из теорий.

Теперь стало понятно, почему правительство вложилось в экспедицию. Если Золотая Баба действительно является генератором «какогототамневиданногополя», она должна находиться в Америке и нигде больше.

— Я ответил на ваш вопрос? — поинтересовался профессор.

— Да.

— Теперь ваша очередь, Джеймс. Почему вы так настойчиво пытались узнать у Ерофея, где мы находимся?

— Потому что мы находимся не там, где должны. — Остин, все еще обдумывающий слова Эммануила, рассеянно посмотрел на карту, а затем развернул поверх нее другую, тоже с отметками пройденного пути, но не топографическую, а составленную из сделанных со спутника фотографий. — Сегодня вечером мы должны были выйти к берегу небольшого лесного озера.

Кантор внимательно изучил карту, затем оглядел окружающий поляну лес и неуверенно спросил:

— Может, мы не дошли?

— Если верить приборам, мы разбили лагерь в самом центре озера.

— Ошибка исключена?

— Мелкие несоответствия я стал замечать несколько дней назад, — признался Остин. — Не отмеченная на карте скала, болото, оказавшееся не там, где нужно... Я не придал им особого значения, и по всей видимости — зря. Сегодня стало окончательно ясно, что спутниковым навигаторам доверять нельзя. Но это не самая плохая новость.

— Что может быть хуже? — Профессор испугался.

Сильно испугался. Даже в вечернем сумраке офицер разглядел, что руководитель экспедиции побледнел.

«Рассказывать дальше? А если он запаникует?»

Но делать нечего, Остин не имел права скрывать от начальника правду.

— Час назад перестали работать приборы связи. Рация и спутниковый телефон молчат. Но и это не все. Вы носите компас?

— Конечно.

— Достаньте его.

Кантор поковырялся в карманах, вытащил приборчик и вскрикнул. Стрелка крутилась, не переставая.

— Что все это значит?

— Я думал, вы мне объясните.

Две одинокие лучины не были способны разогнать царящий в пещере полумрак, они едва тлели. Скорее точки на стене, чем светильники. Впрочем, Семен даже обрадовался отсутствию света. Старый охотник не хотел видеть лицо шамана, не хотел встречаться с ним взглядом. Не хотел, чтобы тот видел его глаза. Сложные вопросы проще обсуждать, когда перед тобой всего лишь неясная фигура, контуры которой едва улавливаются в темноте.

— Как далеко они зашли? — тихо спросил шаман.

Он сидел на камне, прислонившись спиной к стене. Неподвижная тень. Бесстрастный голос.

— Им не выбраться без проводника, — уверенно ответил охотник.

— Точно?

— Абсолютно.

Всю последнюю неделю шаман влиял на приборы американцев, на компас и спутниковый навигатор одновременно, заставляя их показывать не то, что было на самом деле. Сегодня он их полностью вывел из строя.

— Мы убрали все зарубки, которые они оставляли,

уничтожили все следы, — продолжил охотник. — Ерофей способен найти дорогу, он знает тайгу, но если он исчезнет, американцам не выбраться.

На несколько мгновений в пещере воцарилась тишина. Ни шороха, ни даже вздоха.

— В таком случае, — медленно произнес шаман, — пусть проводник исчезнет. Не сегодня, через пару дней. Пусть он заведет их еще дальше, а потом исчезнет.

Семен ждал этого приказа. Без волнения ждал, без страха, он знал, как следует поступать с предателями. Машинально кивнул, не отдавая себе отчета в том, что его движение вряд ли будет увидено, и поинтересовался:

— А что будет с американцами?

— Поступим с ними так, как решили, — бесстрастно ответил шаман.

— Ты решил, — уточнил охотник.

— И объяснил тебе мотивы.

— Им не выбраться без проводника и приборов, — повторил Семен. — Сначала они этого не поймут, потом начнут бояться, потом — паниковать. Через неделю они будут рыдать, не переставая молить своего бога, чтобы их кто-нибудь нашел, и драться за последние припасы. Испытав такое, они никогда не вернутся в тайгу.

— Вернутся, — односложно ответил шаман.

— Они за километр будут обходить любой лес. Неделя в тайге... да они забудут само слово «Сибирь».

— Не забудут. Вернутся в следующем году, но будут гораздо осторожнее. Они найдут нового проводника...

— Но люди будут знать, что ждет предателя!

— Люди знают это и сейчас. — Шаман негромко кашлянул. — Люди слабы. Многие забыли, что значит для нас Богиня, приходят к ней по привычке. Думают о ее сокровищах. — Шаман поднялся на ноги, сделал шаг вперед, и Семену все-таки пришлось увидеть его лихорадочно блестящие глаза. — Если мы отпустим американцев, они

вернутся уже в следующем году. Они упорные. Они очень хотят ее найти.

Их было шестеро, их всегда было шестеро — хранителей Богини. И решения они всегда принимали сообща. И на этот раз большинство шаманов склонялось к обычному варианту поведения: спрятаться, затаиться, подождать, пока американцам не надоест блуждать по тайге. Но молодой настоял на своем. Убедил товарищей, что пора показать ученым, что в Сибири их не ждут. И сам вызвался решить проблему.

— Если мы не отпустим американцев, придут другие, — убежденно произнес охотник. — Богиня влечет их.

Шаман улыбнулся. Плохо улыбнулся. Не зло, не агрессивно — просто плохо. Такая улыбка могла вызвать дрожь у любого человека, но Семену довелось видеть слишком много, и напугать его одной только улыбкой было не под силу даже шаману.

— Придут другие, но не в следующем году. Цена покажется им чрезмерной, и пройдет немало времени, прежде чем они победят свой страх.

— Но другие все равно придут.

— Да. И мы будем ждать. — Шаман возвратился к своему камню. Снова сел. Снова прислонился спиной к стене пещеры. По всей видимости, закрыл глаза. И в его голос вернулось прежнее безразличие: — А сейчас поступим с американцами так, как решили. — Но через пару секунд поправился: — Как я решил.

Сержант Андерсен отыскал Остина вскоре после совещания. Формальному и одновременно неформальному лидеру морпехов не терпелось узнать, какое решение приняли руководители экспедиции. И ответ офицера его не обрадовал:

— Значит, мы идем дальше?

— Совершенно верно, сержант, — подтвердил Джеймс.

Андерсен задумчиво потеребил ремень. Разумеется, подобный жест при разговоре с офицером не являлся допустимым, но Остин понял, что морпех желает продемонстрировать свое неудовольствие всеми доступными способами, а потому воздержался от замечания.

— Прошу прощения, сэр, но ведь связь не работает.

— Скажу больше, сержант, компасы сошли с ума.

— Мне это уже известно.

— Отлично.

Андерсен поколебался, но все-таки задал следующий вопрос:

— Профессор способен объяснить происходящее?

— Мистер Кантор полагает, что мы находимся в некой аномальной зоне, — любезно объяснил Остин. — Вы понимаете, что значит «аномальная зона»?

— Теперь — да, — не удержался от язвительного ответа Андерсен.

— Вот и хорошо.

— Почему бы нам не пойти назад?

— Потому что у нас есть цель, и эта цель пока не достигнута. Мы знали, что будет трудно, а потому не должны робеть при появлении... э-э... временных неудобств.

— Отсутствие связи — это не временное неудобство, сэр, — отчеканил Андерсен. — Это серьезная нештатная ситуация, которая несет угрозу жизни. В случае необходимости мы не сможем своевременно получить помощь.

— Ребята пытаются починить передатчики, — спокойно ответил Остин.

— А если у них не получится?

— Значит, нас начнут искать, — пожал плечами офицер. — Сформируют спасательную экспедицию и направят ее в тайгу. Нас не бросят, сержант. А мы, в свою

очередь, обязаны продолжить выполнение поставленной задачи.

— Я могу вам только советовать, сэр, но, по моему скромному мнению, двигаться по тайге без связи не совсем правильно.

Джеймс нахмурился:

«Что это: еще ворчание или уже ультиматум?»

— Насколько я понимаю, солдаты разделяют ваше скромное мнение?

— В большинстве, сэр, — не стал скрывать Андерсен.

— Мне нравится, что вы контролируете своих людей, сержант. Это показывает ваш профессионализм.

— Спасибо, сэр.

— Но, демонстрируя профессионализм, не следует забывать о долге, не так ли, солдат?

У Андерсена заходили желваки, но ответил он спокойным голосом:

— Я помню о присяге, сэр.

— Не сомневаюсь! — «Пока ворчание. Пока...» — Передайте ребятам, что завтра мы продолжим путь согласно намеченному плану. Временная неисправность техники не должна нас смущать, ибо есть проводник, который доведет нас до места и выведет обратно. — Остин произнес слова предельно твердо и предельно жестко, так, чтобы Андерсен вспомнил о существовании военного трибунала. — Кстати, я хочу, чтобы с этой минуты проводника охранял не один человек, а двое.

— Слушаюсь, сэр.

— И оставляйте как можно больше следов по пути следования. Не убирайтесь на стоянках, делайте зарубки, засечки, фотографируйте места и обязательно указывайте время и дату. Я хочу быть уверен, что мы выберемся отсюда при любом развитии событий. — Джеймс внимательно посмотрел на Андерсена: — Но сейчас мы идем вперед, это понятно? Надеюсь, вы не станете оспаривать официальный приказ?

— Мы всегда выполняли приказы вышестоящего начальства, — проворчал сержант. — Именно поэтому и оказались здесь.

— Если мы добьемся успеха, все будет забыто.

— Именно так нам и говорили, сэр. Вот только... — Андерсен замялся.

— Продолжайте, сержант, — подбодрил подчиненного Остин. — Я хочу, чтобы вы высказали все, что вас мучает.

Андерсен решился. Он посмотрел офицеру в глаза и угрюмо произнес:

— Ребята думают, что никто из нас отсюда не выберется, сэр. Ребята думают, что профессор разозлил шаманов и они нас не отпустят.

✵

Понедельник

Торопиться в понедельник на службу Волков не стал по двум причинам. Во-первых, не было никаких срочных дел, требующих его присутствия в министерстве. Ильгар, если соберется прийти, позвонит на мобильный, всем остальным нужным людям его номер также известен. Во-вторых, следовало зайти к Яшке, исполнить данное Маме Вале обещание.

Тем более что Федор чувствовал себя виноватым перед старушкой: он соврал. На самом деле он виделся с Яшей гораздо чаще, чем говорил. И чаще, чем хотел бы.

Потому что причина этих встреч не относилась к числу приятных.

В их компании Петрович считался самым основательным и серьезным, Лева — самым жизнерадостным, Очкарик — умным, а Яша Рыжков — самым талантливым. И не без оснований. Яшкины стихи никого не оставляли безразличным, проникали в самую душу, прикасались к сердцу. Не зря ведь в древности хороших поэтов считали волшебниками...

Специалисты сравнивали тонкую лирику Рыжкова с есенинскими строками и прочили молодому поэту большое будущее. Яша поступил в Литературный институт и в девятнадцать лет издал первый сборник, благосклонно принятый критиками и публикой. Заговорили о том, что традиции Евтушенко и Рождественского не умерли, что поэзия возвращает утраченные было позиции, что юный Рыжков способен стать властителем дум поколения.

Жизнь Яши, в которой сбывалась одна мечта за другой, была похожа на сказочный сон. Вот только жить в сказке порой оказывается сложнее, чем наяву.

К сожалению, именно в это время дороги четырех друзей ненадолго разошлись. Волков с головой погрузился в мир криминалистики, Стрекалов увлекся экономикой и постоянно стажировался на Западе, Лева переехал жить в другой район, и Яша, талантливый, но не обладающий достаточной внутренней силой, остался без поддержки. Но он и не думал, что она ему требуется. Рыжков вошел в мир богемы. Он издал еще один сборник. Приятели захлебнулись от восторга, но критики, не относящиеся к числу его друзей, отметили, что обещающий поэт стал повторяться. Тем не менее в целом отзывы были вполне благосклонными. Отзывы специалистов. А вот читающая публика новую работу Рыжкова практически не заметила.

Россиянам образца девяностых годов стихи оказались без надобности.

А вкусивший славы Яша мечтал о всеобщей известности, мечтал прогреметь на всю страну и отказывался верить, что времена изменились.

У него была возможность стать автором шлягеров, некоторые его стихи превратились в песни популярных групп, продюсеры предлагали контракты, обещали неплохие деньги, но Рыжков, проработав на ниве коммерческого рифмоплетства меньше года, впал в жуткую депрессию. Разве об этом он грезил? Разве к этому стремилась его душа? Тратить талант на «бухгалтер, милый мой бухгалтер»? А как же высокое искусство?

Холодный прагматизм реального мира подрезал Яше крылья.

Несмотря на то, что талант никуда не делся, что его лирика по-прежнему пользовалась спросом у продюсеров, Рыжков работал с ними изредка, только тогда, когда остро нуждался в деньгах. Он писал «в стол», мыкался по литературным журналам, которые едва сводили концы с концами и часто выплачивали гонорар экземплярами тиража, а после того, как от него ушла вторая жена, Яша прочно сел на иглу.

Рыжков тщательно скрывал от друзей новое увлечение. Во время редких встреч демонстрировал уверенность в себе, рассказывал, что работает в шоу-бизнесе и вполне счастлив, а на деле скатывался все ниже и ниже. Через несколько месяцев Яша попал на прицел к черным маклерам. Одинокий наркоман, владеющий трехкомнатной квартирой на элитном Ленинском проспекте, — мечта! У Рыжкова, стихи которого становились все хуже и хуже, а соответственно, теряющего уважение продюсеров, появился постоянный источник наркотиков: милая женщина, всегда имевшая под рукой дозу.

На какое-то время жизнь вновь превратилась в сказку: дармовой героин, «понимающая» спутница, готовая слушать его стихи и его откровения, что еще нужно для счастья? И неизвестно, чем бы закончилась эта сказка, если бы к Яше не забежал на огонек Корзинкин, разбирающийся в женщинах лучше, чем Менделеев в химии. «Милая женщина» вызвала у Левы подозрения, которыми он не замедлил поделиться с Волковым. Федор проверил новую подругу Рыжкова по своим каналам и понял, что Яша крепко влип: его знакомая входила в хорошо организованную банду, специализирующуюся на отъеме квартир у опустившихся москвичей и имевшую надежное прикрытие в серьезной правоохранительной структуре. Пришлось подключать Петровича.

В странные девяностые годы бандитов не то чтобы не ловили... но в некоторых случаях было правильнее с ними договариваться, и Очкарику, при поддержке уже набравшего изрядный вес в определенных кругах Ильи, удалось снять Рыжкова с крючка. Бандитам вернули стоимость потраченного на Яшу героина и выплатили штраф — тридцать тысяч долларов. «Милая женщина» навсегда исчезла с горизонта. Рыжкова Петрович отправил в заграничную клинику, а саму историю друзья решили не предавать огласке. О злоключениях Яши не знал никто, даже Мама Валя и Оксана.

— Привет, — бросил Очкарик.

— Привет, — кивнул открывший дверь Рыжков. — Кофе будешь?

— Не откажусь.

— Проходи. — И направился на кухню. — Только молока у меня нет.

Яша прекрасно знал, что Волков пьет исключительно черный кофе, но все равно сообщил об отсутствии молока. Всегда сообщал.

— Да я обойдусь, — привычно отозвался Федор.

Квартира Рыжкова, которую Очкарик помнил с детства, была обставлена новой мебелью: почти всю старую Яша спустил на наркотики до того, как встретил «милую женщину». Стрекалов не только отправил друга на лечение, но оплатил ремонт в его квартире и новую обстановку.

— Работал? — Волков присел на табуретку и показал пальцем на лежащие на столе исписанные листы бумаги. Но не притронулся к ним, знал, что Рыжков этого не любит.

— Не получается, — не оборачиваясь, ответил Яша. — Не идет.

Но главное, он пытается. Он хочет. После возвращения из клиники Рыжков сжег все, что написал в «героиновую эпоху», и несколько месяцев не притрагивался к перу. Теперь он возвращается.

— Почему ты не приехал к Петровичу?

— Работал. — Яша поставил на стол две кружки с

растворимым кофе, уселся напротив Федора, но смотреть на друга не стал, повернулся к окну.

— Илья ждал.

— У меня смокинг в стирке.

— У меня тоже, — в тон ему отозвался Очкарик. — Поэтому я ездил в джинсах и свитере. Петрович стерпел.

— Твои джинсы, наверное, стоят дороже всего моего гардероба, — проворчал Рыжков.

— А это важно?

— А разве нет?

— Нет, — твердо ответил Волков.

— Блин, да когда вы поймете, что мы люди разного круга? — взорвался Яша. — Когда?! Когда перестанете доставать меня своей жалостью?

Судя по красноте глаз и количеству исписанных листов, он работал всю ночь. Пытался работать. У него не получалось. Стихи, которые бы с радостью запели любые «фабриканты», выводили Рыжкова из себя. Бесили. Нестерпима была сама мысль, что он пишет на таком уровне. Нестерпимо было сравнивать их с работами из первого сборника.

— Что вы ко мне лезете?!

— А что нам еще остается? — усмехнулся Волков. — Мы ведь друзья.

— Мещане хреновы! Достали вы меня со своей поганой моралью! Вы что, по вечерам перед собой отчитываетесь, что ли? «Доброе дело сегодня сделал? Молодец, Федя, ставь галочку». Что вы понимаете? Что?

Он был пьян. Пьян от бессонницы и неудачной работы. Пьян от тоски. Пьян от злости на самого себя. Он выкрикивал оскорбления, а Федор молча прихлебывал кофе и щурился. Пусть Яша выпускает пар. Пусть лучше так, чем с помощью шприца. Пусть бесится. Я потерплю.

— Думаешь, мне легко понимать, скольким я вам

обязан? Уже обязан! А Петрович еще говорит: иди ко мне! Блин, да что я там буду делать? Стану членом общества? Член вам, козлы! Я не сдамся! Ты понял? Я не сдамся!

Вопли закончились. Рыжков вытащил из кармана тренировочных брюк платок и принялся сморкаться. Только он мог ухитриться подцепить простуду посреди лета. С самого детства ухитрялся.

— Побрейся, — негромко сказал Очкарик.

— Что? — Яша недоуменно посмотрел на Волкова. — Что?

— Побрейся. Щетина еще никому не помогла.

— А не-щетина помогла?

— Когда человек опрятен, когда он в тонусе, он начинает думать по-другому, — спокойно произнес Федор.

— Позитивно, — зло усмехнулся Яша.

— Позитивным становится общий настрой.

— Переквалифицировался в психоаналитики?

— Делюсь опытом. Или ты думаешь, что депрессии только у богемы случаются? Мещане, знаешь ли, тоже не из железа сделаны.

— А-а... — Рыжков погонял по столу опустевшую чашку, покривил губы, словно подбирая очередное оскорбление, и действительно сказал... Но это не было ругательством, Яша уже выпустил пар: — Как там Оксана?

— Нормально, — ответил Федор.

— Мама Валя?

— Скучает по тебе.

— Ага. — Рыжков опустил голову. — А Петрович все носится со своим стеклом?

— Построил цепную передачу: две шестеренки, ручка...

— Часов ему показалось мало?

— Насколько я понимаю, это первый шаг к чему-то большему.

— К стеклянному велосипеду?

— Почему нет? — пожал плечами Волков. — Во всяком случае, передача у него уже есть, осталось приделать колеса.

Яша впервые посмотрел Федору в глаза. Нахмурился, пытаясь понять, шутит друг или говорит всерьез:

— Разве это возможно?

— Разве для Петровича есть понятие «невозможно»? — парировал Очкарик. — У него целая фабрика в распоряжении, захочет — сделает стеклянный велосипед, захочет — еще чего-нибудь. Человек нашел себя.

— С такими деньгами трудно найти кого-нибудь другого.

— С такими деньгами трудно вообще остаться человеком, — вздохнул Федор. — А Петрович — сумел. — Помолчал, посмотрел на часы и закончил: — А ты его обидел.

— Я был занят, — пробурчал Рыжков и вновь отвернулся.

— Да я не спорю. — Федор поднялся на ноги. — Но думаю, что тебе следует хотя бы позвонить. Будь здоров.

— Дверь захлопни.

Очкарик не ответил.

Он знал, что Яша не пойдет его провожать. Не пойдет, потому что Волков оставит в прихожей конверт с деньгами. А от этого они оба испытывали неловкость.

И поэтому Федор ушел один. А сидящий на кухне Рыжков вновь и вновь вспоминал брошенные вскользь слова друга:

Человек нашел себя.

Нашел себя.

Нашел...

* * *

— Узнала, где он?

— Нет, — покачала головой Лала и положила мобильный телефон на тумбочку. — Мы просто поговорили.

— Как это — нет? — Назим сдвинул брови. — Почему он не сказал, где прячется?

— Ильгар ответил, что сам не знает, где будет ночевать сегодня, — спокойно объяснила девушка и добавила: — Он боится.

— Ничего удивительного, — буркнул Гусейн.

Похороны и последовавший за ними траурный раут утомили и Назима, и Лалу. Они весь день были на виду, практически ни на секунду не оставались в одиночестве. Многочисленные гости, разговоры, во время которых приходилось следить за каждым словом, за каждым жестом, цепкие взгляды деловых партнеров Арифа... А если вспомнить утренний визит следователя, то можно сказать, что воскресенье прошло очень и очень не просто. Однако было в состоянии постоянного напряжения и кое-что положительное. Вытирая платочками глаза и горестно вздыхая, выслушивая соболезнования и пожимая руки, Назим и Лала успевали обмениваться быстрыми, незаметными для окружающих взглядами, а один раз, на кладбище, Гусейн даже приобнял девушку, словно поддерживая безутешную вдову. И никто не догадался, какое сладостное, упоительное чувство охватило в этот момент Лалу. Ощутив прикосновение любовника, она едва сдержалась, едва не выдала себя. И стоит ли удивляться тому, что траурные одежды были разбросаны по всей спальне, а кровать выглядела так, словно на ней толкался взвод солдат? Тяжелый день потребовал бурной разрядки, и заснули любовники лишь под утро.

— Почему он отказался встречаться?

— Сказал, что перезвонит, — ответила девушка.

Гусейн почесал волосатую грудь, подумал и протянул:

— Надо обязательно найти козла. Обязательно!

На самом деле его надо было найти вчера, а еще лучше — в ночь убийства. Его надо было вести до казино, а затем прикончить, обрубить концы, но... Но все произошло неожиданно, и Назим не успел подготовиться должным образом.

И теперь тревожился.

Использовать в комбинации Ильгара придумала Лала. Она хорошо знала бывшего жениха, понимала, какие чувства он до сих пор испытывает к ней, и не сомневалась, что, сыграв на застарелой обиде, сумеет вызвать у юноши новый всплеск ненависти к Арифу. И все шло как по маслу. Первый раз Лала позвонила Ильгару чуть больше двух месяцев назад, сказала, что соскучилась, и почти час болтала о разных пустяках. Потом последовал еще один звонок, потом еще. Недели через две Назим сумел организовать им встречу, просто встречу в кафе, ничего игривого, но горячему Ильгару этого вполне хватило.

Горячему, но все-таки юному.

Лала сыграла свою роль великолепно, Ильгар вознамерился отомстить Арифу, вот только «хотеть убить» и «решиться убить» далеко не одно и то же. Весь последний месяц Лала аккуратно давила на бывшего жениха, а когда, по ее мнению, Ильгар дошел до нужного состояния, передала ему раздобытый Назимом пистолет и сообщила о подходящем времени и месте... Однако щенок сплоховал. Струсил, испоганив замечательный план. А может, он почуял киллера, которого Назим подослал разобраться после акции с самим Ильгаром?

Как бы там ни было, в тот день Ариф остался жив. А Ильгар исчез, сбежал, не появляясь ни дома, ни у друзей. Гусейн и Лала решили, что их затея провалилась, что щенок сдался, они даже поругались, в бессильной ярости обвиняя друг друга.

А Ильгар взял да и шлепнул Арифа.

Да как шлепнул!

— Я не знаю, как он провернул дельце, но все получилось очень хитро, — неохотно процедил Назим. — Не ожидал, что он разработает такой сложный план.

«Щенок крайне опасен!» — поняла невысказанную мысль Лала.

И не только тем, что сумел убить Арифа, обманув охрану миллионера. Опасен, потому что может указать на вдохновителей преступления.

— Я полагаю, — медленно проговорила девушка, — что на Ильгара вышли менты.

— Почему ты так думаешь? — вздрогнул Гусейн.

— Потому что это единственная причина, которая могла ему помешать встретиться со мной, — усмехнулась Лала. — Иначе бы Ильгар примчался по первому зову.

И попал бы в ловушку.

И решились бы все проблемы: Ариф мертв, его убийца — тоже. Сумели бы менты доказать причастность Ильгара к смерти миллионера? Назим не сомневался — сумели бы. Менты не любят «висяки», а мотив у парня был, и мотив достаточно весомый.

Теперь же приходилось думать о том, не сумеют ли менты с помощью Ильгара доказать причастность к убийству Лалы и Назима? Точнее, один мент. Тот, что не постеснялся провести допрос в день похорон, — встреча со следователями из прокуратуры была назначена на сегодня.

— Я спрашивал о Волкове, — сообщил Гусейн. — Розгин сказал, что купить его нельзя. Ему платят столько, что он не забывает о чести сыщика.

— Какой пафос, — хмыкнула девушка.

— Не я сказал — Розгин, — оправдательным тоном ответил Назим.

— Ну хорошо, не купить... А запугать его можно?

— Не позволят. Волков работает на очень серьезных людей.

Лала, до сих пор просто сидевшая на кровати, упала спиной на подушки и уставилась в потолок.

— А если договориться с его хозяевами? Пообещать им долю?

— Если Волков до нас доберется, придется договариваться, — вздохнул Назим. — Но и тут не все гладко...

— Денег жалко?

— При чем здесь деньги? — Гусейн махнул рукой. — Представь, что будет, если партнеры Арифа поймут, что это мы его заказали? А они догадаются, если мы отстегнем долю хозяевам Волкова. Обязательно догадаются.

Эта перспектива Лале не нравилась. Оставят ли их в живых или нет — можно спорить, но в том, что доверия, а значит, и миллионов, любовники лишатся, сомневаться не приходилось.

— Должен же быть выход! — Девушка яростно взмахнула рукой. — Должен!

— Выход один — убрать Ильгара, — хмуро буркнул Назим. — А пока нам остается надеяться, что щенок не выложит Волкову все, что знает.

* * *

Звонок Мамедова хоть и не напугал Ильгара, но из равновесия вывел. Юноша понимал, что к нему могут прийти: следователи наверняка докопаются до истории женитьбы Арифа, однако не ожидал, что это произойдет столь быстро.

«Почему они не ищут заказчиков среди партнеров Арифа? Неужели я — главный подозреваемый?!» Эта мысль едва не ввергла Ильгара в панику. К тому же — не звонит Лала. «Я совсем один!»

С трудом, с огромным трудом юноше удалось взять себя в руки.

«Ариф был богатым и известным человеком. Скорее

всего, его смерть расследует не один человек, а много. Отрабатывают все версии сразу...»

Ильгар заставил себя успокоиться. Успокоился.

Звонок Лалы застал юношу за приготовлением чая, и стоило Ильгару услышать голос любимой, как все его страхи исчезли. Как можно чего-то бояться, когда от него — только от него! — зависит счастье самой прекрасной девушки в мире? Самой желанной. Той, ради которой ничего не жалко.

Короткий разговор с любимой придал Ильгару сил, вернул уверенность.

Он не стал ни о чем говорить Лале — зачем? А положив трубку, сразу же набрал номер, который сообщил Мамедов. Прятаться глупо, ничего, кроме подозрений, такое поведение не вызовет. Он сильный, он способен защитить свою любовь.

Он сильный.

Но в глубине души Ильгар надеялся, что ищет его не тот следователь, которого он заприметил у казино.

Не охотник.

Кабинет Волкова состоял из двух небольших комнат. Первая, в которую попадал посетитель, открыв дверь, являлась рабочей. Стол у окна, настольная лампа, компьютер, принтер, телефон и бумаги. Множество бумаг. В папках, стопках и валяющиеся просто так. Письма и отчеты, не заполненные до конца протоколы и распечатки приказов, обрывки с торопливо сделанными заметками и позабытые газеты. Федор крайне редко приводил стол в порядок, но и уборщицу к нему не подпускал, а потому прекрасно ориентировался в царящем на рабочем месте хаосе.

Второе помещение служило комнатой отдыха: диван и пара кресел, низенький столик, традиционный до пошлости глобус-бар, шкаф и телевизор. На стенах развешаны выданные Очкарику грамоты и благодарности. От каждого из трех министров, которых он пересидел в этом кабинете, от московского, питерского и красноярского ГУВД, от испанцев, французов и Интерпола. Вместо люстры — настенные бра. Однако главным достоинством этой половины кабинета являлась отличная звукоизоляция.

— Кофе будешь? — поинтересовался Волков, усаживая Ильгара в кресло. И, не дожидаясь ответа, нажал на кнопку чайника. — Правда, у меня только растворимый, так что не обессудь.

Ставить в кабинет кофеварку Федор ленился: возни больше, а результат не намного лучше, обходился так.

— Я, наверное, не хочу, — неуверенно пробормотал юноша.

Но Очкарик уже выставил пару чашек, банку с кофе и сахарницу. Кивнул: «сам делай», залил в свою чашку подоспевший кипяток, размешал сахар, закурил и, откинувшись на спинку кресла, дружелюбно посмотрел на Ильгара.

— Сразу скажу, что мы будем беседовать без протокола.

— Почему? — Юноша, который как раз наливал кипяток в свою чашку, остановился и настороженно посмотрел на Федора.

— Честно говоря, — по-прежнему добродушно продолжил Волков, — не вижу в нем необходимости. Ты уж извини, Ильгар... Кстати, ты не против, если я буду обращаться к тебе на «ты»?

— Нет.

— Вот и хорошо. Так вот, ты уж извини, но я не верю, что ты способен на убийство. Конечно, история со свадьбой дала тебе мотив... да еще какой мотив...

Юноша понял, для чего Волков выдержал красноречивую паузу, но промолчал, спокойно размешивая ложечкой сахар. Не стал убеждать милиционера в своей невиновности.

— Ты ведь думал о мести?

«Что ответить? Соврать?»

Но внутренний голос напомнил: «перед тобой охотник». Врать ему еще придется, пока же следует говорить правду. Тем более отвечая на такой вопрос.

— Думал, — признался Ильгар. — Почти месяц думал. — И пронзительно посмотрел на Федора: — Я люблю Лалу. Мы выросли вместе. Я дарил ей цветы, я первый ее поцеловал и должен был стать ее первым мужчиной. Я!!

— Хорошо, что ты ответил честно, — спокойно продолжил Очкарик. — Ты умный парень, Ильгар, мне это нравится. А поскольку ты умный, то должен понять, почему оказался здесь.

— Вы меня подозреваете.

— Я просто не имел права пройти мимо истории со свадьбой. — Волков ободряюще улыбнулся. — Это бы показало мою полную профессиональную непригодность. Хочешь печенье?

— Нет.

— А как ты мечтал отомстить Арифу?

— Убить. — Ильгар ответил машинально, не задумываясь.

Иногда, когда начинаешь говорить правду, остановиться очень трудно.

— Как?

— Застрелить. Из ружья или пистолета, не важно. Главное, чтобы он видел, кто его убил, и понимал — за что.

— Звучит немного романтично. — Очкарик затушил сигарету и отодвинул пепельницу от края стола. — Согласен?

Он всем своим видом показывал, что услышал именно то, что ожидал.

— Наверное, — протянул юноша. — Но раз уж мне оставалось только мечтать, почему бы не представить красивую сцену?

Парень хорошо держится и хорошо говорит, причем почти без акцента. Чувствуется, что не тупица, готовящийся встать за рыночный прилавок. Учился. Скорее всего — хорошо учился.

— Лала сильно переживала ваш разрыв?

— А как вы думаете?

— Мне Лала показалась целеустремленной девушкой, — ответил Федор. — Почему она послушалась родителей? Почему не стала сопротивляться?

«Почему?» Сколько раз Ильгар задавал себе этот вопрос? Десять? Сто? Тысячу? Много-много тысяч? «Почему?»

— Она хорошая дочь.

— Послушная?

— Да. — Юноша помялся. — К тому же что мы могли сделать? Сбежать? Куда? На что жить? Нам ведь еще учиться...

— А кем она хотела стать?

— Врачом, — брякнул Ильгар первое, что пришло в голову.

«А кем она хотела стать?» Юноша не помнил, хотя они периодически обсуждали будущее. И в этом будущем жизнь всегда выглядела богатой. Богатой...

— Врачом? — удивился Очкарик.

— Она... Лала никак не могла решиться.

— У послушных детей такое бывает, — согласился Волков.

— Да... — протянул Ильгар.

— Кстати, о послушании, — мягко произнес Федор. — Мне показалось, что на Лалу положил глаз Назим Гусейн. Как ты думаешь, Лала послушается отца, если он велит ей выйти за него замуж?

Смысл фразы не сразу дошел до юноши:

— Что?

— Девчонка нравится младшему Гусейну, — с издевательской улыбкой сообщил Очкарик. — А учитывая, что Ариф был конченым педерастом, я не удивлюсь, если выяснится, что Назим пялит твою подружку уже несколько месяцев. С самой свадьбы...

Федор был готов к рывку Ильгара, но все равно едва успел среагировать. Разумеется, ослепленный яростью щенок не являлся серьезным противником, однако бешенство добавило ему и силы, и скорости. Хотя при этом он совершенно не соображал, что хочет сделать. Выставил вперед руки... Пытался вцепиться в горло?

Волков встретил щенка ногой, толкнул к стене, именно для того он и распорядился повесить грамоты повыше — чтобы не повредить в таких вот случаях. Не теряя времени, подскочил и дважды саданул Ильгара в живот, позволил опуститься на пол, заломил руку, чтобы у щенка не возникло желания продолжить потасовку, и заорал ему в самое ухо:

— Дурак малолетний! Ты еще не понял, что тебя подставили!

— Сука, — хрипел Ильгар. — Пусти, сука...

Волков дернул руку мальчишки сильнее, пусть боль прочистит мозги, а сам продолжил орать:

— Тебя развели, щенок! Отымели по полной программе, ты понял? Тебя использовали, дурак, использовали! Использовали!!

Юноша стонал от боли. Он еще ничего не понимает, он только слышит: «использовали», «подставили», «развели», «использовали»...

— Ты дурак! Ты повелся! Тебя развели!!

— Нет...

— Тебя использовали, Ильгар, банально использовали. — Теперь Федор не орал, говорил чуть тише, но очень четко. Теперь парень его слышал. — Им нужно было убрать Арифа, чтобы добраться до его денег, понимаешь? И они решили подставить тебя.

— Я ничего не понимаю! Я ничего не делал...

— Ты идеальная жертва, Ильгар, неужели не понимаешь? Ты любишь Лалу, ты обижен на Арифа, у тебя есть мотив. Она использовала тебя, Ильгар, она и не думала к тебе возвращаться! Она хотела, чтобы ты убил Арифа! Чтобы ты убил Арифа! Ты ведь убил Арифа, Ильгар? Лала заставила тебя убить Арифа! Лала заставила тебя убить Арифа, да? Ты убил Арифа, Ильгар! Ты убил Арифа! Ты понимаешь, ты его убил! ТЫ!

Боль, сопли, слезы, пол, к которому прижата щека. И голос. Голос охотника.

Охотника, для которого нынешняя жертва... даже не дичь — муха.

— Ты убийца, Ильгар. Ты убил Арифа.

Но он нашел в себе силы прохрипеть:

— НЕТ!

— Ты был в казино, Ильгар, ты был в казино в ту ночь!

— Не был...

— Ты ведь не играть туда ходил, да? Не играть. У тебя нет денег, чтобы играть. Ты пошел в казино, чтобы убить Арифа. Лала уговорила тебя убить Арифа. Лала тебя подставила. Лала спит с Назимом, ей нужны деньги Арифа...

— Я не был в казино!

— Тебя опознал охранник, Ильгар. Первое, что я сделал, — показал охранникам твою фотографию. Тебя опознали, Ильгар. Ты был в казино. Ты пошел в казино, чтобы убить Арифа. Ты убил Арифа!

— Охранник ошибся!

— Тебя сняли на видео, Ильгар, неужели ты думал, что мы не проверим видеокамеры? Твоя рожа есть на камере!

— Камера не работала!

Боль, сопли, слезы, пол... И голос охотника. В такие моменты очень трудно думается.

— Откуда ты знаешь? — Волков ослабил хватку. — Откуда ты знаешь, что видеокамера не работала? Кто тебя предупредил? Кто научил тебя, как нужно убить Арифа? Назим? Лала?

— Нет! — Теперь Ильгар просто скулил: — Я не убивал. Я не был...

— Но охранник тебя опознал, — выдохнул ему на ухо Федор. — А зачем ты звонил Эльмире?

— Какой Эльмире?

А вот теперь можно добавить боли. Рука пацана вновь пошла вверх, заставив его застонать.

— Зачем ты звонил Эльмире той ночью?

— Я не звонил!

— Конечно, не звонил! Ты звонил Лале! Ты дурак. Ты понимаешь, что ты дурак? Ты понимаешь, что ты дурак? Отвечай!

— Я...

— Тебя подставили, тебя подставила девка, на которой ты должен был жениться. Но ты еще больший дурак. Ты звонил на конспиративный телефон со своей трубы. Ты выдал себя с головой, понимаешь?

— Эльмира — моя любовница, — прохрипел юноша.

— А Закир Таги? Он ведь купил сим-карту для тебя, да? А Эльмира — для Лалы. Неужели ты думал, что я не узнаю? Какой же ты дурак, Ильгар, маленький дурак. Тебя обвели вокруг пальца, тебя подставили, ты сделал Назима и Лалу богатыми и счастливыми, а сам сядешь в тюрьму. Я тебя посажу, дурак, я тебя закрою лет на двадцать, ты понял? Ты выйдешь оттуда старым, никому не нужным бродягой с чахоткой и без зубов. Ты понял?

Ильгар зарыдал.

Игра окончена.

Волков отпустил мальчишку — тот остался на полу,

не делая попыток подняться, — сам встал на ноги, поправил одежду и закурил.

К любому человеку можно подобрать ключ, но иногда приходится использовать фомку.

Оглушающий удар был единственным способом выбить из Ильгара признание, сломать его. Единственным способом завуалировать слабость собранных доказательств. Что у Федора было? Показания охранника? Ненадежны — человек не видеокамера, всегда может ошибиться. Звонок на непонятный номер? Мало ли почему Ильгар звонил. Да и номер этот еще надо связать с Лалой, а Эльмира наверняка будет все отрицать. И если для Розгина и тех, кого он представляет, косвенных улик еще могло хватить, то идти с таким багажом в суд бессмысленно.

А чтобы полностью сложить картину, чтобы знать, какие искать доказательства, требовалось понять, как именно произошло убийство. И кто, собственно, разработал столь замысловатый план.

— Сядь в кресло, — жестко велел Очкарик.

Ильгар перестал скулить и робко посмотрел на Волкова снизу вверх. Столкнулся с беспощадным взглядом, послушно поднялся и присел, куда сказано.

Сломан. Распишитесь.

Федор отхлебнул остывший кофе и поинтересовался:

— Кто еще в деле? Сардар? Без его участия у вас ничего бы не получилось. Сколько Лала ему пообещала? Миллион? Десять? — Очкарик намеренно не упоминал Назима: эта тема свою роль сыграла, возвращаться к ней пока не следует. — Думала, сможет себе позволить? Наивная... Неужели ты не понимал, что такие дела вскрываются за полдня?

Ильгар не ответил.

— Итак, вы с Лалой вступили в преступный сговор с целью устранения ее богатого мужа и получения его состояния. Вы привлекли к совершению преступления телохранителя Арифа Гусейна — Сардара. Кстати, чувствуется, что он — профессионал, Сардар оказался единственным из вас, кто не оставил никаких следов. Тем не менее, в его соучастии я не сомневаюсь: осуществить план без помощи телохранителя было бы невозможно. — Волков не верил в излагаемую версию, не верил, что Лала или Назим способны купить Сардара, но излагал ее весьма уверенно: Ильгар должен понять, что дело проиграно. — В субботу вечером Ариф отправляется в казино, внутри здания с ним только телохранитель. Ты появляешься позже, видимо, получив сигнал от Сардара. Ты направляешься в туалет и готовишь оружие. Кстати, поздравляю: придумано великолепно, мои эксперты в восторге от палочки.

Ильгар не ответил.

— В какой именно кабинке будет устроена ловушка, вы договорились заранее. Ты удерживаешь кабинку до сигнала Сардара, после чего перебегаешь в соседнюю. На этом твоя роль заканчивается. Сардар приводит Арифа прямо на кол. План осуществился.

Ильгар по-прежнему молчал и не поднимал головы.

— Твое присутствие в казино подтвердит охранник. Участие Лалы — твой звонок на конспиративный телефон. Участие Сардара — логика произошедшего: никто, кроме телохранителя, не мог привести Арифа в ловушку. Круг замкнулся, Ильгар, — предумышленное убийство. Смертную казнь у нас отменили, так что от десятки до двадцатки каждому. — Волков допил кофе и закурил очередную сигарету. — И не надейся на помощь диаспоры. Ариф был уважаемым человеком, врагов у него, конечно, много, но и друзья имелись, так что если вас и спасут от тюрьмы, то лишь для того, чтобы уничтожить. — Федор помолчал и повторил: — Круг замкнулся.

— Лала. — Ильгар вздохнул. — Лала...

Пора подводить разговор к нужной теме. Очкарик

налил юноше минералки, сунул пластиковый стаканчик в руку, тот, поколебавшись, сделал несколько глотков.

— План вы разработали замечательный. Немного сложный, но замечательный. Отличный план.

— Лала ни при чем, — пробормотал Ильгар. — Я звонил ей ночью... Звонил ей ночью, потому что не мог сдержаться. Хотел ее обрадовать... Я все придумал сам, Лала ничего не знала. Только я и Сардар.

Глупая попытка взять вину на себя. Наивный шаг, показывающий, насколько сильно Ильгар любит девчонку. Умную и целеустремленную девчонку.

— Не получается, Ильгар, увы, не получается. Ты не мог купить Сардара, тебе нечего ему предложить. А Лала — могла. Она станет хозяйкой, она могла давать обещания. Так что извини, судить будем всех.

— Она ничего не знала. — Юношу осенило: — Это Назим!

— Но план действительно хорош, — упрямо продолжал Федор, не обращая внимания на новую версию Ильгара. — Почти идеален. Ты придумал? История с унитазом войдет в учебники криминалистики...

«План», «унитаз» — ключевые слова. Волков повторял их снова и снова. «Давай, щенок, реагируй!» Ключевые слова должны заставить мысли Ильгара работать в нужном направлении, говорить о том, что интересно Очкарику.

— Не думай, что разработчику плана дадут больше остальных. В делах о предумышленных убийствах все проще: как правило, всем поровну. Ну, пара лишних лет не считается: при сроке в пятнадцать-двадцать это не существенно, да?

— План придумал не я.

— Лала?

— Она ни при чем.

— Ильгар, я думал, ты уже понял, что врать бессмысленно.

— Она действительно ни при чем. Я... — И тут пацана прорвало. — Мы с Лалой восемь лет дружили! Когда сюда переехали, жили в одном доме, мы познакомились, вместе в школу ходили. Потом родители сговорились, ждали свадьбу, я деньги копил... И тут появляется этот урод Ариф. — Ильгар хлюпнул носом, вытер глаза, допил воду из стаканчика. Продолжил, но уже тише: — Получается, он ее купил... У родителей ее купил... Он им столько денег дал, что они обо всем забыли. — Помолчал. — Но мои родители не возмущались. Сказали, что нам с Арифом связываться нельзя.

— Тоже заплатил? — осведомился Федор.

— Я не знаю, — вздохнул пацан. — Может быть.

Нет, парень, сейчас ты не должен никому верить, на кого-то надеяться. Слом есть слом. Так что извини.

— А как ты думаешь? — повысил голос Волков. — Ариф заплатил твоим родителям? Сколько он им заплатил?

— Я не зна...

— Заплатил?

— Да, — обреченно кивнул Ильгар. — Я думаю — да.

— Поэтому они не возражали против свадьбы?

— Да.

Очкарик выдержал небольшую паузу и заметил:

— Все в этом мире покупается. И все продается.

«Ты один, Ильгар, ты совсем один. Тебя все предали!»

Ломать значит ломать. Мальчику следовало понимать, что предумышленные убийства прячутся в разделе: «игры для взрослых». Мальчику следовало терпеть боль, не слушать Волкова и стоять на своем. Мальчик ошибся. Мальчик не выдержал...

— Родители тебя продали.

— Да.

— Что было дальше?

— Я места себе не находил, — послушно продолжил Ильгар. — Хотел даже с собой покончить... А когда у них свадьба была, я к родственникам уехал, в горы, думал, все пройдет...

Федор снова наполнил стакан паренька, тот сделал пару нервных глотков.

— Вернулся... учиться дальше стал... старался не думать... А потом она позвонила.

— Сама?

— Да. Мы просто говорили... о том, о сем... но я ведь знаю Лалу! Я почувствовал, что у нее все плохо.

«Почувствовал он!»

— Я стал спрашивать, настаивал, чтобы она все рассказала! Она бы никогда не призналась...

«Есть ли предел человеческой глупости?»

— А потом мы встретились...

— Ты к ней домой ездил? — Очкарик недоверчиво прищурился.

— Нет, у ее подруги.

— У Эльмиры?

— Нет. У другой. Не важно. Телохранители внутрь не пошли, и мы встретились. И она рассказала, что Ариф ей... ее...

— Ты спал с Лалой, — догадался Волков. — Так? Ты спал с ней до свадьбы!

— Она предназначалась мне! — выкрикнул юноша. — Я любил ее! И она меня любила!

Видимо, это произошло до того, как на горизонте замаячил Ариф. Целеустремленная девочка решила попробовать все доступные ей удовольствия.

— Что она тебе рассказала?

— Когда Ариф узнал, что Лала не девственница, он ее избил, — глухо ответил Ильгар. — И избивал каждый день. Он ее избивал! И говорил, что убьет и ему за это ничего не будет. И насиловал, как хотел.

— Она показывала следы?

— Да. Синяки на теле.

Федор задумчиво потер нос. Мог ли Ариф разъяриться из-за того, что его жена оказалась не девушкой? Теоретически — да. Однако нравы в городских диаспорах куда свободнее, чем в горах. Тем более Лала собиралась замуж. Да и сам Ариф не придерживался твердых моральных принципов. Таким образом, наиболее вероятный ответ — нет. Сказка.

— Я не знал, что делать. — Ильгар вернулся к печальному повествованию. — Я был в шоке. Он бил ее, насиловал и грозился убить. Я обязан был ее защитить! У нас... у меня есть знакомый, который помог мне купить пистолет.

— У вас или у тебя?

— Я же сказал — у меня.

Опомнился. «Нет, дружок, не «у тебя», а именно «у вас». А еще точнее «у нее». И появился этот знакомый уже после того, как девица вышла замуж.

— Я попробовал стрелять из него... Лала сказала, где будет Ариф, я пришел... А там понял — не смогу... Выстрелить не смогу...

«Теплее, теплее!» Волков понял, что рассказ приближается к главной теме.

— Я на себя разозлился. Я плакал от стыда. А потом оказался в том баре...

«Слабак! Слюнтяй! Трус!»

Рюмка за рюмкой. Водки, разумеется: она дешевле, а по мозгам бьет лучше. Может заглушить самую большую тоску. До утра глушит, до того, как вернешься в реальность, но разве сейчас это важно? Сейчас нужно убить мерзкое ощущение собственной слабости, забыть о том, что не смог... не смог...

«Трус!»

Он не представлял, что скажет Лале, как посмотрит в прекрасные глаза любимой. В глаза, в которых сам зажег надежду на спасение.

Сам зажег, сам потушил.

«Слабак!»

Рюмка за рюмкой.

«Слюнтяй!»

Рюмка за рюмкой.

— Лала, прости меня, я трус!

— Если любит — простит.

Ильгар не заметил, что произнес последнюю фразу вслух. Но не удивился тому, что к его мыслям подключился незнакомец. Направил на пожилого мужчину мутный взгляд, пошевелил губами, то ли разминая их перед разговором, то ли повторяя рвущиеся изнутри слова, и поинтересовался:

— Ты откуда Лалу знаешь?

— Я знаю хороших женщин, — ответил незнакомец. — Хорошие прощают нам все. — И тут же задал вопрос: — Лала хорошая?

— Лучше всех, — с пьяной откровенностью сообщил Ильгар. — Нежная, добрая... А эта тварь ее избивает!

— Отец?

— Муж!

— Так ты любишь чужую жену?

— Она должна была стать моей!

— Ох! — Старик сочувственно вздохнул: — Извини, дружище, извини, пожалуйста. Не хотел тебя обидеть.

— Наши родители три года назад сговорились. — Ильгар выпил еще рюмку. Попытался раскурить сигарету, не сумел, попробовал еще раз. В итоге ему помог незнакомец: одной рукой держал голову юноши, чтобы не раскачивалась, другой поднес зажженную спичку. — Мы в школу вместе ходили. В парке гуляли. Я в их аул ездил, понимаешь, с родственниками знакомился! А Ариф ее купил! Понимаешь — купил!

— Твою нежную девчонку?

— Купил... — Ильгар взялся за бутылку. — А я его убить хотел.

— Неужели? — рассмеялся старик.

— Во! — Юноша откинул полу пиджака, показывая заткнутый за пояс пистолет. — Видел?

— Запахни, — распорядился незнакомец. — Ты что, обалдел?

— А что такое? Я ведь никого не...

— Тебя как звать?

— А?

— Звать тебя как?

— Ильгар. А тебя?

— А меня называй Оружейником, — буркнул старик. — И давай выкладывай, зачем тебе понадобилась эта дрянь за поясом?

— И ты доверился первому встречному?

— Я утром даже не вспомнил о нем, — признался Ильгар. — Рассказал все, не думая, а потом Оружейник сам позвонил. Приезжай, говорит, забери свою пукалку, она мне без надобности.

— Ты ему пистолет отдал?

— Наверное, — вздохнул пацан. — Или он сам взял. Я не помню. — Закусил губу, сдерживая рвущиеся наружу слова, но потом решил ничего не скрывать: — Я испугался сильно. Отпечатки на пистолете... пистолет неизвестно у кого... А Оружейник, он словно мысли мои читал: не дергайся, говорит, мне щенков подставлять неинтересно. А если хочешь — помогу. И адрес назвал. И телефон свой. — Ильгар шмыгнул носом. — И сказал, что если я до вечера не решусь, то он со мной дел иметь не будет, пушку вернет, а помогать не станет.

«И пацан решился...»

— Я часа три думал, — признался юноша. — Но позвонил...

— Пустить в человека пулю только в кино легко, — усмехнулся Оружейник. — Или в книжке дурацкой: найдет кто-нибудь пистолетик и давай сразу же пулять направо-налево. А в жизни даже в спину выстрелить тяжко. В жизни у каждого нормального человека есть внутренний барьер. У кого-то пониже, у кого-то повыше, но есть. С первого раза, вот так чтобы нашел пистолет и сразу кого-нибудь убил, только у психопатов получается, у отмороженных до спинного мозга ублюдков. Нормальный человек с первого раза барьер не возьмет.

— Мне еще раз попробовать?

— Что-то мне подсказывает, — после паузы ответил старик, — что у тебя барьер высокий. Может и со второй попытки не получиться.

— Что же мне идти тренироваться на бомжах? — криво улыбнулся Ильгар, глядя на лежащий на столе пистолет.

— Пулю пустить тяжко, — медленно повторил Оружейник. — Убить, в глаза глядя. Убить так, чтобы самому смерть увидеть. Дыхание ее почувствовать. Но ведь есть и другие способы.

И замолчал.

И юноша не открывал рта, в последний раз обдумывая происходящее.

Понимал Ильгар, что обратной дороги не будет. Видел, что серьезный человек перед ним сидит, из тех, кто слово данное обратно не возвращает, а заставляет идти до конца.

Решился.

— Вы эти способы знаете?

— Да.

— А сколько мне это будет стоить?

— Ты не поверишь — нисколько.

— Я не верю.

— Правильно, — улыбнулся старик. — И неправильно.

— Объясните.

Оружейник внимательно посмотрел на Ильгара. Сочувственно. Как старый, умудренный годами друг. Такому взгляду веришь подсознательно.

— Ты когда-нибудь был в театре?

— Да.

— А я в него не хожу, я им болею. Я, друг мой, много путешествую, говорю на многих языках, а потому имею возможность сравнивать лучшие актерские школы, режиссерские находки, не пропускать самые значимые премьеры. И, разумеется, я обожаю Шекспира. И, разумеется, я немного романтик. И немного сентиментален. Полагаю, это единственное человеческое, что во мне осталось. — Оружейник потер лоб левой рукой. — Ромео и Джульетта. Ильгар и Лала. Я помогу тебе просто так, пацан, просто потому, что без моей помощи ты погибнешь. Поверь — погибнешь. И при этом, вероятно, не сможешь дотянуться до Арифа.

Поверил ли ему Ильгар? Может быть. А может, и нет. Но он ОЧЕНЬ хотел поверить.

— Что это за способы, о которых вы говорили?

— Я разработаю план, который ты в точности исполнишь. Ты убьешь своего недруга, но при этом не увидишь ни его лица, ни его крови, ни его мертвого. Ты его просто убьешь. А сам останешься безнаказанным.

— Он назвал время, когда мне следует войти в казино. Сказал, чтобы я не опаздывал и пришел точно.

«А незадолго до этого отключилась видеокамера».

У Волкова не было оснований не доверять пацану. Сейчас Ильгар говорил правду, рассказывал так, как было на самом деле, однако подогнать его историю под правдоподобную версию не получалось.

— Затем я должен был войти в туалет и установить колышек в конкретной кабинке. Держать ее занятой строго определенное время, а затем уйти.

Предположим, Арифа действительно заказали Призраку, точнее — Оружейнику, и опытный специалист нашел идеального исполнителя — Ильгара, маленького дурачка, мечтающего отомстить оскорбившему его богачу. Маленького дурачка с превосходным мотивом для убийства. Идеального лоха. Оружейник разрабатывает план, Ильгар убивает Арифа и... И тут начинаются вопросы.

Первый: кретинов, подобных Ильгару, положено сдавать, а еще лучше — мочить на месте преступления, как правило, руками облапошенных телохранителей. Кретинам не суждено попадать на допрос к следователю.

— Колышек Оружейник в пластик завернул, я его под рубашку спрятал, а когда надо было устанавливать — резиновые перчатки надел, так Оружейник сказал. Перчатки и пакет потом выбросил.

Второй вопрос: как Оружейник рассчитал время? Он ЗНАЛ, когда Ариф соберется в туалет. Знал, с точностью до пяти минут. Он ЗНАЛ, что Ариф окажется именно в той кабинке, в которой Ильгар установил ловушку. Получается, Сардар все-таки куплен? А своевременный поход в туалет обеспечен с помощью химии? Возможно... но... А как быть с вовремя вышедшей из строя видеокамерой? Эксперты клянутся, что ее повреждение вызвано естественными причинами. Совпадение? А то, что зацепка на Ильгара появилась лишь благодаря идиотизму щенка — не позвони он на конспиративный телефон, Волкову нечем было бы давить на юношу, — тоже совпадение?

— И еще Оружейник сказал, чтобы я не беспокоился насчет видео, — монотонно продолжил Ильгар. — Мол, с его связями вывести из строя камеру — раз плюнуть.

Волков задумчиво посмотрел на юношу и потер пальцами переносицу.

«Почему ты до сих пор жив, пацан?»

Ладно, Оружейник не стал мараться. А Назим? Почему он не грохнул Ильгара? Ведь показания пацана бьют по Лале. Или Назиму выгодно подставить девчонку? Но что тогда ему достанется? Розгин сказал — ничего. Нет у Назима прав на состояние Арифа, единственная его надежда взять под контроль хотя бы сотню-другую миллионов — жениться на Лале. Получается, Назим должен был убить Ильгара любой ценой.

Не убил.

Почему?

И как, скажите на милость, вшивый вице-президент какой-то там «НефК°» сумел выйти на лучшего в мире киллера?

«Лучшего, лучшего... А кто такой Оружейник? — неожиданно подумал Федор. — Что за человеком нужно быть, чтобы превратить убийство в искусство?»

— А еще старик сказал, что каждый из нас идет по канату, — словно отвечая на вопрос Очкарика, произнес Ильгар. — Смерть поджидает нас едва ли не за каждым углом, однако тысячи различных причин позволяют нам ускользать от нее, дожидаясь своего часа. Но если выбрать подходящий момент, человека можно убить, просто пошевелив пальцем.

«Если выбрать подходящий момент. Если выбрать подходящий момент... Видеокамера сломалась, Ариф захотел в туалет, Сардар выбрал определенную кабинку... Подходящий момент? Очень подходящий».

Выбрать подходящий момент, это значит — знать. Оружейник знал.

Кто же он такой, черт побери?

Кто?

— Федор Александрович, что мне делать теперь?

Задумавшись, Волков совершенно потерял счет времени, и робкий голос Ильгара заставил его вздрогнуть.

— Что со мной будет?

«Хороший вопрос».

Очкарик вытащил из пачки очередную сигарету.

Если паренька арестовать, то придется выкладывать на стол свои шаткие доказательства и его бредовое признание. Первое порвет в клочья даже начинающий адвокат. Второе... Делиться с кем бы то ни было признанием Ильгара Федор пока не хотел. Почему? Потому что стоит Шипилову пронюхать, что Очкарик вышел на след неуловимого Призрака, как дело у него немедленно отберут. Это с одной стороны. А с другой — странное поведение убийцы. Почему Оружейник не убрал Ильгара, а дал ему возможность поговорить с Волковым? Ошибка? Стечение обстоятельств? В любом случае этим следовало воспользоваться.

А парня следует спрятать. Нечего ему делать ни на свободе, ни в тюрьме.

— Ты понимаешь, что наделал массу глупостей? — сухо осведомился Волков.

— Да, — обреченно кивнул Ильгар.

— Я думаю, тебя должны были убрать в ту же ночь, — откровенно сказал Федор. Глаза пацана расширились. — Я думаю, произошла какая-то ошибка, и человек, который должен был пустить тебе пулю в голову, просто не сумел приехать. Ты исполнитель, Ильгар, ты свидетель. Ты видел в лицо настоящего убийцу — Оружейника. Ты можешь дать показания против заказчика — против Лалы...

— Нет!

— Заткнись!

Юноша умолк.

— Сначала ты напишешь признание. Полный отчет о своих действиях. А потом...

— Что потом?

— Я думаю, что в изоляторе до тебя дотянутся, а посему спрячу тебя на конспиративной квартире под охраной своих людей.

— Это как программа защиты свидетелей?

— Вроде того, — согласился Волков. — А чтобы тебе

веселее было сидеть, скажу так: если я благодаря твоей информации доберусь до Оружейника, у тебя появится шанс выйти сухим из воды.

Следует приободрить паренька, чтобы у него не возникло желания сбежать. Точнее так: чтобы не возникло сильного желания сбежать.

— Правда? — Но доверия в глазах Ильгара не было.

«Нет, не правда. Оружейник достанется Шипилову, а за убийство Арифа ответят крайние: ты и Сардар».

Но ведь не рассказывать же об этом пацану?

— Правда, — спокойно ответил Федор. — У тебя есть мотив, но не было никакой возможности совершить преступление. Ты не мог достать яд, не мог вывести из строя видеокамеру, все это сделал другой человек. Если я найду его, то пришью ему еще и исполнение.

Впрочем, лукавил Очкарик лишь наполовину: Оружейника могли убить при задержании, он мог скрыться, изменить внешность, потеряться навсегда, но если доказательств против него будет собрано достаточно, Ильгара действительно можно снять с крючка... чтобы посадить на другой.

— Просто так пришьете? — хмуро спросил парень.

Он взрослел на глазах.

— Не просто так, — усмехнулся Очкарик. — Ты мне будешь много должен.

— Деньги?

«Нет, все-таки еще ребенок. Еще не разобрался в механике жизни. Еще не сообразил, что послушный агент способен принести гораздо больше пользы, чем пачка наличных».

— Сынок, деньги меня давно не интересуют.

* * *

— Сергей, короче, мы начнем работать только после того, как ты перечислишь деньги... Я тоже хорошо к тебе отношусь и давно тебя знаю, именно поэтому повторяю: утром деньги, вечером стулья. И никак иначе... Я понимаю, что в прошлый раз у тебя были сложные обстоятельства и нужно было срочно платить налоги. Но мне, между прочим, пришлось взять кредит, чтобы выполнить твой заказ... Мы договорились? Договорились или нет? ...Я тоже тебя люблю, экий ты пострел. Все, давай, завтра увидимся.

Голос доносился с кухни. Голос говорящего по телефону Левы.

Льва.

Чуть раньше, когда Испанка только-только начала просыпаться, до нее долетали лишь обрывки фраз: «до обеда задержусь точно!», «сами разберетесь!», «у Димки спросите, он заместитель мой или пописать вышел?» — Корзинкин объяснялся с подчиненными. Затем с кухни потянуло вкусностями: ароматом жареного хлеба, яичницы и свежесваренного кофе. Умопомрачительные запахи окончательно стряхнули сон, и последовавший после кулинарной паузы разговор Испанка прослушала полностью.

«С клиентом, наверное...»

Мысли текли с медлительностью путешествующего по веткам ленивца. Не хотелось подниматься, не хотелось узнавать, сколько времени, не хотелось возвращаться в реальную жизнь. Пусть останется только Лева. Пусть он войдет в комнату и принесет завтрак в постель. Пусть приляжет рядом, и они съедят вкуснейшие в мире тосты с вкуснейшей в мире яичницей, запивая все это вкуснейшим в мире кофе. И пусть тосты могут оказаться подгоревшими, яичница недосоленной, а кофе чересчур крепким — плевать. Главное, что Лева будет рядом и они будут есть пищу, приготовленную им для нее.

— Доброе утро, Терри.

— Ле-е-ва...

Между тарелок и бокалов лежала алая роза.

— Доброе утро, красавица.

«Господи, как же хорошо!»

Он поцеловал Испанку именно так, как ей хотелось: глубоким поцелуем в губы. Пальцы чуть скользят по щеке, несильно... даже не прижимая, а направляя лицо к нему. А потом, когда поцелуй закончился, пальцы мягко поднялись чуть выше, нежно прикоснулись к мочке уха.

— Проголодалась?

— Очень!

Ночь оказалась на редкость бурной.

— Как насчет легкого завтрака?

Он прилег рядом, именно так, как ей представлялось. Она чувствовала тепло его плеча, чувствовала его запах — он успел принять душ, слышала его дыхание. Ей было хорошо, как никогда в жизни. Рядом с ней лежал мужчина мечты. ЕЕ мечты. Немного забавный внешне, совсем не похожий на героя, и в то же время — мужественный. Стоило, действительно стоило ехать в Москву.

Испанка поймала себя на мысли, что благодарна Гончару. И плевать, что он практически заставил ее войти в команду, ведь не случись этого, она бы никогда не встретила Леву.

— Чем занимаешься днем? — осведомился Корзинкин.

— Еще не знаю...

В ее сумочке проснулся мобильник.

— Лежи, я принесу. — Лева легко соскочил с кровати и подал женщине сумочку. — С работы звонят?

Испанка посмотрела на экран: Травник. Машинально отметила время: почти полдень. «Ничего себе!» — улыбнулась, вспомнив, что уснули они на рассвете. Немного подумала, а затем нажала на кнопку «пропустить».

«Не хочу ни с кем говорить!»

Но настроение не ухудшилось. Она перевела взгляд на Леву и сказала:

— С работы, мой Лев, с работы. Но они подождут.

* * *

Разговор с Ильгаром подтвердил главное: Лала и Назим действительно желали угробить любимого мужа и брата. Именно так: Лала и Назим. Каждому из них в отдельности смерть Арифа была не особенно выгодна. Лала получала небольшое, по ее нынешним меркам, состояние, Назим же и вовсе оставался лишь с тем, что успел скопить. Его будущее в отсутствие брата-благодетеля оказывалось под угрозой. Зато вместе они могли претендовать на большую часть наследства Арифа. В качестве исполнителя сладкая парочка выбрала Ильгара: сказка о побоях, заботливо подсунутый пистолет, указание благоприятного времени и места... Волков не сомневался, что Ильгара должны были убить сразу же после покушения. Концы в воду, так сказать. Ариф становился жертвой безумного мстителя, а безутешная вдова и грустный брат вне подозрений.

Но появился Оружейник.

Он же Призрак.

Странный человек, в совершенстве владеющий искусством убийства.

«Каждый идет по канату, смерть поджидает едва ли не за каждым углом, однако тысячи различных причин позволяют нам ускользать, дожидаясь своего часа. Но если выбрать подходящий момент, человека можно убить, просто пошевелив пальцем».

Призрак-Оружейник всегда выбирает ПОДХОДЯЩИЕ моменты. Сломанные видеокамеры, расслабленная охрана... добавляются несколько штрихов, и привычные, не таящие угрозу места превращаются в смертельные ловушки.

«Что же ты за человек?»

В сентиментальные мотивы старика Федор не верил, точнее, оценивал вероятность подобного процентов в пять, не более. Еще пять процентов на то, что Оружейника нанял Назим Гусейн — если так, то к чему история с пистолетом? Получается, интерес убийцы в чем-то другом.

В чем?

И почему Оружейник оставил Ильгара в живых?

Очкарик не знал ответов на два этих вопроса, но понимал, что именно они станут ключом к разгадке происходящего.

Живой Ильгар, знающий, где находится логово Оружейника, показался пригласительным билетом в гости. Минут десять Волков боролся с искушением направить по указанному юношей адресу оперативников: скрытно оцепить здание, послать внутрь пару разведчиков, если клиент на месте — штурмовать квартиру, если нет — устроить засаду. Боролся и поборол.

Нет, нет и нет. Если Оружейник действительно поддался сентиментальным чувствам, то он уже покинул логово. Если же за его действиями прячется неизвестный пока мотив, то кавалерийская атака может все испортить. Надо ехать самому.

Это был один из тех старых домов, что прячутся за фасадами центральных улиц. Непрезентабельного вида, с разбитым тротуаром вокруг и скрипучей дверью подъезда. Один из тех домов, до которых еще не добрались охотники за дорогой землей в центре, который еще не успели снести, чтобы воткнуть на его месте бетонное чудовище любимых городским правительством турецких архитекторов или просто отреставрировать и перепрофилировать под бизнес-центр. В этом доме еще жили люди. Учитывая стоимость земли в центре Москвы, обитать им здесь оставалось недолго, однако сейчас старые тополя еще окружали старое здание, стуча ветками в старые окна с обычным стеклом.

Старое, грязноватое здание.

Вид этого дома, столь резко контрастирующий с отреставрированными уличными фасадами, неожиданно напомнил Волкову о его первом визите в Ленинград. Наслушавшись от родителей и сверстников рассказов о красоте Северной столицы, маленький Федя отчаянно мечтал попасть в чудесный город, и вот, когда ему исполнилось десять, родители устроили эту поездку. Мосты, медленно поднимающиеся в белую ночь, изумительные фонтаны Петергофа, красота Екатерининского дворца, величие Исаакиевского собора, знаменитый Александровский сад и бесконечные залы Эрмитажа... Сказка, ожившая сказка! Но однажды, во время прогулки по Невскому, они зачем-то зашли в... парадное, оказавшись за кулисами Северной столицы. И увидели исписанные глупыми фразами стены, разваливающуюся лестницу и обшарпанные двери. И почувствовали резкий запах мочи. С тех пор Ленинград стал для Очкарика городом фасадов, и он не мог заставить себя называть его Питером, тем более — Санкт-Петербургом. Это все еще Ленинград, и потребуется много времени и труда для того, чтобы город вновь стал соответствовать старому названию.

Примерно те же чувства Волков испытал и сейчас: шаг в сторону, шаг от витрин и рекламных стендов, и натыкаешься на спрятанную грязь.

Самое место для логова убийцы.

Очкарик отодвинул слегка перекошенную дверь, вошел в полутемный подъезд и сразу же нашел нужную квартиру — она располагалась на первом этаже. Дверь в нее полностью соответствовала и самому дому, и внутренностям подъезда: деревянная, с облупившейся краской, двумя кругляками замков и раздолбанной ручкой, когда-то отделанной деревом, но теперь оно сгинуло, и посетитель тянул за железное основание. Если ему открывали, конечно.

Звонок не работал. Во всяком случае, надавив на кнопку, Федор ничего не услышал. Постучал. Тишина. Еще раз, настойчивее. С тем же успехом.

«Уйти?»

«Ну вот еще!»

«А если это ловушка?»

«На меня? Что за бред!»

В подъезде царила невероятная тишина. Ни звука, ни шороха, ни вздоха. Словно все обитатели квартир разом покинули свои жилища. С одной стороны, это настораживало, с другой — Волков был уверен, что за ним никто не наблюдает: в таком безмолвии он бы уловил дыхание сидящего в засаде человека, даже если бы тот притаился на пятом этаже.

Но засады не было.

Зато была запертая дверь.

«Что делать?»

Вскрывать замки какой-нибудь отмычкой Очкарик не умел, ломать не собирался. Но очень хотел попасть внутрь. Оставалось одно — думать.

«Предположим, Оружейник снимает эту помойку на время, использует для встреч с клиентами и подельниками. Квартира для него не важна, ничего ценного в ней нет. Даже не база — просто площадка для встреч. Наверняка у него есть лучшее убежище, на высоком этаже, с железной дверью, а не деревяшкой со старыми замками... со старыми замками... старыми... Итак, если он снимает эту помойку для встреч с клиентами и помощниками, как последние попадают внутрь в его отсутствие? Сколько ключей дали хозяева квартиры Оружейнику?»

Надежда была робкой, призрачной, но была. Федор внимательно оглядел площадку, лестницу, выискивая щели, подходящие выбоины и другие укромные уголки, затем открыл щиток, пошарил рукой по его грязным внутренностям и вытащил из тайника ключ.

«Идиотизм!»

«А что в этой истории нормального?»

Матерый убийца помогает мальчишке, позволяет ему пойти к следователю, а после приглашает того в свой дом.

Игра?

Очень, очень похоже. Но в чем ее смысл?

Объявление в универмаге: «Бесплатный сыр в отделе Хозтовары». Похоже? Очень похоже. Но одно Волков знал наверняка: если это и игра, то, несмотря на обманчивую легкость, отнюдь не в поддавки. И нора, в которую его манит этот кролик, вряд ли ведет в Страну Чудес.

Но делать нечего, надо идти.

В темной прихожей пахло сыростью, неспешно гниющими вещами, а еще почему-то — рыбой. И пылью. Тусклая лампочка без абажура высветила ободранную деревянную вешалку, на которой громоздилось подходящее для бродяги старье похоронных оттенков. Два мужских демисезонных пальто советского производства, рваная телогрейка, замасленный пиджак, две шерстяные кофты, грязные брюки.

На кухне — старая, изъеденная ржавчиной газовая плита, на одной из конфорок чайник. Федор не побрезговал: открыл засаленную дверцу и заглянул в духовку — пусто. Над железной раковиной — сушка с кастрюлей, двумя щербатыми тарелками и двумя металлическими кружками. На столе — две ложки и две вилки, рядом — два табурета. На подоконнике — грязная тряпка. В древнем холодильнике «ЗИЛ» прятались от мышей завернутый в бумагу кусок вареной колбасы, банка собачьих консервов, полбатона хлеба, кулек с гречкой и распечатанная пачка чая. По стене, ничуть не опасаясь Очкарика, деловито пробежали три таракана.

Логово самого опасного в мире убийцы?

В единственной комнате было ненамного лучше. Тоже бедно, тоже грязно, но не так уныло, как на кухне или в коридоре. Начать с того, что ее пол устилал большой ковер. Определить его цвет без химической чистки не представлялось возможным, но узор кое-где читался. Еще один коврик... простите — гобелен! — висел на стене. Дешевая поделка какой-то дешевой фабрики — три охотника на привале, разумеется. Беззвучно травят байки, привнося в жизнь хозяев квартиры свет искусства. Под низко висящим абажуром круглый стол и два стула. Вдоль одной стены раскладной диван, возле — комод, на котором, к своему безмерному удивлению, Волков увидел большую птичью клетку. Подошел ближе и внимательно оглядел скелетик бывшего обитателя: тонкие белые косточки, череп с клювом. Похоже, попугайчик. Заглянул в комод, пахнуло сыростью, где-то внизу лежали тряпки. Федор не поленился, дотянулся, поворошил — ничего. Вытер руку о диванное покрывало и направился к серванту. За стеклом — несколько пыльных чашек и дешевая хрустальная вазочка. За дверцей — пожелтевшие квитанции, какие-то бумажки, пара книг и замшевый мешочек, единственная в квартире вещь, которая производила впечатление относительно новой и чистой. Очкарик взял мешочек в руку — довольно увесистый! — осторожно развязал и высыпал на ладонь монетки. Не меньше десятка тяжелых старинных монет.

«Убийца увлекается нумизматикой?»

Сам Волков в ней разбирался слабо, определить страну происхождения еще мог, но не более, а потому вернул монетки в мешочек, завязал его, подумал и опустил в карман пиджака. Возможно, это зацепка, кончик ниточки, торчащий из клубка. Возможно, коллекция дорога хозяину и он попробует ее вернуть. Возможно —

продолжение игры. В любом случае, оставлять мешочек в квартире Федор не собирался.

Покончив с предварительным осмотром, Очкарик подошел к столу и задумался.

Итак, если с ним действительно играют, то какого шага ждут теперь? Как бы поступил обычный следователь, окажись он на месте Волкова?

А вот как: Федор достал телефон, набрал номер и произнес:

— Я хочу установить засаду по следующему адресу...

* * *

Гончар сказал не поддаваться на провокации. Правильно, в общем-то, сказал. Московские искусники наглых чужаков не любят, наелись в свое время, если что не так, сразу бесятся, а уж после вчерашнего наверняка на команду зубы точат. Правда, Бабушка Осень гарантировала нейтралитет, но означал сей нейтралитет лишь одно: без команды не убьют, зато всего остального — сколько угодно.

Как не поддаваться на провокации, Невада знал: не попадаться на глаза тем, кто может эти самые провокации устроить. Но одно дело знать, и совсем другое — не попадаться. Москвичи пронюхали, что Гончар привез с собой Вонючку, москвичам известны привычки Круса: если он в городе, значит, или «Балчуг», или «Мариотт Аврора», что на Петровке, стало быть, отыскать объект заинтересованным лицам не составит никакого труда. Поэтому после встречи с Дантистом, а особенно после визита к Беспалому, Невада всерьез подумывал над тем, чтобы съехать из отеля на съемную квартиру, но передумал. Если бы ему пришлось убить Шамана, тогда... тогда, может быть, и скрылся бы. А так...

Невада давным-давно понял, что избавиться от неуверенности в себе и от липкого страха, что преследовали его со времен нищего детства, можно только на кураже. Только удаль способна скрыть слабость, и постепенно показное молодечество стало его натурой.

Его настоящей натурой.

Что бы Крус ни делал, он всегда старался выбирать самые яркие решения. И не важно, были ли при этом зрители или нет. Невада с размахом гулял, мучаясь на другой день жутким похмельем, с размахом играл, проигрываясь порой до последнего цента, с размахом занимался любовью, иногда с помощью мощных афродизиаков, с размахом выяснял отношения, что периодически приводило его в тюремную камеру. Жил на полную катушку, далеко за пределами «золотой середины», потому что знал себя: стоит дать слабину — покатится, минует «золотую середину», не заметив, и начнет влачить существование. Не было в нем настоящей внутренней силы, которая дарит спокойную уверенность в себе. Только кураж.

А потому Крус не покинул отель и даже не стал отсиживаться в номере. Проснулся, повалялся в кровати, принял душ и отправился на поиски «приличного ресторана» (из тех, где чашка кофе за полсотни баксов) на предмет позавтракать.

И, разумеется, попался.

Провокация состояла из двух частей. Первая — худенький, но, как потом выяснилось, жилистый и крепенький мужчина, — безобидно курила, облокотившись на припаркованную у тротуара машину. Выглядела эта часть провокации неприметно, подозрений никаких не вызывала, а потому толчок, который получил проходящий мимо Крус, оказался неожиданным и резким.

Издав громкое «Fuck!», Невада влетел в арку, находившуюся аккурат напротив, и сразу же напоролся на внушительный кулак второй части провокации. Части габаритной и мощной.

Крус драться умел, однако в этом бою шансов у него не было.

Первый удар пришелся Неваде в грудь, начисто сбив дыхание. Второй — в скулу. Обычно Крус выдерживал два-три прямых в голову, однако на этот раз поплыл после первого — кулачищи у противника оказались пудовыми. Сквозь царящий в голове шум донеслось: «Отойди, Кузнец, убьешь ведь!», и на тело обрушился град ударов ногами. Это старалась первая часть провокации. Получалось у нее весьма болезненно, но не смертельно. Несколько секунд побоев, после чего худенький присел на корточки и вежливо произнес:

— Вам бы к врачу, мистер. А потом уехать из Москвы к ... матери. Желательно — навсегда.

На этих словах провокация закончилась.

Однако Невада поднялся на ноги не сразу, минут через пять. А до этого времени размышлял над тем, что Гончар его вновь подставил: перед поездкой Крус спрашивал шефа, в городе ли Кузнец, и старый хрыч уверил его, что самый здоровенный из московских искусников греется с семьей на Кипре.

«А ведь знал бы, что Кузнец в Москве, обязательно съехал из отеля...»

* * *

Людмилу Савельевну Рижскую Волков знал уже семь лет, познакомился, расследуя дело, связанное с хищениями из запасников Исторического музея.

В лихие годы ельцинского правления волшебная буковка S, перечеркнутая двумя вертикальными штрихами, сладким наркотиком туманила головы бывшим советским людям, и на продажу выставляли все, до чего могли дотянуться: кто-то торговал военными секретами и государственными тайнами, кто-то нефтью и газом, кто-то — историческими и культурными ценностями.

Федор понимал, что до всех торгашей ему не добраться, но когда появлялась возможность, преследовал их с гораздо большим ожесточением, чем остальных преступников. Воров, гадящих исподтишка бесчестных тварей, Очкарик ненавидел куда больше, чем убийц. В тот раз все прошло успешно: похищенное взяли на границе, пара таможенников и четыре деятеля культуры отправились на нары, а Волков, помимо грамоты и благодарности, заполучил несколько любопытных контактов из среды интеллигенции, можно сказать — богемы.

И в их числе — Рижская.

В прошлой жизни, той, что была до распада СССР, Людмила Савельевна служила скромным научным сотрудником скромного исторического института: копалась в бумагах, перебирала пыльные архивные папки, пописывала статьи на профессиональные темы и мечтала о кооперативной квартире. Новая реальность заставила семейство Рижских кардинально поменять отношение к бытию. Глава семейства, успевший понаписать статей до звания доцента, оставил науку и подался в бизнес. Правда, в свободном плавании лавров не снискал, но познакомился с нужными людьми и с их помощью пристроился мелким столоначальником в крупную компанию. Хороший доход позволял ему без стеснения называть себя «деловым человеком». Сама же Людмила Савельевна тоже покинула опостылевший институт, но, в отличие от супруга, выбрала журналистику. В начале девяностых годов, когда домохозяйки строем шли в бухгалтеры, спортсмены в убийцы, а кандидаты наук торговали машинами и металлом, у каждого появилась возможность попробовать себя на любом поприще. У кого-то получалось, кого-то швыряло оземь, кто-то продолжал пробовать до старости, так и не находя себе дело по душе. Рижской, можно сказать, повезло. Будучи дамой неглупой, она выбирала для своих материалов только те темы, в которых разбиралась досконально: Москву, изменение лица города, влияние новостроек на архитектуру, спасение исторических памятников. Людмила Савельевна яростно выступала в защиту остатков московской старины, не боялась враждовать с чиновниками и строительными фирмами, не стеснялась идти на шумный скандал, а потому очень скоро обрела твердую репутацию честного и бескомпромиссного журналиста. Помимо статей в солидных изданиях, появились тематические программы на радио и телевидении. Крупной звездой Рижская не стала, но известность обрела, а главное — обладала нужными Волкову связями.

Федор понимал, что сама Рижская вряд ли сможет дать консультацию по поводу найденных монет, но надеялся, что она выведет его на опытных нумизматов. И не просто выведет, а должным образом отрекомендует.

Потому из логова Оружейника Очкарик сразу же направился в дом Рижских, благо ехать пришлось недалеко.

— Кофе?

— Людмила Савельевна, я ненадолго.

— Вы всегда торопитесь, Федя, — посетовала Рижская. — Приходите в гости к женщине и прямо с порога: я ухожу. Это невежливо.

— Невежливо сразу же соглашаться принять угощение.

— Оставьте манерность и проходите в гостиную!

— Ваше любимое тирамису.

Волков давно изучил собеседницу, а потому прикупил по дороге несколько пирожных.

— Вы умница, Федор, — расплылась в улыбке Рижская. — Кофе будет готов через пять минут. — И уже с кухни крикнула: — Как Степан?

— Нормально.

А что еще может ответить мужчина?

— Моя знакомая готовит цикл детских передач для

НТВ. Какие-то викторины... или что-то в этом роде... Если хотите, я могу посодействовать.

— Я спрошу.

— Пусть мальчик развлечется.

Очкарик не был уверен, что сыну понравится затея. Хотя... телевидение, съемки... какое-никакое, а приключение. Будет в школе хвастаться.

— Это не так глупо, как может показаться со стороны, — продолжила Людмила Савельевна, внося в гостиную поднос с кофе. — Мой старший ходил играть в «Сто к одному», и, знаете, получилось очень весело. А вы не хотите попробовать?

— Я?

— Представляете, как будет забавно: МВД против ГУВД? Или МВД против ФСБ?

«Нам этого и в жизни хватает», — подумал Волков, принимая чашку с кофе.

Рижская в конце концов успокоилась, уселась напротив Очкарика и осведомилась:

— Рассказывайте, что у вас произошло?

— Нашел небольшую коллекцию и решил узнать ваше мнение. — Волков достал из кармана мешочек и высыпал на стол монеты. — Вот.

— Любопытно... — Людмила Савельевна нацепила на нос очки и принялась разбирать металлические кружочки. — Какое богатство...

Сначала Рижская ковырялась в монетах без особого энтузиазма, как говорится, раз уж пообещала... однако вскоре проснулся сидящий в ней историк, и глаза Людмилы Савельевны заблестели.

— Ой, какая прелесть! — Она поднесла к глазам одну из монет. — Серебряная полуполтина Алексея Михайловича!

— Редкость? — немедленно осведомился Федор.

— Достаточная... А это пятикопеечник восемнадцатого века... А эта... — Женщина задумалась, глядя на крупную монету, одну из сторон которой украшало искусное изображение парусника. — Нет, это не наша.

— А чья?

— Впервые вижу, — с детской непосредственностью ответила Рижская. И вслух прочитала выбитый девиз: — «In vado salutis esse». — «Быть на мели».

— Занятное пожелание, — пробормотал Очкарик.

— У римлян это означало «находиться в безопасности», — объяснила Людмила Савельевна. — Так что пожелание весомое.

Она отложила в сторону русские монеты и некоторое время рассматривала остальные, те, которые Волков не сумел идентифицировать.

— Очень красивые.

— Я тоже не могу сказать о них ничего другого, — улыбнулся Федор.

— Извините, увлеклась, — Людмила Савельевна тоже улыбнулась, взялась за ложечку и отломила кусочек пирожного. — Я совсем забыла, что вы по делу.

— Таким уж я уродился.

— Одно слово — мужчина! Эдуард Геннадьевич такой же, даже в выходные на телефоне висит, все что-то решает, с кем-то договаривается...

В присутствии посторонних Рижская называла супруга исключительно по имени-отчеству. И всячески подчеркивала свое к нему уважение. И готова была часами рассказывать о его достижениях, а потому Очкарик мягко, но настойчиво вернул разговор в интересующее его русло:

— Сколько может стоить такая коллекция?

— Увы, Федя, не имею ни малейшего понятия. — Несмотря на то что Рижская ни на секунду не прекращала говорить, она успела покончить с первым пирожным и взялась за следующее. — Однако, если я правильно поняла, вы и не рассчитывали на полноценную консультацию, так?

— Вы читаете мысли.

— Это было несложно. — Рижская задумчиво повертела в руке ложечку. — Вам нужен Карпов. Точно, Александр Григорьевич Карпов, лучшего нумизмата в Москве нет.

— У него большая коллекция?

— Огромная! — Людмила Савельевна широко раскрыла глаза, показывая, насколько велико собрание Карпова. — И очень-очень известная. Он часто выставляет ее в разных музеях, даже за рубежом. Одним словом, Федор, у Карпова вы получите самую лучшую консультацию. А я позвоню Александру Григорьевичу и предупрежу, что вы приедете.

— Буду признателен.

— Какая ерунда, право слово... — Рижская вновь взяла в руку монету с парусником, повертела ее перед глазами, поднесла чуть ближе и негромко сказала: — А знаете, Федя, я, конечно, не специалист, но мне кажется, что эта монета — новодел.

— В смысле недавно изготовлена? — насторожился Волков.

— Да.

— Почему вы так решили?

Металлический кружочек, вызвавший у Рижской подозрения, отличался от остальных только размерами и резьбой... или как там оно называется — чеканкой? Излишней потертостью не выделялся, но и старым не казался. Блестел не лучше и не хуже других.

— Эта монета слишком хорошо сделана для прошлых веков, слишком точно, — пояснила Людмила Савельевна. — Повторяю: я не специалист, Александр Григорьевич расскажет вам больше, но мне кажется, что ее делали с использованием современных точных инструментов.

Любопытно... Для чего изготавливают старинные монеты? Чтобы продать их как подлинные. Но в этом случае фальшивомонетчики обязаны передавать все недостатки образцов: некачественную чеканку, неидеальные окружности... Подделку, безусловно, можно отличить, но не с помощью эксперта уровня Рижской.

— Вы ищете изготовителя поддельных раритетов?

— Нет, совсем нет. — Очкарик помолчал. — И даже не фальшивомонетчика. Эта коллекция стала... скажем так — неожиданной находкой. А если вы правы, то еще и загадкой.

— Возможно, я ошибаюсь, — пожала плечами женщина. — Карпов скажет точнее.

Разговор как-то сам собой закончился, пирожные — тоже, пора бы и честь знать, как говорится. Однако Волков, уже собравшийся поблагодарить хозяйку дома за гостеприимство, неожиданно для себя спросил:

— Скажите, Людмила Савельевна, вот вы знаете много историй о Москве...

— У меня скоро выйдет книга, — похвасталась Рижская. — Неужели я не говорила?

— Нет.

— Сборник статей об истории Москвы.

— Поздравляю, — расцвел в улыбке Очкарик. — Обещаю купить и прочитать.

— Ах, оставьте, я подарю вам экземпляр с автографом. Если бы вы знали, Федя, как тяжело далась мне эта книга... Столько нервов, столько труда... Я сверяла каждую букву...

— А среди этих историй есть магические? — спросил Волков.

Спросил, как в омут ухнул. Все, обратной дороги нет, слово произнесено. Причем слово для него совсем нехарактерное.

— Магические? — удивленно переспросила Рижская.

— Да. Магические, мистические? Такие, знаете, с чертовщинкой непонятной?

Людмила Савельевна приподняла брови:

— Почему вас это интересует?

Волков напустил на себя смущенный вид. Впрочем, сделать это было несложно.

— В расследовании, которое я сейчас веду, есть несколько весьма странных обстоятельств.

— Следы укуса на шее трупа?

«Нет. Вовремя сломанная видеокамера и убийца, который ЗНАЕТ все наперед...»

— Ни в коем случае! Никакого Голливуда, и практически все можно, при желании, объяснить, но...

— Велико желание списать непонятные эпизоды на магию?

— Да и желания нет, — покачал головой Очкарик. — Вы ведь меня знаете, Людмила Савельевна, я человек прагматичный. Просто, когда странных фактов накапливается слишком много, начинаешь выстраивать систему.

— Ищите рациональные объяснения, — посоветовала Рижская. — Магии в Москве нет и никогда не было. Вот Иерусалим, Лондон, Париж, Прага, Питер, в конце концов, там — да. Вы слышали о пражском големе?

— Э-э... немножко.

— А граф Сен-Жермен? А загадки ордена тамплиеров? — Глаза Людмилы Савельевны вспыхнули. Ей хотелось туда, на запад, в тайны мадридского двора и подземелья Парижа. В настоящую жизнь, полную исторических загадок. — Что может быть интересного в Москве?

— Чем же мы провинились? — хмыкнул Федор.

— Магия, мистика, эзотерические учения — они развиваются там, где есть пытливый ум и поиск, — наставительным тоном пояснила Рижская. — Где образованные люди ищут все возможные пути познания мира. Образованные! Философский склад ума и непременно образование. Вы чувствуете, как это не совпадает с российскими реалиями? Здесь, извините, даже аристократы были быдлом. Прощай, немытая Россия! Между прочим, сказал это русский поэт. Интеллектуальная пустыня с редкими оазисами, которые только подтверждают правило. Какая уж тут мистика? И не следует забывать о диктате православной церкви, которая веками подавляла людей, превращая их в стадо.

— Подавляла или оберегала?

— Массовые репрессии церкви...

— Вы говорите об инквизиции? — невинно осведомился Волков.

Рижская покачала головой:

— Если в официальной истории России не было инквизиции, это еще не значит, что не было убийств. Население России постоянно подвергалось репрессиям...

Людмила Савельевна затянула монолог, перебить ее было делом сложным, и к тому же продемонстрировало бы невоспитанность гостя. Заскучавший Очкарик тихонько барабанил пальцами по столу и с тоской думал, что следовало прощаться вовремя.

* * *

Людям нравится смотреть с высоты, нравится смотреть далеко, нравится видеть перспективу. Открытые просторы вдохновляют и молодежь, и стариков, заставляют дышать полной грудью, наполняют силой. Открытые просторы радуют глаз, тем более — глаз горожанина, обреченного коротать дни в лабиринте каменных стен. Именно поэтому места, с которых открывается вид на город, всегда привлекают внимание его обитателей. Становятся знаковыми, в чем-то даже сакральными и уж во всяком случае известными каждому жителю. Воробьевы горы, колокольня Ивана Великого, Останкинская башня, сталинские высотки и современные небоскребы — люди машинально отмечают подобные места, машинально пытаются представить, что именно можно разглядеть с их высоты: весь город или только его часть? Если часть, то какую? Будет ли виден мой дом? Место моей работы? Мой любимый парк?

Людям нравится перспектива. Ощущение простора, ощущение полета над с детства знакомыми улицами дарит надежду. Не какую-то конкретную надежду, а абстрактное понимание того, что ты способен на многое. А может быть — даже на все.

А если ты уже добился многого? Если ты уже способен почти на все?

В этом случае вид расстилающегося у ног города заставит тебя надуться от самодовольства, вызовет высокомерную ухмылку: «я — хозяин!» либо погрузит в неспешные размышления. Мягкие, спокойные и немного сентиментальные размышления ни о чем и обо всем сразу, отвлекающие от повседневных дел. Размышления человека, на мгновение прервавшего стремительный бег.

«И все-таки почему здесь столько храмов?»

Меньше, чем в Непале, но много, много больше, чем в любой европейской столице. Куда ни кинь взгляд, обязательно увидишь один или два купола, даже сейчас, после того как красный каток безжалостно прошелся по старой Москве. Что осталось от знаменитых сорока сороков церквей? Единицы, единички... а куда ни бросишь взгляд, увидишь купол или два.

«Почему здесь столько храмов?»

Потому что Третий Рим? Тогда почему не построили сорок сороков Колизеев?

Потому что боялись Господа больше других? Судя по тому, как себя вели, — нет. Жили, как все остальные: и воевали, и бунтовали, и преступники были, и праведники, и обманывали, и совершали подвиги. Все было.

И вопрос этот был. Он задавал его и сто, и двести лет назад, и еще раньше. Он говорил с теми, кто строил очередную церковь, вторую или третью на улице, он спрашивал — зачем? И наталкивался на непонимающие взгляды: как это зачем? Они словно на разных языках говорили: зачем вам еще один храм? А что же нам, публичные дома строить? Он не унимался, но все его усилия пропадали даром. Он не мог понять, они не могли объяснить.

Вера — это слишком сложно. Вера — это не купола и кресты, вера — внутри. И именно то, что внутри, заставляет поднимать к небу купола и наполнять просторы колокольным звоном.

Вера — это слишком сложно. Ты можешь быть великим ученым, гением цифр или сил, познать законы материального мира, но спасуешь перед неграмотным крестьянином. Потому что ты стремишься знать, а он — чувствует. Ты считаешь его дикарем и религиозным фанатиком, а он смотрит на тебя, как на бездушную деревянную марионетку.

И ты, умный, знающий, проникший в суть вещей, неспособен найти ответ на простой вопрос:

«Почему здесь столько храмов?»

Колесо обозрения, построенное на ВДНХ, недолго носило титул самого большого в Европе, аккурат к миллениуму вредные англичане воздвигли свой аттракцион, уязвив гордость московского градоначальника. Ходили, правда, слухи, что Церетели предлагал переплюнуть жителей туманного Альбиона, изваять колесо обозрения в бронзе, а вместо спиц приделать Петра Первого в позе леонардовского анатома. Но денег, как обычно, не хватило, получился лишь Петр, странно смахивающий на Христофора Колумба, которого и воткнули на стрелке Москвы-реки, задницей к Кремлю. Колесо же осталось прежним, хоть и потерявшим в европейском статусе, но все равно симпатичным. Недотягивающим даже до пояса Останкинской башне, зато общедоступным, и многие москвичи не отказывали себе в удовольствии прокатиться на нем, чего уж говорить о гостях?

Гончар приехал к колесу минут за пятнадцать до назначенного срока. Купил билет на один оборот, а подойдя к контролеру, извлек из кармана пару заграничных бумажек крупного достоинства и сообщил:

— Я не знаю, сколько времени проведу на аттракционе.

— Любите кататься? — Контролер ловко выхватил купюры.

— Я встречаюсь с женщиной, которая подъедет чуть позже, — объяснил Гончар. — Нам надо поговорить. Надеюсь, нас не будут беспокоить?

— Ни в коем случае.

Контролер наверняка рассказал коллегам о требовании посетителя, возможно, они даже посмеялись над странным мужиком, назначающим свидание на колесе обозрения, возможно, сострили по поводу «детства», в которое впадают некоторые... и были до крайности изумлены, увидев, кто приехал на встречу.

Минут через двадцать после того, как Гончар занял кабинку и принялся путешествовать по кругу, возле колеса остановился черный «Мерседес». Вылезший из него детина — аккуратно подстриженный, в хорошем костюме, белой рубашке и галстуке — неспешно подошел к контролеру и сообщил:

— Нас ждут.

Работник обозрения кивнул: он понял, о ком идет речь, и указал на приближающуюся кабинку:

— Здесь.

Детина вернулся к машине, распахнул заднюю дверцу и подал руку старушке в глухом сером платье дореволюционного покроя.

«Кино, что ли, снимают?» — промелькнуло в голове контролера.

Тем временем кабинка добралась до места посадки, старушка с помощью детины забралась в нее, уселась в кресло и что-то негромко сказала. Сопровождающий кивнул, тоже вошел в кабинку и локтем выбил изнутри одно из стекол.

Звон разбитого стекла заставил контролера опомниться. Кабинка медленно поднималась, оставшийся внизу детина провожал ее взглядом, а возле «Мерседеса» прогуливался еще один здоровяк, слегка увеличенная копия первого. Именно появление второго телохранителя убедило работника обозрения: милицию лучше не вызывать — мало ли как все обернется? Вместо этого он подошел к скучающему у кабинок детине и осведомился:

— А стекло, извините, зачем кокнули?

— Хозяйка любит курить, — невозмутимо ответил здоровяк и протянул контролеру несколько купюр. — Это за беспокойство.

Бабушка Осень разместилась в кабинке весьма удачно: дым трубочного табака, ароматный и легкий, в закрытом пространстве способен выдавить слезу из любого глаза, а сейчас он уходил в разбитое окно, оставляя собеседникам лишь терпкий аромат. Старушка, насколько помнил Гончар, не являлась приверженкой какого-то одного сорта табака, но отдавала предпочтение голландским маркам, насыщенным и приятным.

«Интересно, а что она курила до того, как голландцы занялись табаком?»

Гончар никак не мог выйти из состояния неспешных размышлений, в которое погрузился, путешествуя по кругу московского колеса. Никак не мог настроиться на деловой лад, и вместо конкретных вопросов, на которых следовало заострить внимание, в голову лезли неподходящие мысли:

«И почему она не может одеваться как все? Зачем привлекать к себе внимание?»

— Я слишком стара, чтобы идти на поводу у общества, — произнесла старуха. — В этих же одеждах мне комфортно и внешне и внутренне.

— А мне удобнее не выделяться, — брякнул Гончар.

— В самом деле?

Ироничный тон Бабушки Осень заставил мужчину встряхнуться.

«Мерзавка слишком хорошо меня знает!»

— Я не люблю привлекать к себе излишнее внимание, — объяснил Гончар.

— До тех пор, пока тебе это не нужно.

— Я действительно не люблю выделяться!

«Черт! О чем мы говорим?!» Намеченный план разговора летел в тартарары.

— Внешне. Но ведь тебе приятно ощущать свое превосходство?

— Ты веришь в равноправие?

— Я верю во взаимоуважение.

— Разве мы говорили не об одежде?

— Мы говорили о том, что ты пролил кровь, — резко бросила старуха и выдохнула дым Гончару в лицо.

Кто еще мог позволить себе подобное? Гончар, во всяком случае, таковых не знал. Точнее, встречал изредка, но не забывал вправлять глупцам мозги. А вот хамство Бабушки Осень приходилось терпеть. Проклятая долгожительница подмяла под себя всю Москву, да что там Москву — все российские искусники ее слушаются! Оскорбишь старушку, и ее отмороженные vnuchata, не задумываясь, набросятся на Гончара.

На Гончара!

«Чем же эта стерва их взяла?»

— Мы не убивали Беспалого, — хмуро ответил мужчина, вглядываясь в шпиль Останкинской башни. — Он сам выбрал путь.

— Если бы не ваше преследование, Гриша был бы жив.

— Уверена?

— Нет, — поколебавшись, ответила старуха. — Но знаю, что в спокойной обстановке Гриша трижды подумал бы, прежде чем отправиться в ванную.

— А раз не уверена, не смей меня обвинять! — Гончар тоже умел быть грубым. — Мы хотели только поговорить с Беспалым.

— А ты уверен?

— Да.

Бабушка Осень ядовито улыбнулась, но дым, после некоторого размышления, выдохнула в окно, затуманив московский пейзаж эфемерными остатками голландского табака.

«Она курит, как склонная к суициду лошадь, а зубы остались белыми! Почему?»

Причем свои зубы, а не фарфоровая подделка — в этом мужчина не сомневался.

— Беспалый не был москвичом, вы не гарантировали его защиту, мы его не убивали, — продолжил Гончар. — Тебе не в чем меня упрекнуть.

— Ты не относишься к числу тех, кого я стану упрекать, — ровно произнесла старуха. — Если ты отступишь от договора, я тебя ударю.

— Знаю, — спокойно ответил Гончар. — Это все?

— Нам не понравилось, что пролилась кровь искусника. Старшие внуки понимают, что уговор есть уговор, они вмешиваться не станут. А вот среди молодых могут найтись горячие головы, которые не послушаются даже меня. Или не смогут сдержаться, встретив тебя или твоих слуг. Я позвала тебя, чтобы сказать: это не будет провокацией с моей стороны, но если вы выйдете за рамки дозволенного, я буду крайне недовольна.

— Это угроза?

— Нет, угроза будет сейчас. — Бабушка Осень пососала трубку. — Я решила изменить договор. Теперь у тебя есть два дня, начиная с этого момента. За это время ты должен успеть завершить свои дела. Не успеешь — не обессудь.

Неприятно, очень неприятно. Гончар чувствовал, что вот-вот выйдет на след противника, что двух дней ему вполне хватит, но он не любил работать в цейтноте.

— Мне не нравится, что ты изменила договор.

— Ты пролил кровь, Гончар, искусники меня поймут.

А вот как понять тебя, старая ты перечница? С одной стороны, лицемерное «мы не хотим крови», с другой — жесткие временные рамки, что предполагает более активные шаги, а значит, большую вероятность крови.

«Хочешь меня подставить?»

А ведь похоже! Бабушка Осень понимала, что Беспалому не жить, но разрешила Гончару охоту в Москве, заманила обещанием нейтралитета и воспользовалась первым же поводом, чтобы ужесточить условия договора.

«Они будут тебя провоцировать, но по своей воле. А я их прикрою!»

И ведь не подкопаешься!

— Теперь, когда ты услышал угрозу, я могу дать тебе совет — убирайся отсюда, Гончар, тебе здесь не рады.

Однако отступить он не мог.

— Я сам решу, когда мне уехать, — хмуро ответил мужчина, давая понять, что принял слова старухи к сведению, но делать будет так, как решил. Если потребуется задержаться в Москве дольше двух дней — задержится, если потребуется дать по мозгам vnuchatam — даст.

В кабинке детского аттракциона путешествовали два ОЧЕНЬ старых человека, которые давным-давно перестали бояться крови.

* * *

Ехать до квартиры Карпова оказалось не очень далеко, нумизмат обитал неподалеку от Арбата, в старом, но качественно отреставрированном доме с кованой оградой вокруг и внимательной охраной. При первом взгляде на четырехэтажное малоквартирное здание образы его жильцов проявлялись очень отчетливо: нефтяные, газовые и металлургические тузы, сделавшие состояние на сибирских недрах, финансовые магнаты, промышленные короли... Волков, предвкушавший встречу со скромным собирателем, не интересующимся ничем, кроме любимых монеток, был несколько озадачен. В его представлении Карпов мог обитать в старом доме, но, скорее всего, в сталинском, а не дореволюционном и, разумеется, не таком шикарном. Аккуратно подстриженный газон, елки в кадках, охранники в будке, шлагбаум, видеокамеры, консьерж с кобурой на поясе, дорогие авто во дворе...

Коллекционер, говорите? Не из новых ли? Не из тех, кто, разбогатев на продаже шустрым фольксдойче платиновых чушек, скупал собрания в провинциальных музеях? Встречаться с подобным «экспертом» Федору не хотелось. Хотя... главное — это информация, и если купец действительно разбирается в нумизматике, то можно заставить себя не думать о том, откуда у него коллекция.

Охранник, увидев номер машины, поднял шлагбаум — проезжай, едва Очкарик вышел из автомобиля, рядом вырос «консьерж», отличающийся от будочного служителя униформой, но отнюдь не выправкой.

— Господин Карпов предупредил, что не знает вас в лицо. Позвольте взглянуть на документы?

Волков продемонстрировал удостоверение, отметил, что «консьерж» не тупо изучил корочки, а профессиональным взглядом пробежался по ключевым точкам, на которых спотыкаются изготовители фальшивок.

— Все в порядке, извините за беспокойство.

— Ничего страшного.

«Консьерж» проводил Федора до подъезда и указал на лестницу:

— Второй этаж.

Сам не пошел. Зачем? Все пролеты, лестничные площадки и коридоры здания просматривались видеокамерами. Все окна — глухие, с датчиками сигнализации. Тем не менее дверь в квартиру Карпова оказалась хоть и красивой, но все равно металлической, надежной. Береженого бог бережет.

Звонить или стучать не пришлось, предупрежденный охраной хозяин распахнул дверь, едва Очкарик оказался на площадке.

— Волков?

Это был еще один сюрприз. Федор почему-то решил, что нумизмат окажется седым сутулым старичком, а перед ним стоял молодой, лет тридцати, не более, мужчина, с редкими светлыми волосами и большими, как говорится — кукольными, голубыми глазами. Ясными, словно у младенца. Из одежды — футболка и шорты, по нынешней жаре самое оно, даже если в каждой комнате стоит кондиционер.

— Александр Григорьевич? — неуверенно спросил Очкарик, протягивая руку.

— Александр Александрович, можно Сан Саныч, можно просто Саша, — весело отозвался мужчина. Пожатие у него было крепкое, а на некоторых пальцах, как отметил Федор, — мозоли. — Отец со всем нашим семейством на даче, я тут один хозяйничаю. Проходи. — И повернулся к гостю спиной. — Дверь захлопни.

То ли по жизни такой доверчивый, то ли рекомендация Рижской сыграла свою роль.

— Пиво будешь? — Карпов легко и непринужденно перешел на «ты». Волков не возражал. — Холодное.

— Охотно.

— Сейчас принесу.

И исчез в недрах квартиры. А вот Федор застрял.

Монеты.

Монеты.

Монеты.

Большой холл, в который гости попадали из прихожей, напоминал нумизматический музей. Монеты на стендах, монеты на стенах. Монеты золотые, серебряные и медные. С королями, кораблями и зверями. С цифрами и иероглифами. Идеально круглые и неправильной формы, квадратные и многогранные, любые.

Монеты.

— Красиво, да? — Вернувшийся хозяин сунул в руку обалдевшему Очкарику запотевшую бутылку пива. — Здесь у нас так, для затравки — девятнадцатый век. Основные редкости в главном зале.

— Девятнадцатый?

«Только девятнадцатый?»

— Ага, — подтвердил Карпов, глотнул пивка и принялся махать руками по сторонам: — Здесь Европа и Россия, здесь Америка, здесь Азия и Африка. Ассигнациями мы не занимаемся, не бонисты, слава богу, поэтому и решили загнать в прихожую эту попсу. Девятнадцатый для нумизматики не самый интересный век.

«Не самый... Как же!»

Волков приблизился к одному стенду, к другому. Вернулся к первому.

— Пойдем, покажу парадную часть, — предложил Сан Саныч. — Там действительно есть на что посмотреть.

И увлек гостя в главный зал.

Каждый из нас знает, что существуют собиратели монет, марок, спичечных этикеток, бабочек... да собиратели чего угодно. Каждый из нас хоть раз в жизни начинал собирать свою коллекцию чего-то. Некоторые увлекались, некоторые бросали. Те, кто бросил, начинали считать собирателей безобидными сумасшедшими, милыми юродивыми, неспособными выбраться из детских штанишек. Мол, «знаем, знаем, сами баловались...». Но когда перед тобой раскрывается великолепная, поколениями собираемая коллекция, когда ты очарован и поражен ее масштабом, тогда в глубине души раздается вздох сожаления: «Эх, а ведь и я мог бы...» Только тогда ты понимаешь, чего лишился.

Мог.

Но не стал.

— Обрати внимание! — Сан Саныч указал Волкову на одну из монет. — Тоже девятнадцатый век, но прячется здесь, среди жемчужин. Знаешь почему? — И тут же, не дожидаясь ответа: — Это «Константиновский рубль»!

Федор вгляделся в «жемчужину», на которой был отчеканен мужчина с короткими вьющимися волосами, бакенбардами и маленьким носом.

— Почему «Константиновский»?

— Потому что отчеканен в эпоху царствования божьей милостью Константина Первого, императора и самодержца Всероссийского. Видишь, надпись? «Б.М. КОНСТАНТИНЪ I ИМП. И САМ. ВСЕРОСС.»

— Константин Первый? — уточнил сбитый с толку Очкарик.

В истории Волков не был силен, однако твердо помнил, что в девятнадцатом веке Константины на российском престоле отсутствовали.

— Интересно, да? — Карпов расхохотался. — Ладно, не буду тебя мучить. Не было у нас такого императора, не было. Константин отрекся в пользу брата, будущего Николая Первого, но отрекся тайно, бумаги были вскрыты только после смерти Александра Первого, а на Монетном дворе уже начали готовиться к новому царствованию. Когда поняли, что ошиблись, тираж уничтожили, но пять штук сохранилось, и одна из них — перед тобой.

— Жемчужина?

— Еще какая! А вот здесь...

Карпов явно мог бы рассказывать о раритетах часами, но Волков уже пришел в себя. Опомнился. Поставил на столик бутылку пива, которую до сих пор держал в руке, но... Но и переходить к делу не захотел. Почувствовал сыщик, что нельзя строить разговор с нумизматом излишне прямо. Хоть и маленький у него вопрос, хоть и не займет он у такого эксперта, как Сан Саныч, много времени, а нельзя. Почему нельзя, Федор не понимал, но к ощущениям своим привык прислушиваться. А потому...

— Когда Людмила Савельевна сказала, что у вас большая коллекция, я думал, что у вас просто *большая* коллекция, — честно произнес Очкарик. — Но вашему собранию многие музеи позавидуют.

— Почти все завидуют, — улыбнулся Сан Саныч. — В мире есть только три коллекции лучше нашей. И пять подобных.

— Сколько же времени потребовалось, чтобы собрать такое богатство?

— Много, — не стал скрывать Карпов. — Много поколений. Отец, дед, прадед, прапрадед...

— То есть века с девятнадцатого?

— С конца восемнадцатого, если быть точным. Начало положил мелкопоместный дворянин Александр Григорьевич Карпов, кстати, мальчиков в нашей семье принято называть или Александрами, или Григориями.

— Но не чередуя.

Волков хотел пошутить, но понял, что брякнул не то: на лицо Карпова набежала тень.

— Я младший сын, — коротко ответил нумизмат. — Мой старший брат, он... он утонул.

— Извини.

— Это было давно. — Глоток пива, короткая пауза, и к Сан Санычу вернулось веселое настроение. — Так что у нас не только богатая коллекция, но и с хорошей родословной. Честная.

Таких, честных, осталось мало, можно сказать — совсем не осталось. Слишком много потрясений пришлось пережить России в двадцатом веке. Мировая война, революция, новые хозяева жизни: голодные, жадные, жестокие, дорвавшиеся до власти и жаждущие богатства, еще одна война... Пару лет назад Волков видел чудесное собрание картин, возникшее благодаря тому, что дедушка коллекционера заведовал продуктовым складом в блокадном Ленинграде. Рассказанная Сан Санычем история стала последней каплей: Федор понял, что не сможет не уважать семейство Карповых.

— Как же вам удалось сохранить коллекцию?

— Мы ведь занимаемся деньгами, а это накладывает отпечаток. — Саша выразительно подмигнул Очкарику. — Умеем договариваться.

— Банкиры тоже занимаются деньгами, — усмехнулся Волков, — а договориться с грабителями не могут.

— Тут вопрос: что за банкир? У одного деньги вертятся, как мельничные жернова, проценты растут, клиенты жиреют, а у другого — то мошенничество какое, то ограбление.

— В чем разница?

— В отношении к делу. То, что служило моему предку забавой, постепенно превратилось в смысл жизни нашей семьи. Хобби стало главным занятием, но ведь это совсем не плохо, согласись? Ты, к примеру, можешь похвастаться тем, что хобби превратилось в работу, и ты получаешь настоящее удовольствие от того, чем занимаешься? А не отрабатываешь зарплату?

— Могу.

Карпов несколько мгновений не сводил с Федора взгляд, затем чуть заметно кивнул и произнес:

— Тебе повезло.

— Я знаю.

— В таком случае ты понимаешь, о чем я говорю. Мы сохранили коллекцию, потому что видим в ней смысл жизни, видим наше предназначение. Мы можем быть только вместе — она и мы. Поодиночке не выжить. Присаживайся.

Мужчины расположились в креслах.

— Дед рассказывал, что в тридцатые годы к нам частенько захаживал один серьезный революционный товарищ, Дмитрий Моисеевич Габельман. Член ЦК, между прочим, и большой любитель нумизматики. Коллекция у него была великолепная. — Карпов смотрел прямо на Очкарика и улыбался. Но не так весело, как обычно. И не грустно, как при упоминании о брате. Холодно улыбался. — Дмитрий Моисеевич составил ее из двух собраний: врача Анатолия Васильевича Бехтерева и графа Сомова. С графом, как ты понимаешь, все получилось просто — его расстреляли во дворе собственного дома. А Бехтерев коллекцией купил себе жизнь. Габельман его отпустил.

— Честный человек, — пробормотал Федор.

— И не говори, — согласился Карпов. — Правда, во время торга Дмитрий Моисеевич забыл предупредить Бехтерева, что отпускает только его, а жену и сына оставляет. Их расстреляла ЧК. Узнав об этом, Анатолий Васильевич покончил с собой.

— Грустная история.

— Да уж, не веселая.

— Как же твоему деду удалось спастись от последствий знакомства с таким человеком?

— Во время смуты дед с прадедом вывезли коллекцию из Москвы и долго прятались где-то на Смоленщине. Габельман, не прекращая заниматься революцией, старательно искал их, но найти не смог...

— То есть он знал о вашей коллекции?

— Конечно, знал. Дмитрий Моисеевич увлекался нумизматикой с детства и был прекрасно осведомлен обо всех российских коллекционерах. Революция помогла ему использовать эти знания на практике.

— Тогда зачем ваши предки вернулись в Москву?

— Потому, что мы местные. — Карпов пожал плечами, снова улыбнулся. Он, похоже, обожал улыбаться, этот парень с кукольными глазами. Произнес весело: — Ма-асковские мы, куда же было возвращаться?

Действительно: куда?

— Дед и прадед старались вести себя тихо, но через некоторое время Габельману все же удалось их разыскать. — Сан Саныч глотнул пива. — Он был упорный товарищ... К счастью, времена изменились, романтическая вольница первых лет революции осталась позади, и Дмитрий Моисеевич не мог просто отобрать у нас коллекцию, а нанимать уголовников побаивался. Габельман, знаете ли, не был особенно храбр. Он попытался договориться с прадедом, но получил отказ.

— В те времена у членов ЦК были очень большие возможности, — заметил Федор.

— Были, — согласился Карпов. — Вот только самих членов ЦК оказалось слишком много, и они занялись выяснением, кто из них более предан революции, а кто менее. Товарищ Габельман весьма кстати оказался английским шпионом. Не знаю, как он сумел завербоваться, но это было очень мило с его стороны. Дмитрия Моисеевича расстреляли, и мы наконец-то вздохнули спокойно, ибо среди оставшихся членов ЦК нумизматов не наблюдалось.

Легкая хитринка, промелькнувшая в голосе Сан Саныча, позволила Очкарику предположить, что скромные нумизматы приложили-таки руку к избавлению от недружелюбного знакомца.

— Коллекцию Габельмана передали в Исторический музей, а лет десять назад, после того как товарища Габельмана и еще большую группу друзей русского народа посмертно реабилитировали, наследники Дмитрия Моисеевича подали в суд... — Карпов тихонько рассмеялся: не зло, не грустно, с иронией. — Просят вернуть коллекцию, отобранную злым НКВД у жертвы репрессий. Восстановить, так сказать, историческую справедливость.

— А что наследники Бехтерева или Сомова?

— Их нет, — просто ответил Сан Саныч. — Во время революции будущие «жертвы репрессий» не щадили ни женщин, ни детей. Романтические были времена...

Он допил пиво, привычно быстрым взглядом оглядел выставленные в большом зале монеты — так полководец машинально отмечает вытянувшихся во фрунт солдат — и поднялся:

— Может, пройдем в синий зал? Там у нас шестнадцатый век: дублоны, пиастры и прочие пираты. Всем очень нравится.

«Интересно, каково это — жить в музее?»

— Пойдем, — согласился Волков.

Однако до «прочих пиратов» они не дошли. В следующем холле, который им пришлось миновать, Федор обратил внимание на ведущую вниз лестницу.

— А мне казалось, что первый этаж дома нежилой.

— Там мастерская, — махнул рукой Карпов. — Еще одно наше увлечение.

— Что мастерите?

— Работаем по металлу.

Очкарик вспомнил мозоли на руках Сан Саныча — такие метки не заработаешь открыванием пива — и почувствовал, что напал на след: «работаем по металлу»?

Смущали Федора лишь спокойствие и откровенность Карпова. Хозяин квартиры держался так, словно не чувствовал за собой никакой вины.

«Да, работаем по металлу, ну и что?»

— Можно посмотреть?

— Изволь.

Мужчины спустились вниз, однако первым делом Волков увидел не станки и рабочие столы, а очередное монетохранилище.

— Здесь у нас современность, — сообщил Сан Саныч. — Вторая половина двадцатого века и нынешние времена. Особой ценности пока не имеет, но мы собираем.

— Вы все собираете?

— Да, — серьезно подтвердил Карпов. — Каждый появляющийся на земле образец рано или поздно попадает в нашу коллекцию. Сейчас стало проще, мы имеем прямые взаимоотношения со многими банками. Современные коммуникации — великая вещь.

«Но откуда у вас деньги, ребята? Откуда у вас ТАКИЕ деньги? Уж не из скромной ли мастерской?»

— А вот здесь наш цех.

Фрезерный станок, сверлильный станок, шлифовальный, ручные машинки... Компьютер. На столах, с прожженными кислотой столешницами — блестящие инструменты, аккуратно разложенные по ящичкам, тиски, металлические заготовки, автоклав или что там такое? Откуда-то из памяти всплыло: муфельная печь. Видел, что ли, раньше? На полках банки с жидкостями. Увеличительные стекла, большие, на штативах. Тут же лежат маленькие, но мощные лупы, которые надевают на глаза. И еще эскизы на стенах: профили, гербы, геральдические животные, шрифты...

— Некоторые монеты приходится реставрировать, — безмятежно пояснил Карпов.

— А изготавливать?

— Что? — Холодильник в мастерской тоже присутствовал, и именно из-за него Сан Саныч не расслышал вопрос: он как раз открывал дверцу и доставал себе бутылочку пива.

— Можно ли изготовить монету в домашних условиях?

— Можно, — кивнул нумизмат. — Для этого нужна подобная мастерская и определенный навык.

— И все?

— И желание, разумеется. — Карпов глотнул пива.

— Все так просто?

— Суди сам... — Сан Саныч взял со стола металлический кругляш и бросил его Очкарику. — Для начала делаем пресс-форму, матрицу. Берем сырую сталь, шлифуем, намечаем радиус и делаем посадку, вырезаем углубление. Затем вручную выводим фон, до идеала, Федор, до идеала! Затем наносим лак, на него — рисунок и начинаем работать штихелями. Вырезаем.

Нумизмат продемонстрировал Волкову инструмент.

«Так вот откуда у него мозоли. И ожоги на руке. Штихеля и кислота».

Карпов умел делать монеты. Умел. Он не подчеркивал это, но и не скрывал.

«Неужели повезло? Неужели Людмила Савельевна Рижская небрежным взмахом руки отправила меня по нужному адресу? Если так, то я отведу ее в кондитерскую и позволю съесть столько пирожных, сколько влезет!»

Но что общего может быть у знаменитого нумизмата с наемным убийцей? Что? Трудно ведь предположить, что в свободное от основной работы время Оружейник приторговывает подделками. Да и не станет Сан Саныч делать на продажу заведомые фальшивки. Уж он-то прекрасно знает, как состарить металл, как не ошибиться с точностью изображения, он любую монету на ощупь различит. Значит...

Значит, нет ничего общего?

Кроме одного: мы говорим об ОДНОМ ИЗ ЛУЧШИХ В МИРЕ нумизмате и об ОДНОМ ИЗ ЛУЧШИХ В МИРЕ убийце. Не мастера — гения в своем деле. Потянет ли это на связь?

Федор хлопнул себя по лбу:

— Саша, я совершенно потерял счет времени!

— Торопишься?

— Тебя отвлекаю.

— У нас не так часто бывают новые люди, — улыбнулся Карпов. — Тем более готовые слушать старого болтуна.

Да уж, любой коллекционер — фанатик своего дела, готовый говорить об увлечении до бесконечности. Все они старые болтуны, и не важно, сколько коллекционеру лет.

— Рижская сказала, что тебе нужна консультация.

— Вот. — Волков достал из кармана мешочек и высыпал на стол монеты.

Но еще до того, как металлические кругляши легли на столешницу, Очкарик понял, что пришел по адресу: Сан Саныч узнал мешочек.

УЗНАЛ.

«В яблочко!»

«Теперь не ошибиться!»

И небрежно поинтересовался:

— Что скажешь?

Карпов, надо отдать должное, пришел в себя очень быстро. Можно сказать — молниеносно. Ткнул пальцем в одну из монет:

— Серебряная полуполтина Алексея Михайловича. Пятикопеечник восемнадцатого века...

Но при этом обходил взглядом те монеты, которые вызвали недоумение и у Волкова, и у Рижской. Словно не замечал новоделы.

— Что скажешь об этой?

Короткая пауза.

— Это очень редкая монета, — натянуто улыбнулся Сан Саныч, не спуская глаз с парусника.

— Какой страны?

Карпов побарабанил пальцами по столешнице. Посмотрел Волкову в глаза. Посмотрел, как человек, пребывающий в некоторой затруднительной, но отнюдь не трагической ситуации. Не было во взгляде Сан Саныча страха, лишь непонимание происходящего. И в этот момент Федор понял, что версия с производством подделок — чушь собачья. Где-где, а в этой квартире гнезда фальшивомонетчиков нет.

Здесь прячется нечто более значимое.

— Откуда у тебя это собрание? — негромко спросил Карпов.

Ответ у Очкарика родился мгновенно. По наитию.

— От Оружейника.

Нумизмат спокойно качнул головой:

— Он его продал?

— Оставил.

В сущности, это было правдой.

— К чему тогда Рижская?

— Оружейник ничего не рассказал, оставил коллекцию — и все, — пожал плечами Волков. Это называется кураж. Он поймал главную идею разговора, и теперь нужные слова слетали с губ сами по себе. — Сказал, что ты все расскажешь. Но род моей деятельности предполагает некоторую осторожность. Да и не мог я прийти просто так, постарался собрать предварительную информацию. Надеюсь, без обид?

— Без обид, — махнул рукой Сан Саныч и тут же поинтересовался: — Для чего ты разучился ползать?

«Это пароль! Или условный знак. Или фраза, известная всем им и которую Оружейник не мог не сказать мне. Проверка...»

Надо отвечать как можно быстрее. А что отвечать?

«Ползать...» Ребенок. Младенец. Поднимается на ноги... Он разучился? Нет, он просто пошел дальше. Разучился. Ключевое слово! Многие ползают всю жизнь, пресмыкаются, унижаются. Не только под давлением обстоятельств, иногда добровольно. Ползать умеют все, ты разучился. Для чего? Быстро!

— Чтобы подняться на вершину.

«Угадал!»

Нумизмат успокоился.

— Сначала на ноги, потом на вершину.

— На собственных ногах, — неожиданно для себя добавил Волков.

И снова в точку.

— Да, на собственных, — согласился Сан Саныч. — Как тебя зовут?

Федор понял, что имеет в виду Карпов: назови свой псевдоним. Как Оружейник. Что сказать?

— Очкарик.

Карпов поджал губы:

— Не хочешь говорить — не надо. Я скрывать не собираюсь. — И протянул руку: — Чеканщик.

— Очень приятно.

— Может быть, — усмехнулся Карпов и глотнул пива. К нему вновь вернулось спокойствие: — Что именно ты хочешь узнать?

«Не ошибись! Не ошибись!!»

— Оружейник поделился со мной частью коллекции, но вдаваться в подробности не стал. Сказал, что ты расскажешь больше и... предложишь, чем дополнить мое маленькое собрание.

Сан Саныч кивнул с таким видом, словно ожидал именно эту просьбу.

— Гончар знает?

Очередная заметка: Гончар. Он может приказывать Оружейнику.

— Вероятно, Оружейник его предупредил. Но лично

мы не разговаривали. — Волков помолчал. — Тебя это смущает?

·Провокация была несложной, примитивной, но нумизмат, получивший легкий удар по самолюбию, повелся.

— Гончар не имеет надо мной власти! — Перебрал монетки. — Итак, слушай, повторять не стану. Серебряная полуполтина поможет тебе от сглаза. Ну, знаешь, есть такие люди, с которыми, например, лучше не встречаться перед дальней дорогой? Наверняка знаешь. Так вот, носи полуполтину с собой и можешь трепаться перед путешествием с кем угодно, все пройдет удачно. К тому же монета вечная, не расходуется. Парусник гарантирует, что ты не утонешь...

— Подожди, — оборвал Чеканщика Федор. — Что значит «поможет»? Что гарантирует?

— Оружейник вообще ничего не объяснил?

— Я же говорю: в самых общих чертах.

— ОК, — недовольно пробурчал Карпов и открыл себе еще одну бутылку пива. — В чем смысл денег, Очкарик?

— Универсальное платежное средство.

Волков вспомнил классическую историю о злоключениях английского купца в Африке. Ему была нужна лодка, но владелец не прельстился предложенными товарами, потребовав плоды, которые можно было взять только в другой деревне. Владельцу плодов был необходим буйвол, владельцу буйвола... Одним словом, чтобы получить лодку, англичанину пришлось объехать четыре деревни. Прелести натурального хозяйства.

— Все правильно: универсальное средство. Но при этом деньги несут в себе глубокий смысл: чтобы что-то получить, нужно что-то отдать.

«Боже, как ново!»

— Деньгами можно платить не только за товары и услуги. Точнее, платить можно не только за привычные нам товары и услуги. Просто нужно знать, когда, сколько и кому предложить. Именно это я имел в виду, когда говорил, что моя семья слишком долго работает с деньгами. Мы познали их суть, разобрались в ней и умеем находить монеты или делать их практически на все случаи жизни.

— На какие?

— Я же говорил. — Карпов вновь указал на парусник. — Вот эта монета гарантирует, что ты не утонешь, даже если бы заснул в трюме «Титаника». Я сам ее делал.

— Ты?

— Да.

— Ты просто чеканишь монету и она имеет такую силу?

— Просто ничего не бывает, — нравоучительно заметил Сан Саныч. — Каждая монета имеет свою цену, свои возможности, бывает, что одной-единственной копейки достаточно для излечения от чумы. Но, как правило, для получения результата приходится сплавлять несколько монет. Например, есть пятак, который повышает удачу, есть дублон, позволяющий метко стрелять, сплавив их и сделав новую монету с новыми символами, я получу средство, которым можно расплатиться за пожизненное умение без промаха бить в цель.

— Так просто?

— Еще раз: ничего нет простого. Ты действительно думаешь, что приносящие удачу пятаки валяются на каждом шагу? Найти такую монету невероятно сложно, поэтому амулеты получаются редко. К тому же нужно вычислить правильную надпись, подобрать верный символ... Чаще получается обычное платежное средство: заплатил и попал в цель. — Чеканщик поднялся с кресла и распахнул шкафчик: — Смотри.

Опять монеты. Опять монеты под стеклом, но теперь Федор видел самое главное сокровище коллекционера. Новоделы. Амулеты и платежные средства. Деньги на все случаи жизни.

— А это?

На отдельной полочке лежала увесистая монета: золото с чернью. Рисунок отчетливый, но очень мелкий, издалека сливается.

— Это весьма специфическое... гм... платежное средство, — произнес Чеканщик. — Специальный заказ строго для конкретного человека. Такую монету получают всего один раз в жизни.

— Можно посмотреть? — И не дожидаясь ответа, Очкарик взял заинтересовавшую его монету в руку. Но и вблизи разглядеть вырезанное на металле изображение не получилось. Черное и золотое мягко переходило одно в другое, порождая комбинацию образов: вот скачущий всадник, вот летящая птица, вот череп, вот какие-то цифры. — Интересный рисунок... арабская вязь?

Карпов молчал. Волков поднял взгляд.

«Ого!»

Сказать, что Сан Саныч выглядел удивленным, значит не сказать ничего. Перед Федором стоял человек, пораженный молнией.

— Что случилось?

— Никто, кроме хозяина, не способен взять эту монету после того, как работа над нею закончена, — тихо ответил Чеканщик.

— Хочешь сказать, что сделал ее для меня?

— Нет, для другого. — Карпов никак не мог прийти в себя. — Неужели я ошибся?

Волков посмотрел на впитавшую тепло его тела монету и вдруг понял, что не отдаст ее. Что она — его. Что незримая нить связывает его с этим черно-золотым кругляшом.

— Почему она признала меня?

— Не знаю. Но... — Чеканщик покачал головой: — Но ты должен оставить ее себе.

Именно этого Федор и хотел.

— Она твоя.

— А тот человек?

— Я сделаю ему другую.

Очкарик положил монету в карман брюк. Посмотрел на Сан Саныча:

— Я что-то должен?

— За такие монеты я беру только услугу, — ответил Карпов.

— Какую услугу?

— Любую.

Федор понял, что Сан Саныч не шутит. Но все равно переспросил:

— Вообще любую?

— Абсолютно любую, — подтвердил Чеканщик. — Ты должен поклясться молоком, тебя вскормившим, кровью, которая в тебе течет, и временем, которое у тебя осталось, что выполнишь любую мою просьбу.

Звучало немного напыщенно, но... Но Очкарик почувствовал, что клятва будет настоящей. Что есть кто-то, кто присмотрит за ее выполнением. Превратит молоко в яд, кровь в воду и отберет время. Понял, что черная с золотом монета обладает силой, наличие которой в Москве не признавала Рижская.

«Ты стал верить в мистику?»

Но монета обладала силой, в этом Федор не сомневался. И даже если он сходит с ума, если напыщенная клятва — всего лишь пустые слова, не следовало забывать об Оружейнике, которому Чеканщик мог пожаловаться в случае необходимости. А как спастись от Оружейника, не знает никто.

— Прежде чем я поклянусь, — буркнул Очкарик, — я хочу узнать, что можно купить за эту монету?

— А ты еще не догадался? — Сан Саныч широко распахнул кукольные глаза. — Ты что, тупой? В этом, что ли, твой талант?

— Ну... — смущенно протянул Федор. — Нельзя быть умным и красивым все семь дней в неделю. Надо делать перерывы.

Чеканщик расхохотался.

* * *

— Ты погляди, какая шикарная телка!

Гарик обернулся направо, куда указал приятель, и несколько мгновений изучал одну из посетительниц ресторана. Поглядеть и впрямь было на что. Высокая, прекрасно сложенная женщина в коротком черном платье привлекала взгляды мужчин. Смуглая кожа, гибкое тело, плавные движения... Женщина не отличалась красотой, но излучала аромат силы и сексуальности. Не самка, а тигрица с черными насмешливыми глазами, королева, которой надо соответствовать, а потому многие сидевшие в ресторане мужчины спешно отворачивались, признавая, что не справятся с этакой кошкой.

— Обалденная! — Славик облизнул губы. — Хочу!

— Хороша, — согласился Гарик и посмотрел на часы. — Но мы обещали в офис заехать. Договор...

— Плевать!

А ведь действительно — плевать! Какой, к чертовой матери, офис, если появилась столь соблазнительная цель? Тем более что работа в престижной компании, полученная благодаря родительским связям, никогда не стояла у друзей на первом месте. Зачем напрягаться? Славкин отец владеет известной ювелирной фирмой, одевает в брюлики едва ли не всю Рублевку. Родители Гарика рулят в каком-то федеральном агентстве, пилят бюджетные деньги на нужды семьи и друзей. Работать? Так и жизнь пройдет мимо!

Гарик еще раз посмотрел на тигрицу и понял, что тоже хочет с ней переспать. Сегодня же!

Но был один нюанс...

— А что делать с лысым?

Женщина в черном платье обедала не в одиночестве, она подсела к мужику невероятных размеров и мило ворковала с ним, не забывая, впрочем, бросать быстрые взгляды по сторонам.

— Мне с этим кабаном связываться неохота.

— Мне тоже, — кивнул Славик. — Будем надеяться, что у них деловая встреча, а не романтическое свидание.

Проказа старалась держаться как обычно, но Травник видел, что женщина слегка напряжена. Волнуется не сильно, но волнуется, привычное спокойствие ее оставило.

«И кажется, я знаю, в чем причина».

— Где Испанка?

— У нее дела, — хмуро ответил Травник.

— Неужели? — Проказа внимательно посмотрела на здоровяка и, несмотря на владеющее ею легкое беспокойство, не удержалась, рассмеялась: — Догадываюсь какие!

В смехе отчетливо прозвучали издевательские нотки, однако Травник остался невозмутим. Он вернулся к еде, насадил на вилку кусочек мяса и положил его в рот. Массивная челюсть пришла в движение. И хотя кушал Травник очень аккуратно, интеллигентно, Проказа все равно поморщилась. Вид жующих толстяков вызывает у некоторых людей отвращение.

И может быть, именно поэтому женщина решила развить неприятную для Травника тему?

— А что ты чувствуешь, когда Испанка уезжает к очередному любовнику? — поинтересовалась Проказа.

Здоровяк не ответил.

— Ревнуешь?

Тишина.

— Ты не расспрашиваешь Испанку о ее приключениях? Не выпытываешь подробности?

Травник неспешно доел жаркое, откинулся на спинку стула и безмятежно заметил:

— Насмехаясь над чужой слабостью, ты выставляешь напоказ собственную.

Проказа высокомерно усмехнулась:

— Намекаешь, что я не сильна? Глупо. Я...

— Ты полностью осознаешь свою ущербность, — холодно продолжил Травник. — Она сводит тебя с ума. И твое поведение — жалкая попытка забыться. Жалкая, потому что напрасная — от себя не убежишь.

Удар был силен, но Проказа его выдержала. Только улыбка из издевательской превратилась в злую.

— Может, я и бегу от себя, Травник, но мне, по крайней мере, есть чем забыться. Есть чем насладиться. Моя ущербность не мешает мне жить полной жизнью.

— А я себя ущербным не считаю, — ответил здоровяк. — Я такой, какой есть. Но тебе ли, Проказа, не знать, что от судьбы не уйдешь?

— Та-ак, ромашка у меня уже есть. Ромашка не нужна. А это что?

Мальчик раскрыл ботанический атлас и принялся искать латинское название сорванного цветка. Обязательно латинское — в своем гербарии он писал только на этом языке. Привычные ромашки, незабудки, колокольчики, фиалки обретали новые имена, загадочные и важные, красивые и величественные. И все они были выписаны на листах бумаги аккуратным почерком.

— Viola arvensis Murr. Gaud.

Ребенок положил цветок рядом с собой и принялся заполнять очередной лист гербария.

Странное занятие для двенадцатилетнего мальчиш-

ки? Странное. Если не учитывать одной детали: двенадцатилетний мальчишка путешествовал вдоль опушки леса в инвалидной коляске — последствия недавней автокатастрофы.

И увлеченный составлением гербария, не слышал тихого разговора, который вели стоящие неподалеку родители.

— Врач сказал, что он встанет на ноги, — негромко произнесла женщина. — Гимнастика приносит плоды, и недели через две Хосе пойдет.

— Хорошо, — кивнул мужчина.

— Но все остальное... — Женщина всхлипнула. — Родриго, что нам делать?

— Главное — он жив, — хмуро ответил отец ребенка. — Главное — он жив...

Да, сейчас это главное. Но пройдет несколько лет, и маленький Хосе узнает, что сверстники считают важнейшими совсем другие ценности. Что сам факт: «я жив!» воспринимается ими как само собой разумеющееся, как данность, обыденность. Подростки не понимают его значения. Главное для них — быть мужчиной, настоящим мужчиной, и те, кто по каким-то причинам не соответствует этому высокому званию, становятся отверженными. В лучшем случае они получают снисходительную жалость, в худшем — издевательства. А как правило, и то, и другое.

Травник научился терпеть подначки и отвечать грубостью на грубость. Внушительные размеры, природная сила, увеличенная занятиями спортом, превратили его в неудачный объект для издевательств и шуток, однако не подарили ему друзей. Он не был им ровней. А потому проводил очень много времени со своим любимым гербарием...

— Зачем ты хотела меня видеть?

— Слышал, что случилось с Вонючкой?

— Гончар звонил, — кивнул Травник.

— Сейчас Вонючка на конспиративной квартире отлеживается. Вот адрес. — Проказа протянула здоровяку сложенный пополам лист бумаги. — Гончар просил съездить и поставить его на ноги. Завтра Вонючка должен быть в форме.

— Что с ним?

— Сотрясение, трещина в двух ребрах, несколько рваных ран и синяков.

— Будет в форме, — подумав, ответил Травник. И с некоторым недоумением в голосе осведомился: — Нельзя было позвонить и сказать адрес? Зачем приехала?

— Гончар велел поменьше трепаться по телефону, — объяснила Проказа. — Мало ли что? От Механикуса любой пакости можно ждать.

«Или от москвичей...»

— Понятно. — Здоровяк допил свое вино. — Ладно. Я пойду.

— Подожди, — неожиданно попросила женщина.

— Что-нибудь еще?

Проказа неуверенным жестом прикоснулась к сумочке. Ненужный жест, ненужное движение. Ей, похоже, было неловко. Очень странно для тигрицы. Или она понимает, что завтра может оказаться на месте Невады и придет ее черед обращаться к Травнику за помощью? А травки ведь разные бывают. Одни помогают, другие...

— Я... больше не буду доставать тебя. — На Травника женщина не смотрела. — Я знаю, я порядочная сука, но... Но к тебе я больше не пристаю. Вот. Теперь проваливай.

Здоровяк улыбнулся и вышел из ресторана.

— Он уходит! — Возбужденный Славик едва не подпрыгивал на стуле. — Я же говорил, что у них деловая встреча!

— Идем вместе? — осведомился Гарик.

— Разумеется.

— Куда поедем потом?

— Куда она захочет.

— Старик, ты, похоже, завелся.

— Это тигрица, Гарик, настоящая тигрица!

Он вскочил и быстрым шагом направился к столику женщины в черном. Гарик поспешил следом.

Заметившая взволнованных юнцов Проказа улыбнулась и достала из сумочки пачку сигарет.

— Вы позволите предложить вам огонь?

* * *

Решение отправиться в лабораторию Петровича возникло у Яши спонтанно. Вернее, это сначала Рыжков думал, что спонтанно, что взыграло чувство вины. Ведь Стрекалов, несмотря на то что миллионер, все-таки... друг. Старый, проверенный. И не друг детства, а самый что ни на есть *друг с детства.* Илья пригласил в гости, а он... а он даже не отказался — просто не приехал.

Следовало извиниться.

И лишь спустя некоторое время — Яша решил не тревожить Петровича на работе, а подождать до вечера, — Рыжков понял, что главная причина, которая побудила его искать встречи с Ильей, заключалась в другом.

Главной причиной стали слова Очкарика о том, что Илья нашел свое призвание.

Стрекалов добился всего, чего только можно желать: он богат, счастлив в браке, у него есть настоящие друзья и любимое хобби. Чаша его жизни полна до последней капли, до самой последней. И чаша эта вызывала... да, в том числе и зависть. А еще — желание прикоснуться, постоять рядом, убедиться, что все так и есть на самом деле, и... И может быть, чему-нибудь научиться.

Научиться жить.

Смешно, если вдуматься.

Дышать, любить, развлекаться, работать, спать... И получать от всего этого удовольствие. Радоваться каждому вздоху, любить и смеяться, получать удовлетворение от работы и хобби, от каждого мгновения, от каждой минуты. Наполнить свою чашу до краев, увеличить ее до размеров бассейна, нырнуть с головой и замереть в блаженстве.

Можно ли научиться жить?

Или искусство это доступно лишь избранным? Сильным? Богатым?

Стрекалов свою чашу наполнил... а Волков? Перспективный инженер плюнул на все и ушел в сыщики. И сделал прекрасную карьеру. Всегда спокойный, уверенный в себе. Сильный... А Лева? Веселый покоритель женских сердец. Для него работа — хобби; живость характера и минимальный напор обеспечивали Корзинкину неплохой доход, а все остальные усилия он направлял на любовные приключения. И ведь не просто трахается, как кролик, а всякий раз влюбляется, кипит вулканом, взрывается... Он счастлив? Он силен?

Впервые Рыжков подумал о друзьях не как о везунчиках, баловнях судьбы, а как о нашедших себя людях. Едва ли не впервые понял, что они свое положение — каждый свое! — заработали. Что пахали и теперь вкушают плоды упорного труда.

Каждый из них наполнял чашу тем вином, которое любил. Не шел на поводу у окружающих, не гонялся за славой, за журавлем в небе — работал. Искал свою дорогу, упорно вытаптывал свою тропинку меж огромных сугробов, трудился и... и обрел уважение.

«А я смогу?»

За окнами автобуса проплывали дома и машины, деревья и люди. Сосредоточенные, грустные, веселые и озорные лица. Кто-то из них плывет по течению, а кто-то топчет свою тропинку.

«А я смогу наверстать упущенное?»

— О чем задумались, Илья Петрович?

Он всегда стучал, прежде чем войти, но никогда не дожидался разрешения. Открывал дверь, заглядывал и тут же переступал порог. Невысокий, плешивый, с круглыми, навыкате, глазами и длинным, торчащим вперед носом — не унылым, висящим, а задорным, остpым, напоминающим нос Буратино. Синий рабочий халат одет поверх скромных брюк и дешевой рубашки. Внешний вид мужчины непримечателен, пройдешь мимо и не заметишь. Не поймешь, с кем имеешь дело, пока не поговоришь, пока не заглянешь в умные глаза.

— Вас что-то беспокоит?

— Да так... — Сидящий в кресле Стрекалов поморгал, как человек, которого выдернули из размышлений, потер виски и взял в руки лежащий на столе предмет. — Да так...

Это был довольно большой стеклянный цилиндр со стеклянным же поршнем, с виду напоминающий шприц-переросток, но без иглы. Петрович пару раз качнул поршень, после чего произнес:

— Все-таки жаль, что нам пришлось использовать не только стекло.

— В действующей модели, — уточнил плешивый.

— Да... в действующей...

Посетитель без спроса присел за стол, сложил перед собой руки и внимательно посмотрел на Стрекалова:

— Расчеты показали, что мы не сможем добиться нужного эффекта, используя только стекло.

— Я помню результаты, — ровным голосом ответил Илья.

Поганые результаты, поставившие крест на его мечте. Два года усилий, опытов, экспериментов промелькнули, словно один день. Консультации с ведущими учеными и практиками, сотрудничество с лучшими стекольными фирмами мира — положение Стрекалова позволяло ему открыть любую дверь, и все напрасно. Последний вердикт — невозможно.

А как же мечта?

Илья вновь подал поршень по цилиндру.

— Мы и так делаем невероятное, — мягко проговорил плешивый. — Никто до нас...

— Мы делаем сложное, но не невероятное, — отрезал Петрович. — Мы просто делаем сложное. Очень сложное. Но то, что мы делаем, можно повторить.

— Повторить можно все. — Посетитель понизил голос. — Абсолютно все.

— Не повторить, а добиться того же, — усмехнулся Стрекалов. — Пройти тот же путь.

— Вы начинаете понимать, Илья Петрович, — еще тише произнес плешивый. — Вы начинаете понимать.

Стрекалов не стал спрашивать, что именно он начал понимать. Илья хорошо изучил собеседника и знал: хотел бы — сказал. А раз не говорит, нужно дойти самому.

«У меня есть мечта. Могу ли я расстаться с ней после первой же неудачи? После того, как специалисты заявили, что она неосуществима? Но ведь это не их мечта!»

«А если перед тобой каменная стена?»

«А сколько каменных стен я снес, протаптывая свою дорогу? Снесу и эту!»

— Учитывая результаты расчетов, я предлагаю прекратить работу над изделием номер один, сосредоточившись на окончательном монтаже изделия номер два.

Все готово к сборке. Более того, монтаж уже начался. Прекратить работы над изделием номер один, состоящим только из стеклянных элементов? Над искусной, но неработающей моделью? Над игрушкой? Признать свое поражение?

Стрекалов помнил каждую трубочку, которую выдули для изделия, каждый лист стекла, каждую стеклянную гайку.

Прекратить?

«НЕТ!!!»

Илья вернул стеклянный цилиндр на стол и тяжело посмотрел на плешивого:

— Я решил прекратить работы над изделием номер два. Я хочу собрать именно это и... и как можно быстрее, понятно? Я хочу его увидеть. Собирать изделие номер один в точном соответствии с инструкцией, собирать с таким тщанием, словно оно РАБОЧЕЕ, понятно?

Петрович торопился увидеть свое детище, а потому доверил часть сборки плешивому. Знал, что не подведет.

— Я хочу увидеть изделие из стекла. Я хочу увидеть свою мечту.

— Все правильно, — прошептал плешивый. — Все правильно.

На фабрику Рыжкова пропустили лишь после тщательной проверки документов. И это — несмотря на звонок Петровича! Дюжий охранник внимательно изучил паспорт посетителя, аккуратно списал данные в тетрадку, сунул документ на полочку, а взамен выдал Яше временный пропуск — пластиковую карточку с магнитной полосой. Порядок. У Петровича всегда порядок.

Проходя внутрь, Рыжков думал, что увидит производство, но ошибся — его проводили в кабинет хозяина, предложили чай, оставили в покое после соответствующей просьбы, попросив немного обождать. Сам Стрекалов явился через четверть часа. Простенький синий халат, прилепившаяся ко лбу лупа.

И горящие глаза.

Чувствовалось, отчетливо чувствовалось, что Илье не терпится вернуться к своим склянкам, но ощущение это возникало не оттого, что Стрекалов был подчеркнуто радушен, скрывая неудовольствие. Нет, Петрович искренне радовался приходу старого друга, не испытал ни малейшего раздражения от того, что его отвлекли от любимого дела, но душой... Душой он был там, в недрах фабрики.

«Полная чаша жизни...»

И Рыжков пожалел, что явился на фабрику, а не в офис.

— Илья, извини, что я не приехал, — неловко начал Яша.

— Ерунда! — Стрекалов плюхнулся в кресло. — Чайку врежем?

— Ну...

— Давай зелененького — самое дело. — И распорядился показавшемуся в дверях помощнику. Вернулся к другу: — Обещай, что в эти выходные приедешь! Мама ждет, хочет тебя увидеть. Приезжай с Очкариком, он как раз за Степаном поедет. Или давай я машину пришлю?

— Я с Федькой... — Рыжкова не покидала неловкость. Он думал, что придется извиняться, что Петрович будет дуться, а тот, похоже, уже выкинул обиду из головы. Яша пришел? Значит, Яша извиняется. Вот и хорошо!

— С Федькой так с Федькой. Только приезжай. Развеемся...

Доставили чай, расставили на столе приборы, удалились. Извинения принесены, обещание дано. К полной чаше чужой жизни прикоснулся. Убедился — все так и есть на самом деле. Увидел горящие глаза Петровича и убедился.

Попить чайку, покалякать ни о чем и уходить?

А как же учиться?

— Чьи это портреты? — поинтересовался Яша, кивая на стену. — Разглядывал, пока тебя ждал.

— Орловых, — охотно ответил Стрекалов, прихлебывая чай.

— Фаворитов Екатерины?

— Нет, ремесленников. — Илья по очереди указал на картины: — Григорий Семенович и его сын, Михаил Григорьевич. Основатели одного из самых известных стекольных производств России.

— Твои предшественники?

— Вроде того... — Не уловив в голосе друга иронии, Петрович спокойно продолжил: — Первопроходцы, знаешь ли. В девятнадцатом веке стекло на паяльном столе в России выдували только французы. Было несколько мастеров, которые не желали, как бы сказали сейчас, терять монополию. Григорий Орлов выучился этому искусству и основал небольшое дело: изготавливал бусы, серьги, запонки, мундштуки для курения и тому подобную мелочь. Но главное — положил начало. Его сын, Михаил Орлов, усовершенствовал мастерскую, расширил дело и постепенно превзошел конкурентов. Получал медали на международных ремесленных выставках, стал известен в Европе.

«Как в сказке: учился, трудился, добился».

Но вслух Рыжков произнес другое:

— Круто.

— А ведь на самом деле круто, — произнес Стрекалов. — За тридцать лет Орловы освоили новое производство и вышли на первые роли в стране. С нуля, Яшка, с нуля.

Теперь Рыжков иначе смотрел на хобби друга, на невинную блажь, пришедшую в голову экстравагантному миллионеру. Перед ним сидел финансовый воротила, экономист экстра-класса, которому хотелось быть промышленником, хотелось не просто зарабатывать деньги, делая их из бумажек и ожиданий, а создавать нечто материальное, создавать нужные людям вещи. Биржевой игрок с душой ремесленника.

— Нас учили, что Россия была отсталой, слаборазвитой страной, — задумчиво улыбнулся Петрович, — государством дикарей, по улицам которого разгуливали пьяные медведи. Вранье от первого до последнего слова. Злобное вранье. Мы действительно придумали не все на свете, зато быстро учились, осваивали и внедряли производство у себя. И работали на совесть. Я после того, как фабрику купил, провел кое-какую работу, как ты выразился, предшественников искал... правильно, кстати, выразился.

— Я ведь всерьез сказал, — буркнул Рыжков.

— Так вот, Яша, в России существовали практически все виды промышленного производства того времени. И не просто существовали, а развивались. И медали наши товары на американских да парижских выставках получали. Вот так-то.

Взгляд Стрекалова вновь уперся в портреты.

— Орловы производство подняли, тонкое стекло делали для лабораторий, известны стали на всю страну, прославились, разбогатели, конечно. Но ведь дело свое они любили, понимаешь? Дело любили! Не ради бабла и медалей старались, а душу в стекло вкладывали.

«Да, конечно...»

— Я потому об этом так уверенно говорю, что не только их товары видел. Но и то, что они творили для себя.

— Что?

— В доме Орлова, — негромко сказал Илья, — была особая комната, в которой все предметы были изготовлены из стекла. Все-все.

— Для чего?

Петрович пожал плечами, и Яша понял, что этот вопрос задавать не следовало. Для чего? А разве не понятно? Для души.

Криво улыбнулся:

— Люди любят сказки.

Стрекалов покачал головой, словно сожалея, что друг ему не поверил, поднялся из кресла, подошел к одной из полок, аккуратно, как величайшую драгоценность, снял с нее какой-то предмет и протянул Рыжкову:

— Смотри.

В его пальцах была зажата стеклянная чайная ложка.

* * *

Наверное, еще никогда тяжелые и надежные двери в квартиру Карпова, призванные быть последним рубежом, защищающим его уникальную коллекцию от посягательств, не оставались открытыми столь длительное время. Услышав звонок, Сан Саныч вышел в прихожую, не глядя в глазок, распахнул дверь — о том, кто пришел, его предупредил охранник — и хмуро оглядел визитера.

— Зачем притащился?

— По делу, — вежливо ответил Оружейник.

— Магазин закрыт.

— Неужели?

— А вот так, — хмыкнул Карпов. — Выходной.

Старик покачал головой:

— Не по правилам, Чеканщик. Ты не можешь отказать мне в помощи, если я готов платить.

— Есть несколько случаев, когда правила не работают.

— Сейчас не такой случай.

Старик был прав: сейчас не такой случай. Но пускать его в дом, а уж тем более — вести с ним дела, Сан Санычу все равно не хотелось.

— Может, все-таки пойдешь навстречу старому другу? — улыбнулся Оружейник. — Откроешь магазин?

Чеканщик колебался. Отказать? В принципе, можно. Не по правилам, конечно, но повод кое-какой есть.

Искусники его поймут, а многие даже поддержат. Местные поддержат. Но и у Оружейника много друзей...

— Меня там не было, — выдал последний аргумент Оружейник.

— Где?

— У Шамана.

— Ты был среди охотников.

— Мы хотели с ним просто поговорить.

— А в результате Шамана нашли с перерезанными венами.

— Это был его выбор.

— Так ли? Кто знает, что произошло на самом деле?

— Бабушка Осень знает, — мрачно ответил Оружейник. — Если бы мы убили Шамана, она бы сказала: «Фас!», и Кузнец со Стрелком не избили бы Неваду, а прикончили. — Старик чуть повысил голос: — Все, Чеканщик, заканчивай ваньку валять, я понимаю, ты молод, потому и дал тебе возможность выпустить пар. Будь дома твой отец, мы с ним уже давно пили бы вино.

— И вспоминали прошлые годы, — буркнул Карпов, пропуская гостя в квартиру. Пропуская перед собой, оставшись за спиной визитера. — В гостиную иди и следи за собакой.

Высунувшийся из кармана Оружейника тойтерьер неодобрительно покосился на хозяина дома, словно говоря: «Не беспокойся, воспитаны, на паркет гадить не станем». Однако песику Чеканщик не поверил и добавил:

— Из кармана своего ублюдка не вынимай. Делать мне нечего, только убирать за ним.

— Злой ты, — вздохнул старик.

— В Москве сейчас все злые, — пожал плечами Карпов. — Благодаря вам, кстати.

— Проехали, сказал, — отрезал Оружейник. — Гончар крови не хотел.

— И поэтому взял тебя?

Старик вздрогнул. Отвел взгляд. После короткой паузы бросил:

— Я здесь не для этого.

— А для чего?

Снова пауза.

— Все знают, что я искусников не трогаю. Ни одного на мне нет. Хотя желание такое порой возникает.

И выразительно посмотрел на молодого собеседника. Тот спокойно выдержал взгляд и заявил:

— Я потому с тобой разговариваю, что все это знаю. Не будь у тебя репутации — на порог бы не пустил. — Откинулся в кресле и положил ногу на ногу: — Рассказывай, зачем пришел?

Как ни странно, начало делового разговора вызвало у Оружейника некоторые затруднения. Старик почесал тойтерьера за ухом, словно стараясь скрыть легкую нервозность, и только после этого негромко сообщил:

— Я... гм... Я потерял свою коллекцию.

И бросил быстрый взгляд на Карпова. Чеканщик, надо отдать ему должное, воспринял заявление достаточно спокойно. Лишь левая бровь дернулась едва заметно. То ли удивление выразил, то ли сочувствие, то ли еще чего-то...

— Что значит «потерял»?

— У меня ее не стало, — объяснил старик. — Была и сплыла.

— Куда сплыла?

— Какая разница? Потерял!

— Темнишь, — прищурился Сан Саныч. — Что ты скрываешь?

— Почему для тебя важно, как я остался без монет?

— Потому что я могу поверить в то, что ты не хотел убивать Шамана, и даже в то, что ты не убивал Шамана. Но в то, что ты потерял коллекцию, — нет. — Карпов покачал головой: — Не при твоем искусстве, Оружейник, не при твоем образе жизни. Ты бы скорее без пальцев остался, чем без монет. Так что рассказывай: куда дел коллекцию?

Пару секунд они буравили друг друга взглядами, а затем старик сдался:

— Я полагаю, она попала в руки милиции.

А вот теперь Чеканщик вздрогнул.

— Почему... — Опомнился: — Ах да, понятно почему. Искусников ты не трогаешь, но Гончар наверняка притащил тебя не просто так... Но ведь ты всегда был осторожен!

— Я думаю, — медленно произнес Оружейник, — они каким-то образом нащупали мое местное логово. Возможно, вышли на него после прошлого раза и с тех пор присматривали. Ты прав — Гончар взял меня не просто так, и операция моя прошла, как обычно, тихо. Но на квартире меня ждала засада, пришлось быстро уходить и... Одним словом, я оставил там сумку. — Старик смущенно вздохнул, немного помолчал, и вдруг его осенило: — К тебе приходили!

— Отстань! — буркнул Чеканщик.

Он дошел до бара и плеснул себе виски.

— Черт побери, к тебе приходили менты с моей коллекцией! — Оружейник расхохотался. — Да?

— Да, — грубовато ответил Карпов. — Да. Доволен?

— Послал их? — Ответа не последовало. Старик насторожился. — Послал?

— Не твое дело.

— Чеканщик, мы говорим о моей коллекции, а значит, о моем деле, — напомнил Оружейник. — Ты послал ментов?

— Он один приходил. — Сан Саныч подошел к стене и принялся сосредоточенно разглядывать украшающие ее монеты.

— Да хоть десять! — рявкнул старик. — В последний раз спрашиваю: ты его послал?

— Нет!

Теперь нервничал Карпов, а Оружейник, в свою очередь, демонстрировал неожиданное для подобной ситуации спокойствие.

— Почему не послал?

— Потому что я все ему рассказал.

— Что все?

— О монетах, — через силу ответил Чеканщик. — Я все ему рассказал о монетах.

Старик поднялся на ноги:

— Ты что, пьяный? Ты чего несешь, дурень?

— Курицы яйца несут, — огрызнулся Сан Саныч. — А я говорю как есть.

— Что есть? Из ума выжил? Ты с какого перетыку ментам сдался?

— Не ментам, а менту. И еще неизвестно, что он с этой информацией делать будет.

— Да уж известно что...

Однако пришедший в себя Чеканщик перебил старика:

— Парень сказал, что ко мне его послал ты.

— Я?

— Он понял, что я узнал твой мешочек, и тут же сказал, что это твой подарок. И псевдоним твой, между прочим, назвал. И ответ дал правильный.

Старик не нашел нужных слов.

— Засада, говоришь, да? — продолжил Карпов. — А может, постарел ты, Оружейник? Наследил, где только можно, а на меня пытаешься свои ошибки свалить?

И снова пауза. И снова обмен взглядами.

— Дай выпить, — хрипло попросил старик.

— Виски?

— Давай.

Сан Саныч отошел к бару, Оружейник вернулся в кресло.

— Почему ты решил, что я подарил менту монеты?

Чеканщик задумался, припоминая ход встречи, подал гостю стакан, уселся в свое кресло и честно признался:

— Не знаю. Беседовали мы очень спокойно, плавно, он держался уверенно...

«Это называется: вызвать доверие».

— ...а потом достал твой мешочек. Я спрашиваю: откуда? А он небрежно так: от Оружейника. И я... — Карпов покачал головой: — Я ему поверил. И на вопрос он ответил...

Они молча допили виски, после чего старик потянулся и потрепал молодого искусника по плечу.

— Ты, Чеканщик, не волнуйся. Ты ведь прав: я проблему создал, мне ее и решать. Парень этот, мент, — моя забота.

Сан Саныч прищурился:

— Просто так?

— Это будет платой за первую монетку. Что возьмешь за остальные? Золото, услуги?

Карпов дружелюбно улыбнулся:

— Учитывая, какую бучу поднял в Москве Гончар, я возьму с тебя золото. Услуги способны оказать только живые.

И ответом своим заставил Оружейника вздрогнуть второй раз за разговор.

— Не волнуйся, Серафим, — пробормотал старик, спускаясь на первый этаж. — Чеканщик хотел тебя напугать. Со мной ничего не случится, понимаешь? Ничего. Я зверь опытный, я всегда уйду.

Однако тойтерьер как притих, услышав выбранный Карповым способ оплаты, так до сих пор продолжал сидеть молча.

— Иди, погуляй, едва терпишь небось.

Оружейник выпустил песика на газон, а сам вытащил из кармана телефон:

— Гончар!

— Да.

— Мы не ошиблись, Волков действительно тот, кого мы ищем.

— Собиратель Тайн?

— Да, — подтвердил старик. — Вскрыл Чеканщика, как банку с пивом. Даже не вспотел.

— Чеканщик молод, — посетовал Гончар. — Жаль, что его папаши нет в городе.

— Был бы на месте Нумизмат, Волков, наверное, вспотел бы, — согласился Оружейник. — Но вскрыл бы и его. Я верю. Чеканщик молод, горяч, но умен. Это у них семейное.

— Ладно, будем считать, что экзамен Волков сдал, — решил Гончар. — Я избавлю его от ненужных забот, пусть сосредоточится на главном, а ты действуй по плану. Вводи парня в курс дела.

— ОК.

Старик отключил телефон, улыбнулся бегающему по газону Серафиму и набрал номер Волкова:

— Федор Александрович?

— Да.

— С вами говорит Оружейник. Знакомое имя?

Пауза. Старик представил выражение лица Волкова и улыбнулся.

— Знакомое.

— Вы установили засаду в моей квартире, а я не люблю обсуждать дела при посторонних. Предлагаю договориться так: вы убираете своих людей, а я завтра утречком приеду по известному вам адресу, и мы поговорим. Что скажете?

Очкарик прекрасно понимал, что для того, чтобы его убить, Оружейнику не требуется личная встреча. А потому не колебался ни секунды:

— Во сколько мы встретимся?

— Давайте в десять.

— В девять тридцать я уберу людей.

* * *

— Осторожно! — вскрикнул Крус.

— Извини, — пробормотал Травник, продолжая накладывать компресс на грудь Невады.

— У тебя не руки, а грабли! Силу свою не чувствуешь!

— Ты слишком капризный, — хмыкнул здоровяк.

У Круса не было оснований обвинять Травника. Несмотря на внушительные размеры, пальцы здоровяка оказались нежными, их прикосновения — очень мягкими, однако Невада не унимался:

— Специально меня мучаешь!

— Ты бредишь, — дружелюбно произнес Травник и отошел от дивана. — У тебя посттравматический шок. Тебе нужен покой.

— Я дрался несколько часов назад! Какой еще шок?!

Крус не сразу понял, что Травник над ним смеется. А когда догадался, поджал губы.

Снятая Гончаром однокомнатная квартира уступала номеру в «Мариотте» по всем статьям. Комната маленькая, темная. Мебель дешевая, скрипучая. Повсюду пыль, на кухне постоянно журчит вода. В туалете были замечены тараканы. Ужас! Неваду бесила сама мысль о том, что он прячется в подобном убежище.

— Почему Гончар не пустил меня к себе?

Травник молча пожал могучими плечами. Он удобно устроился в скрипнувшем под его тяжестью кресле, взял в руки журнал и хотел только одного: чтобы Вонючка заткнулся.

— Мы нужны Гончару только пока здоровые и сильные.

— Ты знаешь тех, кому нужны слабые и больные?

«Надо было добавить в чай снотворное!»

Укрепляющий отвар, что приготовил здоровяк, содержал небольшую дозу успокоительного, но оно еще не начало действовать.

— Но ведь совесть надо иметь, — продолжал канючить Крус. — В конце концов, я пострадал, выполняя его приказ. А вместо благодарности Гончар засунул меня в эту дыру.

— А что, нужно было памятник тебе поставить?

— Пошел ты... — Невада закрыл глаза. — Гончар тебя еще прижмет.

— Я ему ничего не должен.

— Что же ты, в таком случае, здесь делаешь?

— Испанка должна, — неохотно признался Травник. — А я так, за компанию подался.

Потому что давным-давно стал ее рыцарем.

— А Испанка Гончару зачем? Думаешь, он Собирателя Тайн без нас не разбудил бы? Оружейник его друг, Проказа ненавидит Механикуса, я — сделаю все, что он велит. А вы ему зачем? — Крус открыл глаза и с презрительной ухмылкой уставился на Травника. — За компанию он подался! Гончар прекрасно знал, что ты за Испанкой попрешься. Потому и позвал ее — одним ходом заполучил в команду сразу двух искусников.

Здоровяк оторвался от журнала и недоуменно посмотрел на парня:

— Зачем мы ему?

— Партия, дубина ты здоровая. Мы — его партия, понимаешь? Золотая Баба — это ведь не просто статуя, ей настоящие шаманы служат. Служат! Искусники служат, просекаешь?

Травник покачал головой. Он не понимал. И начал жалеть, что добавил Неваде успокоительного: язык Вонючки стал заплетаться.

— Что будет, если Гончар, да не сам по себе, а во главе единомышленников, заполучит Золотую Бабу? Что? Думай!!

Однако эта вспышка стала последней. Успокоительное наконец подействовало, Невада откинулся на спину, вновь закрыл глаза, и его дыхание выровнялось. Заснул.

— Партия! — Здоровяк покачал головой. — Ерунда какая-то...

Для своей обличительной речи Крус выбрал неподходящего слушателя. Окажись на месте Травника Испанка, она бы отнеслась к словам Невады с гораздо большим интересом. Постаралась бы выспросить подробности: почему так решил? Сам додумался или подслушал? Кому именно Гончар говорил, что собирает именно единомышленников, а не просто чем-то обязанных ему искусников? Чем важна Золотая Баба? А здоровяк стоял слишком далеко от внутренних дел искусников. Жизнь Травника, все его помыслы и заботы концентрировались исключительно на нем самом да на Испанке. Остальное здоровяка волновало постольку-поскольку.

А потому он лишь повторил:

— Ерунда.

И спокойно вернулся к чтению.

* * *

— Что вы там делаете? — с пьяной обидой поинтересовался полулежащий на заднем сиденье Славик.

Женщина, назвавшаяся Ольгой, хихикнула. А сидящий за рулем Гарик ответил, слегка запинаясь:

— Едем к тебе. Как договаривались.

«Ага, как договаривались! А сам на каждом светофоре лезет к Ольге под платье! А она хихикает! А ведь договаривались подождать до квартиры...»

Мысли путались.

«Почему она не выбрала заднее сиденье? Гарик ей больше нравится?»

Кровь вскипала и тут же успокаивалась. Драться с

другом Славику не хотелось. Лень было, если честно. Последний коктейль оказался лишним. Но и произвести впечатление на Ольгу хотелось, показать, что он — ого-го! Не то что какой-то там Гарик... А как покажешь?

Спереди вновь послышалось подозрительное шуршание. Темные фигуры соединились.

— Хватит целоваться!

Ольга снова хихикнула. Гарик пробурчал что-то невразумительное. Тем не менее фигуры разошлись — загорелся зеленый, и Гарик дал по газам. Славик уже собрался треснуть ему по репе — нашлись все-таки силы, — как его взгляд упал на знакомое здание.

Офис отцовской фирмы.

«Сейчас я покажу, кто из нас крут!»

Молодой человек надавил на ручку дверцы.

— Ты куда? — Гарик успел ударить по тормозам, и только благодаря этому его приятель не выкатился из автомобиля на ходу. «Мерседес» встал у тротуара.

— Ждите здесь!

— Как скажешь.

Гарик не возражал.

«Я вам покажу!»

Обида и пьяная удаль окончательно поглотили Славика. Он выбрался из машины, шатаясь, обогнул здание и забарабанил в дверь запасного выхода.

— Эй! Открывай хозяину!

На мониторе появилась его физиономия. Двое находящихся внутри охранников переглянулись, выругались, но дверь отворили:

— Добрый вечер, Вячеслав Вячеславович.

Протестовать против позднего визита они не рискнули: папаша во всем потакал отпрыску.

— Спасибо за службу, орлы! — пьяно провозгласил Славик и нетвердой походкой подался на второй этаж, где располагался кабинет отца.

* * *

Комнату поглотила кромешная тьма, лишь свеча мерцала в сердце мрака. Едва-едва...

Маленький, слабенький огонек обычной свечки пытался противостоять черноте, но безуспешно. Свет огарка не дотягивался до стен, не бросал на них причудливых отблесков, не порождал тени.

Казалось, тьма сложила над фитилем ладони, оставив только маленькое отверстие, через которое виднелся огонек. Не более. Или что не свеча умирает в центре черной комнаты, а висит во тьме нарисованный язычок пламени, каким-то чудом ставший видным во мраке.

Казалось...

На самом же деле свет огарка забирал сидящий перед ним Гончар. Весь свет, что порождала черная свеча. Вдыхал его, впитывал, притягивал.

И если бы хоть кто-нибудь мог разглядеть свечу в другом мире, в том, куда переносил ее свет Гончар, он бы увидел малюсенькое солнышко, поднявшееся высоко-высоко в небо и испустившее один-единственный лучик, который стремительно помчался по московским улицам. Тоненький, призрачный лучик не рассеивался в огнях ночного города. Не растворялся в окнах и рекламных огнях, слабел чуть-чуть, удаляясь от дома, но не исчезал, упрямо тянулся к цели.

Лучик проскользнул в окно и коснулся лба спящего на неудобной кровати человека.

Человек вздрогнул.

— Ты во всем виноват, — прошептал Гончар. — Это сделал ты. Ты все придумал. А теперь раскаиваешься.

Человек сморщился, словно собираясь заплакать, застонал, но не пошевелился. Казалось, ткнувшийся в лоб луч пригвоздил его к месту.

— Ты это совершил. Ты давно его ненавидел. Он

превратил твою жизнь в ад, а тебя — в раба. Ты хотел освободиться. Больше всего на свете ты хотел освободиться.

Из закрытых глаз человека потекли слезы.

— Но теперь ты понял, что свободы нет. Ты ошибся. Тебе плохо. И ты расскажешь об этом.

— Расскажу, — прошептал человек. — Я преступник. Я убил Арифа.

Четыре таблетки обезболивающего зашипели в стакане с водой. Левой рукой Гончар держался за раскалывающуюся голову, а правой торопливо размешивал таблетки чайной ложечкой. Металл позвякивал о стекло, но происходило это не потому, что Гончар мешал не глядя — сил открыть глаза у него не было, — не потому, что торопился, а потому что рука дрожала. Сильно дрожала. Боль в голове была такая, что тело едва не сводило судорогой, Гончар держался из последних сил и едва услышал, что шипение прекратилось, вытащил ложку, схватил стакан и поднес его ко рту. Жаль только, что боль не уйдет сразу, что впереди еще бесконечные пять, а то и десять минут. Одуряющие. Страшные. Он отставил опустевший стакан, опустился на пол, прижался головой к холодной стене и застонал.

Но главное сделано: Собиратель Тайн свободен от любой другой работы, кроме той, ради которой ему помогли проснуться раньше срока.

✲

Сибирь, 2004 год,
сорок девятый день экспедиции

Вот уже три ночи они не пользовались палатками. Причиной стало не падение дисциплины, хотя моральное состояние членов экспедиции действительно оставляло желать лучшего, а обычный расчет: три дня назад пали последние лошади, и они бросили все лишнее. Остин, прекрасно чувствующий настроение людей, разрешил комплектовать рюкзаки тем, что каждый сочтет необходимым, и не удивился, увидев в куче отброшенного барахла научные приборы, средства связи и даже оружие. Винтовки и патроны к ним взяли с собой только морпехи, ведь для нормального солдата остаться без ствола — все равно что оказаться голым, гражданские же, в начале пути щеголявшие мужскими игрушками, предпочли избавиться от лишней тяжести. Не выдержали. Осуждать их Остин не стал: две последние недели показали, что защитить своих обладателей винтовки неспособны.

Две последние недели...

Да, именно так: две последние недели, четырнадцать кошмарных дней, триста тридцать шесть часов, наполненных оглушающим страхом, паникой и смятением.

Две последние недели...

Все началось с убийства проводника. Не помогла усиленная охрана. Не помогли ежечасные ночные проверки Портянкина и состоящих при нем морпехов. Не помогло то, что палатка проводника ставилась в центре и ему было запрещено удаляться от нее — журчал и гадил практически в лагере. Ничего не помогло. Четырнадцать дней назад Ерофею Портянкину и его телохранителям перере-

зали горла. Перепуганный дежурный сдуру поднял общую тревогу, началась стрельба: запаниковавшие люди реагировали на малейший шорох, и Остину с огромным трудом удалось вернуть себе контроль над ситуацией. На стихийном ночном собрании Джеймс объявил, что экспедиция закончена и они поворачивают обратно. Кантор не протестовал, по всей видимости, уже тогда понял, что никто их из тайги не выпустит. Остальные Остину поверили. Успокоились.

Но дальше стало хуже.

Через три дня пали пять лошадей. Никаких признаков заболевания, никаких признаков внешнего воздействия. Просто упали и умерли. Одновременно. Тем же вечером на стоянке произошла драка между морпехами и гражданскими, которую удалось прекратить лишь благодаря проявленной Джеймсом твердости. Остин пообещал пристрелить нарушителей дисциплины. Соперники расползлись приводить себя в порядок, однако сержант Андерсен и несколько солдат демонстративно отделились от остальных членов экспедиции, расположившись на краю поляны и запалив собственный костер.

Во время следующей ночевки они самовольно оставили лагерь.

Исчезновение шести солдат гнетуще подействовало на гражданских. После убийства проводника они видели в морпехах защитников, а потому дезертирство Андерсена и его приятелей едва не вызвало панику. Опять последовало собрание, на котором всплыла правда об отказе навигационных приборов, и Остин, выполняя волю большинства, повел экспедицию по следам беглецов: гражданским отчего-то казалось, что Андерсен знает, как выбраться из проклятой тайги.

Так ли это было или нет, выяснить не удалось. Через три дня экспедиция наткнулась на лагерь дезертиров: погасшее кострище, остывшая еда и шесть трупов.

Во время вспыхнувших беспорядков Остин, спасая

свою жизнь, был вынужден застрелить одного из гражданских.

Той же ночью пали еще две лошади.

Спустя сутки одного из лаборантов задрал медведь.

На следующий день оступился и упал со скалы пехотинец. Экспедиция обзавелась раненым, однако задерживал продвижение он недолго — тем же вечером солдат скончался.

Как ни странно, эта смерть на некоторое время сцементировала путешественников, люди поняли, что выжить они могут только вместе, только доверяя и поддерживая друг друга. В течение следующих суток не было зафиксировано ни одной ссоры. Более того, кто-то из морпехов обнаружил оставленный знак, другой узнал приметный камень. Люди поверили, что находятся на правильном пути и скоро пережитый ужас останется позади. Впервые за долгое время на лицах появились улыбки. Вечером, с разрешения Остина, по кругу пустили бутылку виски. Пошли разговоры о том, как стоит отпраздновать возвращение, сошлись во мнении, что местные женщины страшненькие, но оттрахать их все-таки следует. Захмелевший Кантор пообещал переспать с двумя.

Окружающая лагерь тайга перестала казаться страшной.

А утром, едва экспедиция снялась со стоянки, двух гражданских придавило рухнувшим деревом.

А потом пали последние лошади...

— Кушайте! — Остин ловко вскрыл разогретую на костре банку консервов и передал ее Кантору.

Сидящий у дерева профессор моргнул, пару мгновений непонимающе смотрел на жестяную коробочку, после чего кивнул:

— Спасибо.

И принялся озираться в поисках вилки.

В последние дни Эммануил окончательно отошел от управления экспедицией, перепоручив все заботы Джеймсу, и часто впадал в глубокую задумчивость.

— Не за что.

Остин открыл свою банку и подцепил на вилку кусок горячего мяса.

С тех пор как пали лошади, традиция общего приема пищи канула в небытие, каждый ел то, что нес. Джеймс искренне надеялся, что члены экспедиции взяли с собой примерно одинаковое количество еды и драк за припасы не будет.

Общим на стоянках оставался лишь костер, на котором хмурые люди грели консервы. Затем они торопливо съедали пищу и заворачивались в спальные мешки. Правда, практика ночных дежурств продолжалась — оставшиеся в распоряжении Джеймса морпехи не рисковали идти на открытое неподчинение, однако часовые предпочитали спать, набираясь сил перед дневным переходом.

Разложение.

Впрочем, две недели непрерывного стресса способны разрушить порядок в любом подразделении.

— Как вы думаете, Джеймс, — негромко спросил Кантор, — мы действительно идем в правильном направлении?

Остин облизнул вилку и спокойно ответил:

— Нет.

Честный ответ прозвучал приговором, однако Эммануил лишь грустно улыбнулся:

— То есть нас не отпускают?

— Нет.

— Разве мы недостаточно заплатили?

Офицер скривил губы:

— Будь я на месте тех, кто нас преследует, я бы убил всех членов экспедиции.

— Почему?

— Потому что, если мне доведется сюда вернуться, я буду очень злым.

На этот раз паузу выдержал профессор. Поковырялся в банке, тяжело вздохнул и поинтересовался:

— А вы бы вернулись?

— Скорее всего — да, — ответил Остин.

— Почему?

Джеймс пожал плечами, словно удивляясь недогадливости собеседника:

— Потому что привык доводить дело до конца. И потому что счастливое возвращение означало бы, что отсюда можно вырваться.

Именно так его и рекомендовали Кантору: настоящий офицер, не боящийся ни бога, ни черта и воспринимающий приказы как личное дело. Солдат. Такими, как Остин, гордится любая армия, и жаль, что в американских войсках вскоре станет на одного профессионала меньше.

Профессор вновь задумался и опомнился лишь от щелчка зажигалки: доевший нехитрый ужин Джеймс закурил сигарету.

— Я не просто так спросил о направлении, — продолжил Кантор, без энтузиазма разглядывая полупустую банку.

— Я понял, — кивнул офицер.

— Мы плутаем, но я не думаю, что нас водят по кругу. Я знаю, что шаманы сильны, но не верю, что они способны заморочить тридцать... — Эммануил сбился. Вспомнил, что их осталось значительно меньше. Кашлянул: — Не верю, что шаманы способны заморочить всех нас.

— Мы шли, ориентируясь по солнцу, — мягко напомнил Остин. — Согласно карте мы должны были пересечь железнодорожную ветку и выйти к поселениям. Этого не произошло.

— Получается, они нас куда-то ведут?

— Получается.

— Я надеюсь, они покажут нам Богиню, — жалко произнес Кантор. — Перед смертью покажут.

— Зачем? — безразлично спросил Джеймс.

— Но ведь мы шли.

— А они нас убивали.

— Не всех и не сразу.

— Они не остановятся. — Остин внимательно посмотрел на профессора: — Мы все умрем. — И указал зажатой в пальцах сигаретой на банку: — Кушайте, Эммануил, кушайте. Вам нужны силы.

Профессор слабо улыбнулся и ненадолго вернулся к еде. Несколько мгновений офицер смотрел на жующего товарища, затем вытащил из кармана пачку, пересчитал оставшиеся сигареты, подумал и раскурил еще одну. У него оставалась еще пара пачек в рюкзаке, однако Джеймс не верил, что проживет достаточно долго, чтобы остаться без курева.

А потому — щелчок зажигалки, глубокая затяжка и дым в воздух.

Хорошо.

Вытянутые ноги немного ноют от усталости, но впереди восемь часов сна, вполне достаточно для отдыха. В животе приятная тяжесть. В голове — ни одной раздражающей мысли. Полное спокойствие.

Свыкся?

Можно сказать и так. Командир обязан демонстрировать спокойствие и рассудительность в любых ситуациях. Не терять головы, не поддаваться панике. Уметь находить выход. Остин не смирился с приближением смерти, знал, что, несмотря на бессмысленность сопротивления, будет бороться, цепляться зубами за каждый шанс, стараться вырываться и вытащить подчиненных. Он не боялся смерти. Приказал себе не бояться и не боялся.

Командир обязан демонстрировать спокойствие и рассудительность в любых ситуациях.

— Скажите, Джеймс, — нерешительно протянул

Кантор, вновь отвлекаясь от еды. — Вас знакомили с секретными картами этого района?

— Что вы имеете в виду?

— Ну... я знаю, что русские понатыкали в Сибири массу военных баз...

— Объектов, — поправил профессора Остин. — Русские не используют слово «база» в данном контексте.

Он был офицером до мозга костей. Всегда точен в деталях.

— Не важно, — мотнул головой Кантор. — Вы видели карты?

— Видел.

Воцарившиеся на обломках СССР демократы щедро делились с новоявленными союзниками государственными секретами, здорово облегчив жизнь военной разведке и ЦРУ. Остину показывали карту, полученную еще в начале девяностых, но, поскольку при Ельцине никакой заботы о защите страны не проявлялось, можно было не сомневаться в том, что новых объектов в Сибири не появилось.

— И?

— Что вы имеете в виду?

— В районе, куда шла наша экспедиция, есть какие-нибудь базы?

На этот раз Джеймс не стал поправлять собеседника. Зачем? В конце концов, перепуганный ученый не обязан следить за деталями. Отрицательно покачал головой:

— Нет.

И принялся думать, не выкурить ли третью подряд сигарету. Ведь целый день без табака, черт побери.

— А хранилища какие-нибудь? Химические или бактериологические арсеналы? Могильники ядерных отходов?

— Нет.

Но профессор не унимался:

— Может, здесь был полигон, на котором проводились какие-нибудь испытания? Вы спрашивали? Уточняли?

— Ни черта здесь не было, — махнул рукой Остин. — Тайга.

— Точно?

— Абсолютно. — Офицер поерзал, устраиваясь поудобнее, заложил руки за голову: — Почему вы спрашиваете?

— Есть одно подозрение, — медленно ответил Кантор. — Но если вы говорите, что никаких военных объектов в нашем районе не было, то...

Джеймсу очень не хотелось менять принятую позу, уж очень комфортно он устроился, но пришлось. Он чуть подался вперед и задрал левый рукав:

— Вы спрашиваете, потому что у вас появились такие же штуки?

Эммануил закусил губу и долго, почти минуту, изучал три красные язвы, украшавшие предплечье офицера. Затем кивнул:

— Да. Сегодня утром... на груди...

— И вы решили, что подцепили какую-нибудь заразу?

— А что я еще должен был решить?

— Не знаю, — спокойно произнес Остин. — Я, к примеру, сразу подумал о шаманах.

Кантор удивленно посмотрел на офицера:

— О шаманах?

— Разумеется. Вы ведь сами говорили, что они способны на многое.

— Но... — Эммануил прикоснулся к груди, но тут же отдернул руку. Он явно пребывал в замешательстве. — Но...

— Ваши язвы болят?

— Нет.

— Температура? Сухость в горле?

— Нет.

— Видимо, все еще впереди.

Совпадение или нет, но врач экспедиции погиб совсем недавно, на него упало дерево. Однако Остин не сомневался: останься врач жив, он бы не помог.

— Я завидую вашему спокойствию, Джеймс, — признался Кантор. — Меня, честно говоря, трясет от страха.

Командир обязан демонстрировать спокойствие и рассудительность в любых ситуациях.

— Вы держитесь молодцом, профессор, — похвалил собеседника Остин. — Не ожидал.

— Спасибо.

— Не за что.

Мужчины помолчали.

— А еще, — спокойно продолжил офицер, — мне понравилась ваша мысль насчет того, что шаманы позволят нам увидеть Богиню. Я хочу ее увидеть. Я хочу знать, ради чего умираю.

— Спасибо, что не держите на меня зла, — прошептал Кантор. — Ведь это я...

— Не терзайтесь, — усмехнулся Остин. — Ложитесь лучше спать, завтра нас ждет еще один переход.

И поднялся на ноги. Третью и последнюю на сегодня сигарету Джеймс решил выкурить в одиночестве.

Вторник

Все было точно так же, как в прошлый раз.

И совсем не так.

Деревянная, чуть покосившаяся дверь оказалась незапертой, Волков просто потянул на себя ручку, и проход в квартиру открылся. А вот аромата сырости Федор не почувствовал, несмотря на то, что старье из прихожей никуда не делось. Висело, как в прошлый раз, но пахнуть перестало. И лампочка, едва светившая во время его прошлого визита, теперь радостно сверкала. То ли хозяин ее протер, то ли ввернул новую.

«Занятно...»

В комнате тоже навели порядок. Ковер стал заметно светлее, практически вернул себе прежние краски. Абажур, висевший над самым столом, переместился ближе к потолку и тоже производил впечатление вычищенного.

«Если верить наружному наблюдению, Оружейник явился в квартиру всего двадцать минут назад. Действительно, занятно...»

Очкарик выполнил данное обещание — снял засаду. Однако слежку за квартирой оставил, а потому уже знал, как выглядит загадочный убийца.

— Доброе утро.

— Доброе.

Оружейник сидел на стуле, положив руки на стол. Старый, немного сутулый, одетый... как-то серо. Именно так: не неброско, не незаметно, а именно серо. И хотя каждая надетая на нем вещь сама по себе была относительно новой и чистой, вместе они создавали весьма и весьма унылое впечатление. Убийца, наводящий ужас на самые мощные спецслужбы мира, походил то ли на кладбищенского сторожа, то ли на контуженого клоуна.

А может, дело не в одежде, а в глазах?

— Вы пунктуальны, Федор Александрович.

— Работа такая, — хмыкнул Волков и сделал шаг в комнату.

И замер от неожиданности.

В стоящей на комоде клетке, той самой, что вчера служила усыпальницей для попугая, сидел тойтерьер. Пару мгновений собачка мерила Очкарика мрачным взглядом, а затем рявкнула. Да как рявкнула! Карманное животное оказалось обладателем тяжелого и чудовищно громкого баса. Короткое «Гав!» наполнило комнату так быстро и так плотно, словно на комоде разорвался артиллерийский снаряд.

Федор вздрогнул.

Оружейник улыбнулся:

— Именно поэтому, когда приходят гости, я запираю Серафима в клетку. Что поделаешь — зверь.

Тойтерьер зевнул и улегся на дно клетки. Выглядел он довольным. Птичьих костей вокруг не наблюдалось.

Сгрыз?

Шаляпинский бас песика стал той самой каплей, которая переполнила чашу волковской невозмутимости. Очкарик впал в легкое замешательство и спросил первое, что пришло в голову:

— В квартире стало...

— Чище? — пришел на помощь Оружейник.

— Да.

— Это все монета, — рассмеялся старик. — Она так и называется: «Гнилое место», усиливает гнетущее ощущение. Карпов сделал, как вы уже поняли. Когда я оставляю убежище, я расплачиваюсь, и до моего следующего визита квартира выглядит крайне погано. Предосторожность.

— А откуда у вас номер моего телефона?

Очкарику требовалось время, чтобы прийти в себя.

— Пусть это останется моим маленьким секретом, хорошо? — Оружейник снова улыбнулся: — А вы присаживайтесь, Федор Александрович, присаживайтесь. В ногах правды нет.

— А где она есть?

Волков отодвинул стул и разместился напротив старика.

— Правд много. Какая вас интересует?

— Все, — отрезал Очкарик.

— Но я не могу ответить на все вопросы разом, — развел руками Оружейник. — Тем более на невысказанные. Давайте пойдем по порядку?

— И вы будете отвечать?

— Вы спрашивайте, а там посмотрим.

Тойтерьер засопел, но голос подавать не стал. В открытую форточку долетели звуки грустной песни:

Ты снимаешь вечернее платье, стоя лицом к стене,
И я вижу свежие шрамы на гладкой, как бархат, спине,
Мне хочется плакать от боли или забыться во сне,
Где твои крылья, которые так нравились мне?

Кто-то слишком громко включил радио.

Где твои крылья, которые нравились мне?
Где твои крылья, которые нравились мне?

А перед Волковым сидел серый убийца с мертвыми, ничего не выражающими глазами и терпеливо ждал вопросов.

— Спрашивать у вас паспортные данные, я так понимаю, бессмысленно?

— К чему формальности? — Оружейник едва заметно пожал плечами. — Мы ведь беседуем не для протокола.

— С чего вы взяли?

— Разве я арестован?

— Это можно исправить.

Замешательство прошло, и Очкарик решил как можно быстрее вернуть потерянные позиции. Старику удался психологический удар, пора продемонстрировать твердость.

— За что же вы хотите меня арестовать?

— За убийство Арифа Гусейна.

— Уважаемый Федор Александрович, — благодушно протянул Оружейник, — мы оба знаем, что Арифа Гусейна убил Ильгар Гамбар. Семейное дело, так сказать. Молодая кровь вскипела и все такое прочее.

Серафим подтвердил слова хозяина негромким, но тяжелым звуком. То ли проскулил, то ли зевнул. Что именно сделал песик, осталось невыясненным, но презрительные нотки прозвучали весьма отчетливо.

— Ильгар совершил убийство вашим оружием, — сказал Очкарик.

Волков не давил, не напирал — не время, но фразу произнес уверенно и твердо.

— Что требуется доказать.

— А если докажу?

— Каким же это образом? — удивился старик. — Федор Александрович, мы с вами прекрасно понимаем, что знать правду и доказать ее — далеко не одно и то же. Кто поверит рассказам глупого юнца, указывающего пальцем на уважаемого человека? Тем более что и указывать будет не на кого, я, знаете ли, в тюрьму не собираюсь.

— Есть люди, которым не требуются доказательства. Они мне поверят.

— Знаю, — усмехнулся Оружейник. — Но захотите ли вы сказать им «Фас!»? Вот в чем вопрос.

Старик говорил негромко, однако была в его голосе непоколебимая вера в произносимые слова. Он полностью контролирует ситуацию. Он, серый убийца с внешностью обветшалого гаера. У него есть козырь, бьющий все карты Волкова, и Очкарику захотелось увидеть эту карту.

— К чему наша встреча?

— Чтобы удовлетворить ваше любопытство.

— Монетки вы оставили специально?

— У вас должен был появиться след.

«Чеканщик? Его рассказы о монетах на все случаи жизни? Это след? Эту историю я должен был услышать?»

Как относиться к истории Карпова, Волков не знал до сих пор. С одной стороны, любой коллекционер в какой-то мере сумасшедший, склонный видеть в своем занятии мистическое начало. Тем более коллекционер потомственный. Но и в то, что Сан Саныч — банальный фальшивомонетчик, Очкарику не верилось. Преступников, даже если они хорошие актеры, Волков видел насквозь, чуял, подобно хорошему псу. Он мог ошибиться в другую сторону, начать подозревать честного человека, но наоборот — никогда. Карпов не уголовник, а его история... его история...

Его сумасшедшая история...

Но пора возвращаться к разговору. Очкарик мрачно посмотрел на старика:

— Играли со мной в поддавки?

Не очень-то приятно чувствовать себя бараном, которого ведут на веревочке, но что делать, в этой партии карты сдавал Оружейник, а он оказался опытным шулером.

— Вы должны были кое-что узнать, Федор Александрович, но не на словах, нет... — Оружейник пошевелил пальцами, подбирая нужное выражение. — Вы должны были расследовать, дойти своим умом, обдумать и принять, понимаете? Или не принять. Но вы сами. Никто, кроме вас. В идеале все должно было случиться само собой, вы ведь искусник, рано или поздно докопались бы, но... время дорого, вот и пришлось помочь вам заглянуть за кулисы.

«Искусник?»

Искусник — искусство. Вспомнились слова эксперта, прозвучавшие после осмотра ловушки в туалете: «Совершенство. Настоящее искусство». А план устранения Гусейна? А убийство сенатора?

Искусник.

Убийца, который наперед ЗНАЕТ, где человека поджидает смерть. Нумизмат, монетами которого можно расплатиться за что угодно. Старик прав: если бы Федору просто рассказали о чем-нибудь подобном, он бы лишь посмеялся. Но теперь...

— Я должен был показать вам то, что скрывается над вершиной.

— Бабушка, бабушка, не ходи сегодня в магазин!

Маленький мальчик вцепился в пальто старушки. Вцепился крепко, не оторвать. На глазах слезы.

— Но как я могу, Мишенька, — удивилась женщина. — Нужно хлеб купить.

— Останься, бабушка, пожалуйста! Сходишь после обеда!

— После обеда мы будем варить варенье, разве ты не помнишь? Мы обещали маме.

— Бабушка, пожалуйста! — Мальчик не находил нужных слов, не знал, что сказать, как выразить то, что он видел. — Бабушка, останься, мне страшно одному!

А слова «смерть» он еще не знал.

— Тебе уже четыре года, — строго сказала старушка. — Я вернусь через двадцать минут.

— Бабушка!!!

Дверь захлопнулась, больно ударив по барабанным перепонкам, звякнул закрывшийся замок, на лестничной клетке послышались шаги, а мальчик все стоял в коридоре и плакал:

— Бабушка, бабушка, не ходи...

Он два часа просидел в квартире один, до тех пор, пока не примчалась с работы заплаканная мама. Он не знал, что отец в морге, опознает сбитую машиной старушку, подписывает бумаги, угрюмо вздыхает. Он ничего не знал, кроме того, что бабушка больше не вернется. Никогда не вернется...

Легко ли видеть идущих по лезвию людей? Знать, когда, в какой момент смерть подойдет к ним на расстояние вытянутой руки, опалит своим дыханием, прикоснется... В первые годы жизни дар не был постоянным, контуры грядущего проступали изредка, неясно. Иногда он сам не мог понять, почему внезапно начинает видеть то, чего нет на самом деле, иногда пугался, иногда видения спасали ему жизнь...

— Мишка, прикрой, я за тот камень!

— Сиди, — процедил он, не отрывая взгляд от прицела. — Я скажу когда.

— Накроют!

— Сиди, б...! Опасно!

Не послушал, бросился вперед, и действительно накрыло. Но минометчики у противника аховые, промахнулись метров на тридцать, хотя точно знали, за какими камнями укрылись разведчики. Выскочившего сержанта — в клочья, на Мишке — ни царапины.

Легко ли осознать, что ты не можешь никого спасти? Что на твои слова не обращают внимания, словно какая-то сила заставляет людей действовать наперекор? Легко ли принять, что смерть лупит очередями, а ты стоишь и смотришь. И хуже того: ты понимаешь, что ХОЧЕШЬ помочь старухе с косой. Что, только убивая, ты чувствуешь вкус жизни? Убивая, наполняешь до краев свою чашу...

— Мишенька, почему ты хмурый?

— Я нормальный.

— Мне так хорошо с тобой...

Прижимается всем телом, шепчет ласковые слова, улыбается. Теплая, мягкая, любимая... Остаться? Завести семью? Обрести покой? А вдруг однажды я увижу ее будущее? Увижу смерть за углом и не смогу спасти? Ее или детей? Я смогу пережить?

Он любил.

Он боялся.

Страх погнал его прочь, увел от теплой, мягкой, любимой, не позволил сложить очаг. Страх заставил его вернуться в армию, в специальное подразделение, что моталось по Африке, помогая друзьям СССР строить светлое будущее. Там он окончательно обрел себя, там он занимался только тем, для чего рожден, — убивал. Но, нажимая на спусковой крючок, он не становился счастливее, не радовался, не наслаждался, просто был самим собой. Его уважали, но держались в стороне. Его ловушки всегда срабатывали, пули летели точно в цель, а брошенные гранаты наносили максимальный урон. Он стрелял в абсолютной темноте и сквозь стены хижин, и всегда — в яблочко. Он говорил, что у него очень тонкий слух и меткий глаз. Ему верили. А на деле он просто ЗНАЛ, в какую сторону нужно повернуть ствол, чтобы вероятность встречи со смертью превратилась для противника в свершившийся факт.

За пятнадцать лет в Африке он научился бегло говорить на португальском и английском, потерял кучу товарищей и заслужил шесть боевых наград. Командование его ценило, а местные слагали о нем легенды, говорили, что ему помогают могущественные духи. В конце концов ему предложили вернуться в Союз, офицер с таким опытом обязан делиться им, воспитывать молодых волчат, однако он знал, что не сможет не убивать. Не сможет.

Для этого он рожден.

Дезертировать получилось на удивление легко. Он ушел в джунгли и через месяц оказался в столице соседней страны. По давно заготовленным документам нанялся на сухогруз и ушел в Бразилию. Там вновь сменил документы и начал сольную карьеру. Если уж ему суждено убивать, то он будет сам выбирать жертвы, сам решать, заслуживает ли человек смерти или нет? Сам. Не по приказу.

Так появился тот, кого впоследствии американцы назовут Призраком. Неуловимый и безжалостный, способный оставить в дураках любую службу безопасности, превративший убийство в Искусство. О нем заговорили как о человеке, способном убрать кого угодно. Его услуги стоили дорого, но он всегда исполнял контракт. Он действовал только через посредников и работал не чаще двух раз в год — этого вполне хватало, чтобы заглушить инстинкт.

Инстинкт убийцы.

А потом случилось то, что должно было случиться. Его нашли и сказали:

— Добро пожаловать в мир людей, которые сумели обрести себя. Постарайся не сойти с ума от радости.

— Говорят, в первые годы жизни человек не знает, каким путем ему предстоит пойти. В каждом заложены самые разные таланты, и перед нами открыто множество дорог. Но затем, под воздействием воспитания и окружения, таланты начинают исчезать. Очень быстро исчезать, таять на глазах. А потом остается только один из них, тот, который в полной мере отвечает тебе настоящему, твоей сути, твоей душе. Он тоже может исчезнуть, уйти навсегда, а потому — не зевай, пойми себя, ощути и работай. Работай как проклятый, развивай свой дар, потому что, если лишишься его, — жизнь станет каторгой. Дороги закроются, и будешь до самой смерти топтать проложенные другими тропинки. — Оружейник сжал кулаки. — Чтобы однажды утром проснуться и понять, что все напрасно. Абсолютно все. Что ты так и не нашел себя.

Не плыви по течению, не плыви против течения, плыви туда, куда тебе нужно.

— Любопытная теория, — скупо произнес Волков.

Серафим тихонько заскулил. Старик поднял руку и медленно потер лоб.

— Вы сами все знаете, Федор Александрович, или чувствуете, что одно и то же. Просто я выразил ваши догадки словами.

«Я мог быть инженером, а стал сыщиком... Что побудило меня круто поменять жизнь? Что заставило в последний момент выбрать другую дорогу?»

И сразу же на ум пришли слова Рижской:

«Ищите рациональные объяснения. Магии в Москве нет и никогда не было».

— Все, что вы рассказываете, похоже на колдовство.

— Магии не существует, — отрезал Оружейник. — Есть только люди, сила полностью раскрывшихся людей, умение тех, кто наполнил свою жизнь подлинным смыслом. Есть только искусники. Мы не получаем дар по воле богов, не пьем из волшебного источника, мы работаем. На старте все одинаковы, у всех полно талантов, а вот затем начинается жизнь. Кто-то работает, совершенствуется, достигает вершин мастерства. Не останавливается, получив первое признание, а лезет дальше, выше. Даже став мастером, продолжает обдирать ладони, продолжает учиться, не дает себе послаблений, и тогда... И тогда в один прекрасный день игрок начинает чувствовать карты партнера. И становится Игроком. Он живет этим, понимаете? Травник может заварить восхитительный на вкус чай из сена. Дантист — снять зубную боль одним прикосновением.

— Чеканщик тоже не имеет отношения к магии?

— Разумеется, нет. Карповы познали суть денег, знают, кому, когда и сколько нужно заплатить. — Старик вздохнул. — Теперь вы знаете. А скоро — поймете.

«А ведь Оружейник прав: вряд ли я когда-нибудь проснусь с ощущением, что не обрел себя».

— Дар — это не подарок, не метка избранного. Дар есть у каждого. Но нужно разобраться в себе, понять себя и работать. Добиваться совершенства в своей профессии или увлечении, пролить море пота, ошибаться, вновь работать, достичь вершины, и тогда... — Старик усмехнулся. — И вот тогда будет подарок. Ты обретешь самого себя и поднимешься над вершиной. Станешь искусником — человеком, для которого не существует секретов в его деле. Совершенным профессионалом. Ты будешь служить своему делу, а дело будет служить тебе. Венец развития человека.

— Убийцы тоже парят над вершиной?

— У каждого свой дар, Федор Александрович, своя дорога.

— Складывается впечатление, что вы пытаетесь оправдать свое занятие. Я прав?

Старик не обиделся:

— Оправдать? Помилуйте, я просто рассказываю как есть. Я — Оружейник. — Последнюю фразу он произнес с заметной гордостью. — Таково мое призвание.

— Убивать?

— Обрывать жизни, — поправил Очкарика старик. — Таланты у людей разные... Вы, Федор Александрович, тоже небезгрешны.

— Я ловлю преступников, — сухо произнес Волков.

— И сколько сделок вы заключили за свою жизнь? Скольких злодеев отпустили? А сколько ваших расследований закончилось ничем? Преступники не понесли наказания, разгуливают на свободе... Разве такого не было?

— Было. — В глазах Федора сверкнула сталь.

— Вы делаете свое дело честно, иначе бы не достигли своих высот, но не всегда результаты оказываются такими, как вы рассчитывали. Я прав?

Очкарик промолчал.

— В свою очередь, я — преступник, однако отправил на тот свет не меньше взвода наркобаронов.

— В интересах других наркобаронов.

— А в чьих интересах вы ищете меня? — ударом на удар ответил старик. — Я ведь прекрасно понимаю, что вы гоняетесь за мной отнюдь не для того, чтобы отправить в тюрьму. Ваши руководители были бы не прочь познакомиться со мной, не правда ли?

— Почему вы так решили?

— Все хотят, — махнул рукой Оружейник. — Всем интересен высококлассный убийца. Я ведь действительно могу устранить кого угодно. Я вижу мгновения, когда вероятность смерти того или иного человека становится крайне высокой, и использую их. — Пристальный взгляд на Волкова. — Или не использую.

Красноречивый взгляд.

— Вы знали, что Ариф отправится именно в ту кабинку, — вздохнул Федор.

— Знал, — кивнул старик. — И о видеокамере знал.

— Почему вы помогли Ильгару?

— Чтобы вы взялись за расследование, Федор Александрович, — объяснил Оружейник. — И, в конце концов, заметив все нестыковки, постепенно придя к мысли, что организовать такое убийство обычными методами невозможно, и поговорив с Чеканщиком, встретились со мной.

— Вы убили Арифа Гусейна только для того, чтобы привлечь мое внимание?

— А вы бы выбрали себе должность попроще, Федор Александрович, и всем было бы легче, — рассмеялся старик. — И Ариф, глядишь, остался бы жив... если бы Ильгар его не пристрелил, как собирался.

Цинично и предельно откровенно.

«Им нужно было сделать так, чтобы я осознал свой дар, почувствовал себя искусником, и они не задумываясь убивают нефтяного барона. Пренебрежительно смахивают Арифа с доски и наблюдают за ходом расследования: «Смотри, какой Волков молодец, не подкачал. Действительно тот, кто нам нужен!» Что это? Высшая ступень эгоизма? Мораль сверхлюдей? А сверхлюди ли они? Спорный вопрос...»

Себя, во всяком случае, Волков суперменом не ощущал.

«Если человек достиг вершин мастерства, превратил свою профессию в магическое искусство, как он будет смотреть на обычных людей?»

— Что вам от меня нужно?

Хотя знал что. Кого-то или что-то найти. Причем быстро.

— То, что было нужно мне, уже достигнуто, — неожиданно серьезно произнес Оружейник. — Об остальном расскажет Гончар. — Старик выдержал короткую паузу и закончил: — Добро пожаловать в семью, Собиратель Тайн.

* * *

Оказывается, он отвык завтракать в одиночестве. Совсем отвык...

Разумеется, Испанка увлекалась мужчинами и в Мадриде. Флиртовала, строила глазки, позволяла водить себя в театр, спала с ними. Но в Мадриде Испанка исчезала из дома по вечерам, развлекалась ночью, а под утро обязательно возвращалась, никогда не встречала рассвет с любовниками.

Травнику этот факт казался очень важным. Ночь — время секса, сброшенных запретов и страсти. Ночью нет стыда и нет обязательств. На то, что Испанка делала по ночам, Травник никогда не обижался. Это ее время.

Зато дни он считал своей собственностью. Любые дни. Даже те, что следовали за бесстыдными ночами.

Закутанная в халат Испанка появлялась на кухне, заспанная, растрепанная, и жадно набрасывалась на кофе и булочки, и целовала его в щеку. Нежно целовала. Словно извиняясь, хотя просить прощения не за что. Наоборот, это Травник был благодарен ей за деликатность. За то, что свои дни красавица Испанка посвящает ему и только ему. За то, что не приводит никого в свой дом.

В их дом.

В Москве же все пошло кувырком. Испанка исчезала по вечерам, что нормально, но объявиться могла и утром, и даже днем. Она наплевательски относилась к заданиям Гончара и, судя по затуманенным глазам, постоянно думала о чем-то своем.

Или о ком-то своем.

С кем завтракала и с кем встречала рассветы.

Тоскливо.

Но такова жизнь.

Травник вытер губы салфеткой.

Он отвык завтракать в одиночестве, но не смог заставить себя разделить трапезу с Вонючкой. Оставил Неваду в квартире, пообещав принести свежих булочек, а сам отправился в круглосуточно работающую кофейню. К людям. Но все напрасно. Ни присутствие пары посетителей за соседними столиками, ни официантка не помогли ему разогнать тоску.

Он завтракал в одиночестве.

* * *

В принципе, квартира не казалась неубранной. Немного воняло, но это из-за опрокинутой бутылки коньяка: жидкость вытекла, наполнив помещение характерным для винных магазинов запахом. А все остальное можно было убрать за считаные минуты. Все остальное — это валяющаяся одежда, которую срывали второпях, не задумываясь над тем, что рвутся пуговицы и бретельки. Две пары мужских брюк, джемпер, рубашка, двое трусов, носки, туфли, один из которых почему-то оказался на столе, а также туфельки на высокой шпильке, тонкое черное платье и чулки. Не так уж и много, чтобы говорить о царящем хаосе. Еще была черная сумочка, но она не валялась, а раскрытая лежала на столе, судя по всему, хозяйка уже добралась до нее и вытащила пару средств для утреннего туалета.

Вышедший из спальни Славик мрачно посмотрел на сумочку, поморщился, когда запах алкоголя добрался до его заторможенных рецепторов, повернулся к кровати и пробурчал:

— Вставай.

— Не могу, — простонал Гарик. — Она меня до смерти затрахала.

— Знаю.

Вспомнив прошедшую ночь, Славик содрогнулся.

«Вот попали так попали!»

Причем в памяти остались лишь начало праздника — многообещающее знакомство с привлекательной женщиной, и финал — приезд в квартиру и бурный секс втроем.

Славик и Гарик знали, как сладко покувыркаться с девушкой на пару, умели получать удовольствие, не особенно заморачиваясь ощущениями партнерши. Любили работать одновременно, чувствуя друг друга и заводясь от этого. Любили слушать, как просят остановиться. Останавливаться не любили. И не останавливались.

Однако вчера в их сети попала настоящая тигрица. Выносливая и ненасытная. Ольга не просила остановиться, она требовала продолжать, вымотала друзей до предела и даже что-то съязвила, когда увидела, что Славик неспособен продолжать марафон.

«Сука!»

— Она уехала? — осторожно осведомился Гарик.

Вылезать из-под одеяла он явно не собирался, предоставляя другу карт-бланш на активные действия.

— Еще нет, — пробурчал Славик и натянул на себя халат. — Пойду посмотрю.

Тигрица отыскалась в ванной. Сидела на бортике и с любовью разглядывала свое отражение в огромном зеркале. Красивое отражение красивого тела, буквально дышащего сексуальностью. Гибкое, спортивно подтянутое, зовущее...

«Глаза б мои тебя не видели!»

— Проснулся, малыш?

— Да.

Славику не понравилось обращение, но... Но что делать? Не ругаться же с ней?

— А приятель твой?

— Тоже.

— Продолжим?

— Э-э...

Говорить «пожалуй, нет» не хотелось. А ничего другого в голову не лезло. К счастью, слегка осоловевший взгляд Славика наткнулся на украшения Ольги, и его мысли потекли в другом направлении:

— Откуда это у тебя?

Славик узнал гарнитур: три кольца, серьги и ожерелье с черными бриллиантами — авторская работа отца, за которую тот просил огромные деньги.

— Ты подарил, — спокойно ответила женщина. — Неужели не помнишь?

Всплывшие воспоминания заставили Славика задрожать от страха: вот они приезжают в офис, вот он говорит охраннику, что ему нужно в кабинет, открывает сейф...

«Боже, она ведь не выходила из машины! Охранник ее не видел!»

Вот она примеряет роскошные драгоценности. Прямо на улице примеряет, у машины. Радостно смеется и награждает Славика долгим и сладким поцелуем. Он горд тем, что произвел впечатление на красавицу. Замечает, что у Гарика расстегнута ширинка.

«Чем они занимались, пока я бегал в офис?»

Возбуждение нарастает. Славик тянет Ольгу на заднее сиденье. Гарик не против. Тоже смеется. Возвращается за руль и гонит к дому. А распаленный Славик задирает коротенькое платьице женщины, сдвигает трусики и торопливо входит в нее.

Начало оргии. Но стоит ли прошедшая ночь ТАКИХ денег?

«Отец меня убьет!»

Славик представил разъяренного папашу, и ему стало холодно.

— Э-э... знаешь, гарнитур придется вернуть.

Ольга улыбнулась, показав, что оценила шутку, но ничего не сказала.

— Я не шучу.

— Даже не мечтай, малыш, — мягко произнесла женщина. — Это подарок, а подарки возвращают только по желанию.

Славик почувствовал нарастающую злобу. Мало того что эта сучка переиграла их в постели, так она еще набирается наглости и не желает возвращать... отдавать... дураку ведь понятно, что гарнитур Славик притащил по пьяни, что будь он трезв...

— Ты знаешь, сколько он стоит?

— Конечно, знаю. То есть догадываюсь. — Она провела пальцами по вживленным в висок бриллиантам. — А вот ты не знаешь, с кем связался.

— Чего я не знаю, шлюха ты приблудная?! Брюлики гони, а то...

Если в постели женщина еще может превзойти мужика, то в драке ей не светит. В этом Славик не сомневался. Страшась отцовского гнева, ослепленный яростью, он попытался схватить Ольгу за плечо, дернуть, показать, кто здесь хозяин, но...

Короткий удар в грудь заставил его остановиться и прекратить движение. Проказа расхохоталась и от всей души врезала ошеломленному парню ногой в промежность.

По квартире прокатился полный боли вой.

* * *

Загадочный Гончар обитал на одной из самых дорогих московских улиц — на Пречистенке, что Волкова, который после визита в логово Оружейника морально готовился посетить еще одну помойку, весьма порадовало. Хороший дом, чистый подъезд, просторная квартира. Общаться в таком месте гораздо приятнее, чем в каком-нибудь гадюшнике. Опять же — показатель доверия. Первая, предварительная встреча состоялась по конспиративному адресу, в логове, которое не жалко бросить. Теперь же его звали домой, подчеркивали свою открытость, нашептывали: «Ты свой!»

«Искусник?»

Ни до разговора с Оружейником, ни теперь Федор не размышлял над тем, чего достиг в профессии. Конечно, он гордился успехами, переживал поражения, но ни разу не задумался о собственном величии. Он работал. Если его мысли не были заняты текущим расследованием, Очкарик думал о сыне, или Альбине, или друзьях. Или не думал ни о чем, отдыхал.

Быть лучше всех сыскарей?

Волков ни на кого не равнялся и никому ничего не доказывал, просто работал и старался делать это как можно лучше.

Не так ли становятся профессионалами?

Не только так. Можно и оглядываться по сторонам, и переживать успехи конкурентов, и грызть землю, добиваясь признания. Добиться его. Оказаться на вершине. Но окажешься ли ты еще выше? Вполне возможно. Мотивы для стремления к совершенству могут быть разными, важен результат. Важен вложенный труд, кровавый пот и кровавые мозоли. И какая разница, из-за чего они появились: потому что хотел сделать это для себя или доказывал свое первенство другим? Главное — появились. Главное — ты доказал свое превосходство делом. И заслужил уважение, даже будучи высокомерным ублюдком. Потому что заработал.

«Я заработал?»

После разговора с Оружейником Очкарик понял, что в последние месяцы дела давались ему легче, чем раньше. Нынешнее расследование не в счет, это игра в поддавки. А вот, к примеру, предыдущее, начинавшееся как неплохая головоломка, Федор вскрыл за два дня. Не располагая никакими уликами, полагаясь исключительно на чутье, взял да и надавил на вызванного на допрос весьма уважаемого чиновника. Да так надавил, что тот, расклеившись, на блюдечке выложил Волкову доказательства своей вины.

Стечение обстоятельств?

Вспомнился старый анекдот о программисте, которого вызвали отремонтировать мощный компьютер. Программист походил вокруг устройства, ударил по системному блоку ногой — компьютер заработал, и выписал счет на тысячу долларов. Когда возмущенный хозяин потребовал объяснить причину столь высокой цены пустякового ремонта, программист молча переписал счет: «Один доллар за удар. Девятьсот девяносто девять — за то, что знаю, куда и с какой силой ударить».

Похоже на работу искусника?

Один знает, куда ударить, другой — когда убить, третий — как и на кого надавить. ЗНАЮТ, потому что профессия стала частью их самих, а они — частью профессии.

Поднялись выше вершины.

Впрочем, Федор недолго предавался подобным размышлениям — они не имели отношения к расследованию. Подумал чуть-чуть, а затем приказал себе сосредоточиться на предстоящей встрече, продумывал ход разговора, готовился к нему, не отвлекаясь на ерунду. Припарковал машину на кстати освободившееся место у тротуара, щелкнул кнопкой сигнализации, по привычке оглядел дом и едва собрался направиться к подъезду, как зазвонил телефон.

— Волков.

— А дело-то раскрыто! — радостно прокричал Грушин. — Есть убийца Гусейна!

— Кто?

— Сардар.

— Появились улики?

— Сам признался, — весело рассмеялся Васенька.

«Сам? Неужели Сидоров решил выслужиться и выбил из Сардара признание? Не может быть!»

Федор прищурился:

— Что ты с ним делал?

— Ничего! Честное слово — ничего. — Грушин не обиделся на проявленное Очкариком недоверие. Понимал, о чем подумал Волков. — Сегодня утром Сардар потребовал свидания и во всем признался. Под протокол! При свидетелях и адвокате. Заявил, что грохнул Арифа на почве личной неприязни. Надоело быть рабом.

— Почему он признался?

— Говорит, совесть замучила. Все-таки от Арифа он много добра видел. Да и понял, что сглупил, что не жить ему теперь.

— То есть он совершил преступление импульсивно?

— Видимо.

— Не слишком ли хорошо оно продумано для импульса?

— Какая разница? Сардар сознался, а что еще нужно? Да и подозрения основные на него указывали, так ведь?

— Это была одна из версий.

— Значит, все в порядке.

«Сардар признался... А чего ты хотел? Оружейник знает, когда человек подойдет к порогу смерти, Чеканщик продает монеты на все случаи жизни. Интересно, какими талантами может похвастаться главарь?»

— Прокурорские аж позеленели, когда узнали, что мы дело раскрыли, — радостно закончил Грушин. — Ты когда в министерстве появишься?

Судя по всему, Сидорову не терпелось насладиться видом поверженного недруга. Мол, мы тоже кое на что способны.

— После обеда, — буркнул Федор. — Сейчас у меня встреча.

И отключил телефон.

Расследование закончено, преступление совершено спонтанно, на почве накопившегося раздражения. Схема убийства перестает быть загадочной — предательство телохранителя все объясняет. Галочка. Шеф хихикает над Генеральным прокурором. Сидоров герой. Дело готовится к суду. Доживет ли до него Сардар? Вряд ли. Погибнет в изоляторе. А если и нет, то в тюрьме. Розгин говорил, что Сардар ненадолго переживет Арифа, и не лгал — в этом Волков не сомневался. Впрочем, кому интересен Сардар? Что значит какой-то там телохранитель, когда на МВД висит убийство Арифа Гусейна? Поправка: уже не висит. Созрело.

«Но почему Сардар признался именно сейчас?»

Волков не дошел до подъезда, остановился в нескольких шагах, достал сигареты.

Дело закрыто, в продолжении расследования никто не заинтересован, от Очкарика не станут требовать результат...

«Не станут требовать результат!»

Оружейник выведен из-под удара! А Оружейнику, точнее, его шефу Гончару что-то нужно от Волкова. Очень нужно. И одним ходом они решают две задачи: прикрывают себя и освобождают Федора от лишних хлопот.

Очкарик бросил недокуренную сигарету в урну и усмехнулся.

«Что ж, пришло время узнать, для чего я им понадобился?»

Ради чего серый старик с мертвыми глазами отправил на тот свет углеводородного барона.

Обставлявший квартиру дизайнер обладал отменным вкусом — стиль был выдержан до мельчайших деталей, ни один штрих не нарушал благородного убранства. Мебель, картины, светильники — все настоящее, антикварное. Шелк на некоторых стенах, замысловатые дверные ручки, старинные ковры, хрусталь и серебро, на мгновение Волкову показалось, что он попал на съемки исторического фильма.

— Любите классику?

— Привык. Я по натуре консерватор, с трудом воспринимаю новое.

Этот короткий диалог прозвучал несколько позже, в гостиной. А прежде состоялось знакомство.

Хозяин квартиры сам открыл Федору дверь, медленно оглядел, после чего кивнул:

— Гончар.

— Волков.

— Очень приятно.

Рукопожатиями они не обменивались.

Следуя за хозяином, Очкарик оказался в огромной гостиной, окна которой выходили на Пречистенку, расположился в предложенном кресле, согласился отведать южноафриканского. «Поверьте, Федор, я сам не предполагал, что в Африке способны делать хорошее вино!» Согласился с тостом «За знакомство!», пригубил красное.

— Неплохо?

— Лучше, чем я ожидал.

Гончар, который, в отличие от Волкова, выпил почти целый бокал, развалился в кресле и хозяйским жестом повел рукой.

— Вижу, вам у меня понравилось.

— Большая комната, — улыбнулся в ответ Федор.

— Я люблю спать в маленьких помещениях, но ненавижу в них работать. Люблю простор.

— Это чувствуется.

Схема «радушный хозяин — вежливый гость» не клеилась. Очкарик четко дал понять, что не намерен тратить время на ерунду, и Гончару пришлось согласиться. Он поставил бокал на стол, свел перед грудью пальцы и медленно начал:

— Полагаю, Оружейник...

— Вы надавили на Сардара? — осведомился Волков.

В общении с Оружейником он дал слабину, но повторять ошибки не собирался.

— Я, — не стал скрывать Гончар.

— Каким образом?

— Уговорил.

Распространяться на эту тему хозяин квартиры не желал.

«Гипноз? Но как он пробрался в камеру?»

— Меня вы тоже способны... э-э... уговорить?

— Нет.

— Неужели?

— Вы отличаетесь от обычных людей.

— Чем?

Гончар долил вина в свой бокал, вновь взял его в руку, но пить не стал, просто грел в ладони.

— Каждому суждено пройти свой путь. Уникальный. Неповторимый. Но далеко не каждый способен отыскать его, найти единственную дорогу, которая наполнит жизнь смыслом. Кто-то ошибается, растрачивая силы там, где ему ничего не добиться, кто-то плывет по течению, выбирая легкий, как ему кажется, путь, который ведет в никуда... А кто-то берется за весла. Сардар плыл, не задумываясь. Вы — гребете. Возможно, вы с самого начала выбрали свой поток, возможно, когда-то вам пришлось плыть против течения или резко менять курс, но суть в том, что вы сумели найти себя, сумели раскрыться. Вы — человек в прямом смысле слова, Федор Александрович, а потому у меня нет власти над вашим разумом.

— Искусник?

— Да. Собиратель Тайн. Человек, способный раскрыть любые секреты. — Гончар помолчал. — Но не стоит обольщаться, Федор Александрович, вы не единственный великий сыщик на планете. Далеко не единственный.

Если он хотел раззадорить Очкарика, то просчитался, Волков спокойно воспринял слова о наличии конкурентов. «Ну, не единственный? Эка невидаль!» Сейчас его занимало другое:

— Я — Собиратель Тайн. А вы, стало быть, Гипнотизер? Или Телепат?

— Не совсем, — покачал головой Гончар. — Я — Гончар. Если вы решили, что это фамилия, то вы ошиблись — это мой псевдоним.

— В чем заключается ваш талант?

— Я вижу душу всего, даже камня.

Во время короткого диалога бокал хозяина вновь опустел. Гончар поставил его на стол, поднялся на ноги и принес маленькую коробку с пластилином.

— Смотрите внимательно, Федор Александрович, я не часто показываю этот фокус.

Сильными пальцами он ловко и быстро размял красную пластинку, сформировал шарик — голову, надел ее на туловище.

— Говорят, что Вселенная возникла из Большого Взрыва, что когда-то давным-давно ничего не было, кроме чудовищно сжатой материи.

— Я слышал, — ответил Волков. Впрочем, не слишком уверенно.

— Считается, что сначала явилась материя, а уж затем — сознание. Мне подобный тезис кажется странным. Мертвое не в силах родить живое. Скажу больше: мертвое не способно родить даже мертвое. Только живое способно создавать жизнь. Даже из мертвого. Чтобы пробудить душу камня требуется огонь другой души.

У маленькой фигурки появились ручки и ножки. Извлеченной откуда-то иглой Гончар изобразил на голове поделки точки-глазки, черточку-нос и полукруг рта. Затем спрятал фигурку в ладонях, закрыл глаза, не просто закрыл — крепко-крепко зажмурился, а когда убрал руки, человечек сделал неуверенный шаг.

Пару дней назад Волков был бы изумлен, сейчас он взирал на действия Гончара с любопытством, не более. Впрочем, хозяин квартиры не ждал от гостя другой реакции.

— Считается, что вначале было мертвое, — продолжил Гончар, глядя на свое создание. — Чушь! Вначале было живое. Та крошечная пылинка, что породила Вселенную, была жива. Не пылинка и не материя — семечко. А в нем — душа, заполонившая потом Вселенную. В каждом из нас прячется ее часть, разбуди ее, разожги, слейся с Душой Вселенной — вот что значит стать искусником!

Пластилиновый голем освоился, из его движений исчезла неуверенность, теперь он бегал по столу, торопливо изучая мир.

— Красивая теория, — произнес Федор.

— Другой у меня нет, — улыбнулся Гончар.

— И вам верят?

— Они знают, что я прав.

— В том, что каждый искусник прикасается к Высшему Разуму?

— К Душе Вселенной. — Гончар слегка подтолкнул человечка пальцем, отчего тот покатился кувырком. — Как бы смешно это ни звучало, искуснику трудно найти свое место в жизни. Ведь он достиг всего. Оказался НАД вершиной. Но что дальше? Расслабиться? Плюнуть на все? Случалось и такое. Вот только в этом случае человек очень скоро переставал быть искусником. Талант любит труд, тяжелый труд, с мозолями и хрипом в пересохшем горле. Талант питается потом. Не будет пота — уйдет талант. А как заставить себя работать, когда всего добился? И тут появляюсь я и рассказываю, что ты не великий и неповторимый, а обычный, только очень сильный. И над вершиной ты паришь в шумной компании. И являешься частью чего-то такого большого, что даже искуснику не осознать.

— Этакий психоанализ.

— В каком-то роде.

— Кто же делал его до вас? Или искусных психоаналитиков много?

— Искусных психоаналитиков много, но я один. И был всегда.

— И никогда не были обычным человеком?

— Обычных людей не бывает. Есть те, кто по каким-то причинам не раскрыл свой талант.

Это утверждение не противоречило прежним заявлениям. Да и обычной логике обычных людей не противоречило. Искусник — это доведенный до совершенства человек. Поправка: доведенный в одной области.

«Еще одна поправка: абстрактные размышления оставить на потом. Сейчас необходимо вычислить, кто перед тобой сидит!»

— Вы сказали, что были всегда.

— Это так. Я немного отличаюсь от остальных искусников. Я был всегда и всегда буду. Гончар живет в разных людях и помнит все. Так заведено.

— Вы что, бессмертный?

— Так уж получилось, Федор Александрович, так уж получилось.

Умирают камни и умирают звезды. Высыхают моря, а цветущие земли превращаются в пустыни. Материя слишком хрупка для вечности. Даже для едва уловимой части ее, для мимолетного мгновения.

Материя погибает, но душа продолжает жить. Ею дышат звезды и камни, моря и песок, огонь и даже ничто, разделяющее миры Вселенной.

Душа незрима и всеобъемлюща. Она есть в любой момент времени, в любой точке пространства. И она будет всегда. Даже когда умрет пространство и потеряет смысл время.

— Я ее порождение, — просто сказал Гончар. — Огонек ее свечи. Живое ее проявление. Я есть порождение помыслов всех людей, их желания совершенствоваться и развиваться. Я не мог не появиться, ибо должен существовать маяк, указующий путь. Я есть чудо. Живое напоминание искусникам и обычным людям, что им есть куда стремиться. Что познано далеко не все. Я помню пещеры и античные города, помню искусников, высекающих огромные статуи и одерживающих победы в безнадежных сражениях. Они достигали вершины, глядя на меня. Они стискивали зубы и говорили: «Вот человек, стоящий надо мной. Я желаю встать рядом с ним!» И вставали.

— И вы ими командуете? Вы их вождь?

— Совсем нет. — Гончар погрустнел. — Каждый искусник — это личность, человек, добившийся всего сам. Я не помогаю, ибо моя поддержка не позволит человеку подняться выше вершины. Я маяк, а не плечо. И поэтому искусники не считают меня главным, они вообще не терпят над собой власти. Братство искусников основано на взаимоуважении, взаимовыручке и дружеских чувствах. Искусники остро чувствуют свою особенность, ищут равных себе, а потому помогают даже тем, кого недолюбливают. Меня вы уважаете, но не боитесь, не подчиняетесь, ведь вы встали рядом.

Он так и сказал: «Вы уважаете», подчеркнув, что Волков является искусником.

«Не сойди с ума от радости».

В целом роль Гончара более-менее прояснилась. Патриарх искусников. Первый из них и вечный. Бесконечное число лет наблюдающий, как люди поднимаются до его уровня.

Оружейник пренебрежительно относится к обычным людям, убил Гусейна только для того, чтобы Федор взялся за расследование. А как Гончар относится к искусникам? Как первый и вечный смотрит на тех, кто поднимается до его уровня? Признает равными себе? Или считает себя стоящим еще выше? Они мучаются, рвут жилы, льют пот и кровь... А в его жизни были пот и кровь?

— Зачем вы здесь?

— Я ищу человека по имени Механикус, — любезно ответил Гончар.

— Человека?

— Мы все люди. Все.

Пластилиновому человечку надоело бегать по столу. Голем добрался до бутылки и пытался взобраться по ее гладким бокам. У него была цель.

— Для чего вы ищете Механикуса?

— Чтобы остановить его.

— Убить?

— Нас слишком мало, и, даже в случае крайних противоречий, мы редко, очень редко доводим дело до крови. Мне нужно его остановить.

— Что он хочет сделать?

— Сначала вы должны понять, кто он такой. — Гончар поудобнее устроился в кресле. — Вина?

— Нет, спасибо.

— Как знаете... — Хозяин квартиры вновь наполнил свой бокал. — Разум человеческий пытлив, ищет нового, жаждет познать все. Разложить по полочкам. Разум вывел людей из пещер, позволил построить города и превратить врагов в рабов. Постепенно люди осознали себя венцом творения и стали придумывать свой мир. Мир, в котором все и вся должно было служить человеку, исполнять его желания и прихоти. Ведь не каждый способен раскрыться полностью, достичь совершенства, большинство людей остаются обычными, но им хочется получать от мира как можно больше. Однако у мира много других забот, ему нет особого дела до человека, мир сам по себе. И тогда его стали менять с помощью машин и тех поверхностных знаний, которые вы называете наукой.

— Что-то подобное я и ожидал услышать, — язвительно заметил Очкарик.

Вечное противостояние науки и религии. Сейчас он начнет уверять, что мы зря спустились с деревьев. Что должны были сидеть в пещерах и медитировать, достигая совершенства духа...

— Не торопитесь с выводами, — предостерегающе заметил Гончар. — Я не против машин, я просто излагаю вам историю. — И сделал глоток вина. — Люди изменили мир, наполнили его силой своего разума, дали свою душу, и так же, как когда-то появился Гончар, на свет явился Механикус. Порождение измененного мира.

— Бог из машины.

— Бог машин. Он — порождение новых чаяний и надежд, желания познать мир не как что-то единое с человеком, а как нечто отвлеченное, стоящее рядом. Порождение прагматизма. Порождение измененной души мира. Механикус — чудо, созданное обычными людьми. Их новый маяк. Их новый символ. Он чувствует любое устройство так же, как я чувствую душу камней. Он оставляет их мертвыми, но в то же время делает живыми. Мы с ним похожи, но очень разные. Он добрый гений ваших изобретателей. Он помогает и дарит вдохновение. Он ближе к вам нынешним, он оперирует доступными понятиями, а мне приходится пробуждать давно забытое.

— И этим механик вам насолил?

— Механикус, — поправил Очкарика Гончар. — Будьте внимательны, Федор Александрович. К тому же Механикус мой друг.

— Позвоните ему, — предложил Волков.

— К сожалению, в настоящее время наши отношения довольно прохладны...

— Вы поссорились?

Гончар улыбнулся и, глядя Федору в глаза, закончил свою мысль:

— Настолько прохладны, что возможно, мне действительно придется убить Механикуса.

Очкарик выдержал взгляд собеседника. И никак не среагировал на то, что, произнося свою фразу, Гончар взял суетящегося возле бутылки человечка и одним движением смял его, превратив в безжизненный комок пластилина.

— За что вы хотите убить Механикуса?

— Хорошо, что вы поставили вопрос именно так, Федор Александрович, вы понимаете, что бывают случаи, когда убийство становится необходимым.

— Насколько я понял, смерть и Механикус — понятия несовместимые, он возродится.

— Совершенно верно. Поэтому уничтожение его материального тела не станет серьезным преступлением в глазах искусников. Но мне принесет ощутимую выгоду.

— Какую?

Глаза Гончара вспыхнули.

— Механикус — безответственный экспериментатор, вмешивающийся в дела людей и не думающий о последствиях. Я могу мириться с его существованием, заставляю себя не думать о том, что приносят его изобретения... В конце концов, Механикус — порождение этого мира. Но когда он вторгается в основы, я не могу остаться в стороне.

Федор вздохнул:

— Если можно, поподробнее. В какие основы вторгся Механикус?

— Вы когда-нибудь были в Сибири? — осведомился Гончар.

— Приходилось.

— И как вам?

— Летом жарко, зимой холодно.

— Вам известна теория, что из Сибири вышли практически все современные народы? Что именно там находился центр расселения человечества?

— Сфера моих обычных интересов далека от подобных тем, — деликатно заметил Федор.

— Не важно, — махнул рукой Гончар. — Ваши знания сейчас не важны.

— А что важно?

— Вы слышали о главной тайне Сибири?

— Почему она стала центром расселения человечества? — попытался угадать Очкарик.

— Нет, — покачал головой Гончар. — Главная тайна Сибири — Золотая Баба. Таинственная богиня, которую аборигены прячут от всех вот уже сотни лет. За ней гонялись Ермак и комиссары, при Петре и при Николаях. Ее искали, но найти не сумели.

— И вы не сумели?

Вопрос Гончару не понравился, но он понял, что должен ответить.

— Не сумел.

— Почему?

— Полагаю, потому что она — Богиня.

— Еще одна?

— Федор Александрович, поймите простую вещь, — вздохнул Гончар. — Вы говорите не с суперменом, не с богом. Вы говорите с человеком, который достиг вершины развития. Или одной из вершин, первой, сейчас это не важно. Что бы вы себе ни напридумывали, вы должны понимать: я не всемогущ. Я не могу закрыть глаза и увидеть каждый камень на этой земле, или превратить в живого человечка пластилин, лежащий в парижском магазине. Да даже в соседнем доме, черт побери! В соседней квартире! И Оружейник не может придумать способ убийства человека, только взглянув на его фотографию! Оружейник должен подобраться к жертве, почувствовать ее, увидеть. Мы не колдуны, Федор Александрович, мы просто ОЧЕНЬ хорошо умеем что-то делать. Каждый свое.

— Вы вторгаетесь в души людей. Почему не нашли Золотую Бабу через ее жрецов?

— Потому что ей служат настоящие шаманы, — объяснил Гончар.

— Искусники?

— Да.

«Над которыми у него нет власти».

Но появилась любопытная пометка: искусники СЛУЖАТ Золотой Бабе. Служат — Гончар не оговорился. А его, первого и вечного, они в лучшем случае уважают. Занятно...

— Я все понял, — кивнул Федор. — Вернемся к нашему делу.

— У меня есть основания думать, что Золотая Баба находится у Механикуса. Один из ее хранителей, обеспокоенный участившимися экспедициями, перевез Богиню в Москву...

— Взял и перевез? — уточнил Очкарик. — Только потому, что ему надоели ползающие по тайге любители?

Против воли уточнил. Машинально. Это была конкретная информация, связанная с расследованием.

«Я что, веду расследование?»

Но было поздно. Слово прозвучало. Гончар улыбнулся, он тоже все понял.

— Шаман действовал самостоятельно, выждал момент, когда остальные хранители были далеко, и ушел. Я думаю, у него что-то сломалось вот здесь. — Гончар выразительно постучал себя по лбу. — Или здесь. — Палец указал на грудь.

— Были причины?

— Некоторое время назад Шаману пришлось противостоять целой экспедиции.

— Что значит «противостоять»?

— Он убил тридцать человек.

Очкарик удивленно выгнул бровь:

— Вы шутите?

— Нет.

— Почему об этом никому не известно?

— Американцы предпочли не афишировать случившееся. Они искали своих четыре месяца, но ничего не обнаружили. Я же знаю точно: все члены экспедиции мертвы.

Волков покачал головой:

— Тридцать человек...

— После этого Шаман потерял над собой контроль. Я полагаю — он раскаялся. А может, просто свихнулся.

Короче, Шаман банально сбежал из Сибири, прихватив с собой Богиню.

— Вы хотите ее вернуть?

— Э-э... — Пришло время Гончару быть осторожным. Он уже понял, что не следует врать Собирателю Тайн. — В первую очередь я хочу вырвать Богиню из лап Механикуса.

— Почему?

— Потому что это противоестественный союз.

— Наверное, я чего-то не понял. Мы говорим об идоле?

— О Богине, Федор Александрович, о Богине! Мы говорим о той, чья суть остается загадкой даже для меня. Я с ужасом представляю, на какие эксперименты с ней способен пойти Механикус. Ведь для него нет ничего запретного, сакрального. Он — порождение холодного разума, прагматичной науки, он не чувствует душу, а потому способен на все.

— А вы хотите вернуть Богиню в Сибирь?

— Я хочу вырвать ее из лап Механикуса!

С полминуты мужчины буравили друг друга взглядами. Что же, с достойными противниками Волкову тоже приходилось иметь дело. Он знал, когда нужно давить, а когда отступить, сманеврировать, отложить разговор, получив время на сбор информации. В подобном маневре был и свой плюс: можно не давать обещания, сославшись на недостаток сведений.

— Что вам нужно от меня?

— Чтобы вы нашли Механикуса. Без вас, Федор Александрович, мы не справляемся.

— Вы шутите? — во второй раз повторил Очкарик.

— К сожалению, нет. — Гончар продолжал смотреть в глаза Очкарику, но теперь в его взгляде не было напряжения. — Я ведь не зря говорил о вашем таланте, Собиратель Тайн. Вы тот, кто докапывается до истины. Вы вскрываете тайны, как банки с пивом. Интуитивно находите нужных людей, интуитивно задаете правильные вопросы правильным тоном. Подобно охотнику, вы идете по следу, но если обычный следопыт, даже очень хороший, даже стоящий на вершине мастер, способен ошибиться, попасться на уловку зверя, то вы — никогда. Я выразился не совсем верно: вы идете не по следу, вы идете за жертвой, за добычей. Заставив вас расследовать смерть Арифа, я ввел вас в игру, ввел в противостояние, и сейчас вы ближе всех стоите к Механикусу. Возможно, вы еще этого не осознаете, но... два-три шага, и вы окажетесь рядом с ним. Помогите мне, Федор Александрович, помогите.

— А если я откажусь?

— Вы? Собиратель Тайн? Вы откажетесь от столь занимательного расследования? Это невозможно.

Волков чувствовал, что Гончар попал в самую точку — невозможно.

И еще... И еще Гончар прочувствовал ту маленькую деталь, в которой Федор, несмотря на свой цинизм, не любил признаваться: не восстановление справедливости больше всего занимало Очкарика, не наказание виновных, а сам процесс, разгадка тайны, поиск истины. Каждое расследование — головоломка, которую предстояло решить. Разгадал — победил. А то, что будет дальше, Волкова, как правило, волновало значительно меньше. Разумеется, он считал, что преступник должен платить по счетам, но спокойно относился к тому, что счета выставляет не общество, а кто-то другой.

«Может, это цинизм вознес тебя над вершиной? А, Собиратель Тайн?»

И сейчас он хотел докопаться до сути противостояния Гончара и Механикуса, хотел понять, что они скрывают, хотел найти Богиню. Кстати! Найти Богиню! Увидеть таинственную Золотую Бабу, возможно — прикоснуться к ней. Такой шанс выпадает нечасто.

— Мне нужна информация.

— Я расскажу все, что знаю.

— Мне нужен след, зацепка.

— Мы проверили все места, где Механикус мог спрятать Золотую Бабу, но ничего не нашли, — деловым тоном сообщил Гончар. — И его самого не нашли. Но есть одно место, до которого мы не сумели добраться. Когда-то у Механикуса была мельница на Неглинке...

— На улице?

— Нет, на реке. — Гончар помолчал. — Она стояла под Троицким мостом.

— Чушь какая.

— Согласен, времени с тех пор прошло довольно много, но сути дела это не меняет. Неглинку загнали в трубы, но мельницу, я уверен, не разрушили.

— Почему?

— Это крепость Механикуса. И не просто крепость — шедевр, от начала до конца созданный его руками. Это его любимое место. Я не знаю, куда он спрятал мельницу, но верю: Богиня именно там.

* * *

Они встретились в дорогом кафе на Тверском бульваре. Настолько дорогом, что гостя Бабушки Осень не сразу пустили внутрь. Причиной сомнений привыкших к богатым посетителям охранников стал непрезентабельный вид мужчины: унылое выражение тусклого лица, дешевая, хоть и чистая одежда. Не вызовет ли появление такого «клиента» неудовольствие господ? Не поползут ли о популярном кафе ненужные слухи? «Совещание» затянулось, и ситуация разрешилась лишь при появлении помощника Бабушки Осень, который быстро и внятно разъяснил охранникам, что они не правы. После чего проводил гостя за столик и оставил собеседников одних.

— Ты выглядишь усталым, — заметила старуха, пристально глядя на Механикуса.

— Много работаю в последнее время, — криво усмехнулся тот.

— Снова увлечен?

— Еще как!

— Что на этот раз?

— Расскажу, когда все получится.

— По-прежнему суеверен...

— Жизнь заставила.

Механикус никогда и ни с кем не делился своими замыслами, не рассказывал, над чем работает, однако причина такого поведения объяснялась отнюдь не суевериями — сглазить Механикуса было не под силу даже Бабушке Осень. Просто уродился он таким: молчаливым, предпочитающим работать, а не болтать.

Работать, делать, создавать. И тонкие руки мужчины были руками рабочего: с обгрызанными ногтями, заусенцами и мозолями, с въевшимся маслом, с ожогами от кислоты и огня, со шрамами от инструментов. Может, именно руки Механикуса заставили охранников пафосного кафе насторожиться?

— А как твои дела? — Мужчина насыпал в маленькую чашку кофе несколько ложек сахара, тщательно размешал и поднес к губам.

Со стороны казалось, что длинный нос вот-вот вонзится в чашку.

— Мне грустно, — ответила Бабушка Осень.

— Из-за чего? — Опомнился: — Ах да... Извини, не подумал.

— Ты увлечен, — с печальной улыбкой произнесла старуха. — Ты поглощен своим делом и уже забыл о Шамане.

Механикус покраснел.

— Я... я не забыл. Просто...

— Твое поведение абсолютно нормально, — мягко

проговорила Бабушка Осень. — Жизнь бурлит, идет вперед, подбрасывает новые увлечения. В конце концов, вы с Шаманом никогда не были близки, какой смысл горевать о незнакомом человеке? Тем более о том, который принес тебе лишнюю головную боль.

— Ты знаешь, что это не так, — хмуро пробурчал Механикус. — Я горд тем, что Шаман выбрал меня.

— Но головной боли он тебе прибавил.

Мужчина допил кофе, кивнул официанту: «еще!», дождался, когда тот уберет опустевшую чашку, и медленно произнес:

— Я не боюсь Гончара. Один на один мы равны.

— Никто не говорит о страхе, — улыбнулась Бабушка Осень.

Она прекрасно знала, что Механикус, несмотря на внешность потрепанного жизнью инженера, обладает колоссальной силой. Да, увлекаясь очередным изобретением, он забывал обо всем остальном, полностью погружался в работу, однако умел в случае необходимости собраться и придумать не менее хитроумную, чем Гончар, комбинацию.

— Когда Шаман обратился ко мне, я уже знал, что Гончар охотится за Богиней. И все равно согласился.

— Почему?

— А почему это тебя интересует? — вопросом на вопрос ответил Механикус. — Ты объявила нейтралитет, ушла в сторону, позволила Гончару добраться до Шамана...

— Я всего лишь не вмешивалась.

— Почему?

— Потому что если ты нашел в себе силы взобраться на вершину, будь добр жить дальше своим умом.

Бабушка Осень ответила не жестко, но весьма твердо.

— Жить или умереть?

— Шаман умер не вчера, — вздохнула старуха.

— Да. — Механикус выдержал паузу. — Согласен.

Бог механизмов умел видеть людей. Ведь человек — это та же машина. Сложнейшая совокупность устройств и соединений, которую тем не менее можно описать с помощью уравнений.

— Требуется много сил, чтобы стать искусником, но еще больше — чтобы им оставаться. Я видела, как меняются те, кто оказался на вершине, как примеряют они на свое чело печать избранных. Как забывают путь, оставляя в памяти только результат.

— Разве искусники равны остальным?

— А разве они стоят над остальными?

Механикус обдумывал вопрос почти две минуты. Старуха не мешала, смотрела через витрину на проезжающие по бульвару машины, на людей, идущих по дорожкам, на деревья.

— Искусники поднялись очень высоко, — откашлявшись, сказал Механикус.

— В первую очередь они поднялись над собой. Они превзошли самих себя. Познали суть своего Я. Но остались людьми. — Бабушка Осень помолчала. — Должны оставаться. Но часто получается так, что в них сохраняются лишь человеческие недостатки.

— Они имеют право на гордость.

— Я не принижаю значимость искусников. Я лишь спрашиваю: кому нужен Дантист, если вокруг нет людей? Кому нужен Кузнец? Кому нужен Травник? Подымаясь, искусники должны продолжать служить, вот в чем суть. Мастерство позволило воспарить над вершиной, и только мастерство способно удержать искусников на их высоте. Мастерство служения. Мастерство работы.

— К черту размышления! — раздраженно бросил Механикус. — Ты оторвала меня от дел, чтобы прочесть напыщенную лекцию? Внучатам своим мозги вправляй, хорошо? А меня уволь.

— Даже тебе необходимо иногда послушать напыщенную лекцию, — спокойно отозвалась старуха. — Чтобы не забыть, кто ты такой.

— Я — Механикус!

— Ты — человек.

Он хотел снова нагрубить, даже рот открыл, но передумал. Причем столь явно передумал, что в ином случае такое поведение могло вызвать усмешку: рот распахнулся, некоторое время пребывал в движении, затем закрылся. Секунд десять Механикус держал губы плотно сжатыми, после чего осведомился:

— Зачем ты меня позвала?

— Ты уже решил, как поступишь с Богиней?

Она не стала говорить, что к ней приехали гонцы из Сибири — обманутые друзья Беспалого, — приехали и попросили о помощи. Пять рассерженных шаманов — это очень серьезно, такие противники опасны и для Механикуса, и для Гончара, и для обоих одновременно. Но Бабушка Осень не сказала. Решила не давить. Хотела, чтобы Механикус сам принял решение.

— Ты определился?

Мужчина пожал плечами:

— Шаман ни о чем не просил. Просто отдал ее мне.

— Шамана вело сердце.

— Или безысходность.

— Сердце, — покачала головой старуха. — Ведь он мог отдать Богиню Гончару.

— Не мог.

— Вот видишь — сердце. — Бабушка Осень улыбнулась. — Так как ты поступишь с Богиней? — Помолчала. — Надеюсь, ты не забыл, что она не была собственностью Шамана?

— Не забыл! — Механикус скомкал салфетку и поднялся на ноги. Но его пыл уже пропал, и мужчина даже чуть покраснел под насмешливым взглядом старухи.

Помялся. — Я верну Богиню домой, понятно? Верну ее людям.

Повернулся и быстрым шагом направился к выходу.

— Сердце, — прошептала Бабушка Осень. — Сердце...

* * *

Поведение присланного Гончаром человека вызвало у Волкова некоторое смущение. Никак, разумеется, не проявленное внешне. Молодой парень, высокий, черноволосый, одет в дорогой костюм классического покроя — именно в дорогой, в хорошей одежде Федор научился разбираться давным-давно, — с недешевыми золотыми украшениями, а ведет себя странно. Совсем не так, как должен был бы живущий на полную катушку счастливчик. Если судить по внешнему виду, то к Очкарику прислали стопроцентного мачо, который обязан фонтанировать брутальностью и поглядывать на окружающих с высоты своей крутости.

Парень же скромно забрался в машину, негромко представился:

— Невада.

А потом всю дорогу молчал, изредка покашливая в кулак.

По пути Федор разглядел на лице Невады не до конца сведенные следы побоев, обратил внимание на машинальные прикосновения спутника то к груди, то к голове и понял:

«Недавно тебе крепко вломили, мачо!»

Любопытные у искусников взаимоотношения. Или парень пострадал от ревнивого мужа? Нет, если бы дело было в муже, то Очкарику пришлось бы выслушать веселый рассказ о пикантном приключении. А Неваде, судя по всему, досталось от того, кого он побаивался.

Впрочем, посланец Гончара не вызвал у Волкова особого интереса. Как и размышления о царящих в среде искусников нравах. Гораздо больше Федора смущала легкость, с которой удалось договориться с Шипиловым.

После разговора с Гончаром Очкарик позвонил Андрею, намереваясь назначить встречу, ибо, как ему казалось, странную просьбу следовало озвучить лично: Волков хотел пройти в находящиеся под Кремлем коммуникации. Говорить о том, что ищет водяную мельницу Механикуса, Федор не собирался, придумал другую причину: якобы получил сведения, что неуловимый Призрак интересуется подземельями, уж не планирует ли покушение на слуг народа? Конечно, версия была слеплена «на коленке», не выдерживала, мягко говоря, никакой критики — ведь Шипилова наверняка заинтересует и то, откуда поступила информация, и насколько близко Очкарик подошел к Призраку. На неудобные вопросы придется отвечать. Но потом. Сейчас же Волков рассчитывал, что Андрей со всей серьезностью отнесется к угрозе покушения. И не ошибся. Услышав просьбу организовать Федору и его помощнику экскурсию под Кремлем, точнее, под Александровским садом, еще точнее — по старому руслу Неглинной, Шипилов размышлял меньше минуты. А затем спокойно сказал, что через два часа все будет готово.

Вот это действительно было странно.

— Что за дверь?

В этом месте Неглинная брала левее, ныряла в небольшой зарешеченный проем, а ход вел прямо́, превращаясь в коридор, освещенный редкими лампами. Дверь, вызвавшая интерес Волкова, находилась слева от проема. Надежная бронированная преграда, сделавшая бы честь любому денежному хранилищу. Впрочем, здесь к вопросам безопасности относились гораздо тщательнее, чем в банках.

— Куда она ведет?

— Сейчас... — Шипилов развернул карту, его помощник поднес фонарик, дававший куда больше света, чем настенные светильники. — Сейчас скажу.

Вопреки ожиданиям Федора, подземелья оказались не такими уж мрачными. И не очень грязными: им не выдали ни балахонов, ни резиновых сапог, отправили в кремлевские недра в чем были. По окончании бюрократических формальностей Андрей пригласил Очкарика и Неваду к лестнице и завел в подвал. Они миновали ярко освещенный коридор, пост охраны и оказались в нужном месте: в проходе, по которому текла Неглинная.

— Я не думаю, что кто-либо способен проникнуть в Кремль этой дорогой, — сказал по пути Шипилов. — Коммуникации контролируются очень жестко: повсюду камеры наблюдения и датчики. Ежедневный обход.

Однако пропуск под землю организовал...

Тоннель, в котором спрятали речку, приятно поразил Волкова. Он думал, что Неглинку пустили по трубе, но искусственное русло оказалось проложенным в середине широкого коридора с арочными сводами, и с обеих сторон шли тротуары, соединенные в некоторых местах металлическими мостиками. Судя по кладке, строили тоннель не в двадцатом веке.

— Добротная работа, — подтвердил Андрей, перехватив взгляд Федора. — В свое время хотели коридор забетонировать, даже работы начали, но потом плюнули и оставили как есть — и так надежно.

О нынешних временах напоминали лишь кабели, идущие на высоте человеческого роста, да изредка встречающиеся фонари. Прохладно, довольно сухо, нигде не капает. Одним словом, в сапогах действительно не было нужды, шли путешественники, как по подвалу.

— Так что же за дверью?

— Городские коммуникации, — пробурчал справившийся с чтением карты Шипилов. — Выход в общую систему.

— Уже? — Очкарик покосился на Неваду, тот с сомнением покачал головой. — Я думал, Неглинка под Александровским садом идет.

— Идет, — подтвердил Андрей.

— А здесь она петляет, что ли?

Шипилов вновь уставился в карту и после короткой паузы ответил:

— Я ошибся, за дверью тамбур.

— Пройти можно?

— Почему нет?

Андрей вытащил из висящей на плече сумки связку ключей и занялся замками. Волков тоже подошел к двери и посмотрел на пломбу: в тамбур не входили двенадцать лет.

— Не слишком ли много?

Шипилов не ответил. Его помощник, оказавшийся за спиной Федора, также хранил молчание. От Невады Очкарик и подавно не ждал реплик: искусник открывал рот крайне редко.

За дверью оказался выложенный кирпичом зал, вдоль правой, длинной стены которого текла речка. В этом месте действительно был изгиб, и Неглинка, дав небольшую петлю, возвращалась к Кремлю, исчезая в очередном зарешеченном проеме. А на ее берегу, примерно в центре зала, Волков увидел остатки кирпичного фундамента, невысокий прямоугольник, пять на четыре метра.

«Нашли?»

— Что это?

— Фундамент, судя по всему.

— От чего?

— Надо историков спрашивать, — пожал плечами Шипилов. И внимательно посмотрел на Федора. — Вы думаете, что Призрак использует кладку для своих целей?

— Мне стало интересно, — опомнился Очкарик. — Согласитесь, увидеть под землей остатки строения...

— Неглинка не всегда текла по трубам.

— Да, я помню.

Волков сделал шаг к фундаменту, но остановился: не следует показывать Андрею, что именно кладка и есть его цель. Огляделся, кивнул на двери:

— Куда ведут?

— Эта возвращает нас в коридор, из которого мы вышли. — Шипилов указал на ту, что находилась рядом с выходным проемом. — А эта — в городские коммуникации.

На этот раз карта ему не потребовалась.

— Последний рубеж?

— Открыть ее можно только изнутри. Сигнализация. Датчики. Камеры.

И ни слова о ежедневной проверке. Интересно, почему зал закрыли на двенадцать лет?

Тем временем Невада отправился к фундаменту.

— Смотрите, что я нашел!

Шипилов и Очкарик подошли к парню.

Скелет лежал в углу. Череп улыбался веселым Роджером, остатки одежды свисали с ребер, а у костей правой руки валялся короткий автомат.

— Сослуживцы не пропадали? — невинно осведомился Федор.

— У нас не стоят на вооружении «Хеклер-Кохи», — любезно ответил Андрей.

Вывести его из равновесия не представлялось возможным.

— Теперь вы согласны с тем, что мои подозрения обоснованы? — спросил Очкарик. — Если это не ваш человек, значит, проникнуть сюда можно. Получается, Призрак не зря интересуется коммуникациями.

— Получается, — сухо согласился Шипилов. — Мы проведем внутреннее расследование и попытаемся установить личность... э-э... погибшего. — Он кивнул на скелет. — Спасибо за помощь, товарищ полковник.

Намек был более чем прозрачен: путешествие окончено, всем спасибо. И никаких вопросов о Призраке.

«Неувязочка, товарищ полковник!»

Но вслух Федор произнес другое:

— Вы сообщите мне о результатах расследования? Интересно, знаете ли.

Андрей вежливо улыбнулся:

— Разумеется.

И бросил быстрый взгляд на Неваду.

— Рассказывай! — потребовал Очкарик, едва они вышли из Кремля.

— О чем? — удивился Невада.

— Ты знал о зале.

— С чего ты решил?

— Я не ребенок! — Волков жестко посмотрел на Круса. — Гончар обещал мне полную поддержку, так что колись.

Невада засопел, но спорить не стал.

— Да нечего рассказывать, — протянул он, отводя взгляд. — Двенадцать лет назад у Гончара случилась очередная разборка с Механикусом. Не знаю, что они не поделили — я тогда об искусниках и слыхом не слыхивал, но сцепились крепко. С Гончаром Медвежатник пришел, любые сейфы вскрывал, вот они и вломились из внешней системы...

— Шипилов сказал, что двери открываются изнутри.

— Мужик, — презрительно скривился Невада, — ты забыл, кто такие искусники?

«Действительно, какая Медвежатнику разница, с какой стороны запоры?»

— Спасибо, что напомнил, — буркнул Федор. — Что дальше?

— А ты не понял? Гончар вошел, его встретили люди Механикуса. Отбились, вышибли Гончара обратно.

— Искусники отбивались?

— Раз Гончар не прошел, значит, они.

— А кто там остался?

— Медвежатник и остался. — Крус помолчал. — Гончар тогда двоих потерял. Рассказывал, что успел только Пехоту вытащить, потом Механикус двери закрыл. Гончар надеялся, что Медвежатника похоронят по-человечески, а они, ты сам видел, как собаку, его бросили. Механикус, сволочь, никакого уважения не проявляет.

«И ушел Механикус, судя по всему, через Кремль... Любопытно».

— Мельница тогда стояла?

— Да, — кивнул Невада. — Ее Механикус под Троицким мостом ставил, а когда Неглинку в трубу загнали, сюда перетащил. Ты же видел фундамент.

— Фундамент видел, но и только-то.

— Гончар предполагал, что после той схватки Механикус ее снова перенесет, потому и начал тебя будить. — Крус зло усмехнулся: — Ему охотничья собака потребовалась.

Обижаться Очкарик не стал: лучше быть охотничьей собакой, чем приблудной шавкой. Но поставить на место зарвавшегося искусника стоило.

— Я хотел спросить, — с ленивой издевкой осведомился Волков. — Ты чего себя за сиськи теребишь? Болят, что ли?

— Тебе какое дело?

— А такое, — объяснил Федор, — что будешь и впредь пасть разевать, не подумав, тебе еще пару ребер сломают. Это не угроза, сынок, это обещание.

— Ты, что ли, будешь ломать? — мрачно поинтересовался Невада.

— Я здесь для другого. — Очкарик постучал себя по лбу: — Я охотничья собака, а к тебе могу прислать пару бультерьеров. Надо?

— Нет, — хмуро ответил Крус.

— Вот и веди себя как положено. — Волков открыл дверцу машины. — Гончару скажешь, что я продолжаю расследование. Будут результаты — позвоню.

Подвозить Неваду Федор не собирался.

* * *

Ощущение неловкости давило на них гидравлическим прессом, заставляло резать фразы, сдерживать эмоции, отводить взгляды. Они и понимали и не понимали, откуда взялось это ощущение. С одной стороны, не произошло ничего необычного! С другой, в ситуации чувствовалось нечто новое, нечто такое, чего не было раньше.

Что?

Как трудно порой бывает ответить на простой вопрос.

Оба чувствовали свою вину, и оба считали себя незаслуженно обиженными.

«Я не имею права давить на нее. Тереза свободна в чувствах и вольна поступать так, как ей вздумается!»

«Что мне стоило вернуться под утро домой?»

Уехать от Левы? Испанка наслаждалась каждым мгновением их встреч, купалась в чувствах, задыхалась в сладкой истоме его нежности. Уехать? Нет.

«Ты меня обидела...»

«Прости...»

— Как Вонючка? — осведомилась Тереза, когда тишина в салоне машины стала совершенно невыносимой.

— Держится, — коротко отозвался Травник.

— Боится?

Здоровяк помолчал и кивнул:

— Да.

— Гончар не говорил с Бабушкой Осень?

— Старуха пообещала, что москвичи не встанут на сторону Механикуса.

Официально не встанут. А неофициально могут в полной мере выражать свое отношение к убийцам Шамана.

Испанка поежилась.

— Как поиски?

— Гончар договорился с Собирателем Тайн...

— Неужели?! Первая хорошая новость за два дня.

Травник засопел, он так и не привык к манере Терезы перебивать его, и продолжил:

— Невада ходил с Собирателем в кремлевские подземелья.

— Нашел что-нибудь?

— Сейчас узнаем... — Здоровяк повернул голову к забравшемуся на заднее сиденье Крусу и поинтересовался: — Удачно?

Тот зло ощерился:

— Мельницы под Кремлем нет, а мне сели на хвост.

— Докладывает Третий. Объект сел в черный «БМВ».

— Кто в машине?

— Мужчина и женщина. Мужчина: рост не меньше двух метров, массивный, лысый. Женщина: худая, волосы светлые, на вид лет тридцать пять—сорок.

Человек, который принимал доклад и которого оперативники называли Первым, задумчиво почесал в затылке.

«Не похожи!»

— Продолжайте наблюдение.

— Слушаюсь.

— Он из метро за мной вышел, позвонил, тут я и обратил на него внимание: говорит по телефону и за мной идет, а через пять минут к нему машина подкатила.

— Значит, сейчас их двое? — уточнила Испанка.

— Трое.

— Какого черта ты притащил хвост? — прорычал Травник. — Ты нас подставил.

— А что мне оставалось делать? — огрызнулся Невада.

— Отрываться, — пожала плечами Тереза.

— Какая ты умная, блин, череп не жмет?

— Хватит ругаться, придурок! — рявкнул Травник. — Ты облажался.

Испанка с удивлением посмотрела на друга: почему он так нервничает? Ну, следят, ну и что? Правда, Неваде вчера изрядно досталось... неужели поэтому?

— Я не в том состоянии, чтобы стряхивать хвост, — отрезал Крус. — Я еле хожу. А вместе мы сможем что-нибудь придумать.

— Зато теперь они знают о нас!

— Испугался?

— Пошел к черту!

— Заткнитесь! — велела Испанка и поднесла к уху зазвонивший телефон: — Да?

— Я связался с Волковым, — сообщил Гончар. — Он клянется, что не приказывал следить за Невадой. Да и не нужно это ему.

— Тогда кто у нас на хвосте?

— Откуда мне знать? Стряхните их.

— Попытаемся. — Тереза сложила телефон и хмуро сказала: — Это не милиция.

— Внучата?

— Возможно.

— Плохо, — вздохнул Крус.

— Ребер жалко? — осведомился Травник.

Но без издевки осведомился, просто зло. И злость

эта была направлена уже не на Вонючку, а на преследователей.

— Тебе тоже достанется.

— Не достанется, — проворчал здоровяк.

У Невады лихорадочно заблестели глаза:

— Если там Кузнец, то тебе не светит, качок, он тебя измордует и не вспотеет. Понял? И меня заодно... Они вчера сказали, чтобы мы убирались! Видимо, решили повторить.

Травник закусил губу. Испанке очень не понравился напряженный взгляд друга, и она попыталась остудить спутников:

— Вонючка, перестань!

— Тебя тоже не забудут!

— Что они мне сделают?

— А что ты им сделаешь? Убьешь? Так нас еще до вечера по асфальту раскатают!

Круса трясло. Он отчаянно не хотел пережить еще одно унижение, не хотел встречаться с vnuchatami, не хотел испытывать боль. Страх заставил его, вопреки всем правилам, привести хвост к друзьям, и страх заставлял говорить без остановки:

— Ты им ничего не сделаешь, Испанка, ничего. Угроз они не испугаются. А если полезешь в драку — не пощадят. Я знаю...

— Драки не будет, — жестко отрубил Травник.

— Ого! — Невада прищурился. — Ты запасся лекарством от провокаций?

— Чемодан на заднем сиденье.

Крус открыл черный кейс и погладил лежащие в нем пистолеты:

— Молодец, толстый. Теперь мы им покажем.

— Вы что, обалдели? — ошарашенно поинтересовалась Испанка. — Хосе, зачем тебе пушки?

— Я не позволю им тронуть тебя.

— Давай попробуем оторваться!

— Ты умеешь? Я — нет.

— А убивать ты умеешь?

Травник помрачнел еще больше.

— Умеешь?

— Я не собираюсь никого убивать, — произнес он наконец. — Прострелим колеса. Пока они вызовут подмогу, мы отъедем на пару кварталов, бросим машину и уйдем пешком. Тебе все равно не нравился этот «бумер».

— Травник, — покачала головой Испанка. — Не делай этого.

— Внучата хотят нас напугать, избить, они не готовы к отпору.

— Все правильно, — поддакнул Невада.

Оружие придало Вонючке уверенности в себе. Он выбрал «беретту», проверил магазин и снял с предохранителя. Трясти его перестало. Глаза загорелись, а на губах заиграла ухмылка. Испанка же наоборот — задрожала, услышав металлические щелчки.

— Сейчас я остановлюсь у магазина и выйду, куплю сигареты, — продолжил здоровяк. — В это время ты, Тереза, пересядешь за руль. Договорились?

— Травник, — прошептала Тереза. — Не надо...

— Пожалуйста, сделай, как я прошу.

— Нет, не заметили. Они вообще по сторонам не смотрят, — ответил Третий. — Думаю, женщина пересела за руль по собственной инициативе.

Первый выслушал оперативника и принял решение:

— Меняетесь на следующем перекрестке. Объект примет Седьмой. А вы пойдете параллельным курсом.

— Понял... Стоп!

— Что происходит?

— Объект сворачивает к домам. Приехали, что ли?

Первый скрипнул зубами, ему не хотелось отправлять во двор столь долго идущую по следу группу, но делать нечего: коллеги не успевали сменить Третьего.

— Следуйте за ними. Но очень осторожно. Вы могли примелькаться.

— Не в первый раз, — хмыкнул Третий.

— Тормози! — выкрикнул Травник.

Испанка надавила на педаль.

— Ты что, сдурел?!

Но здоровяк не слушал ее. Выскочил из машины:

— Невада, за мной!

Крус тут как тут, курок пистолета давно взведен, взгляд сосредоточен, движения быстрые. Красавчик так торопился поквитаться, что забыл о треснутых ребрах.

— По колесам!

— Я помню!

— Травник! — Испанка сжала кулаки. — Травник...

А Травник все рассчитал правильно: серая коробка электроподстанции и две припаркованные «Газели» напрочь закрыли преследователям обзор. «Форд» совершил поворот и оказался у искусников на мушке. Травник справа, Невада слева. Водитель «Форда» от неожиданности надавил на тормоз.

— По колесам!

— Получите!

Крус выстрелил в лобовое стекло. Дырка, разбежавшиеся трещины и красные брызги. Водитель дернулся.

— Нет!

Первым выстрелом Травник разорвал покрышку, как договаривались. Но нажимая на спусковой крючок, он уже видел, что натворил Невада, а потому поднял ствол выше, направляя следующую пулю в сидящего на пассажирском сиденье мужчину.

Кровь пролилась. Теперь ничего не изменишь.

Рука не дрогнула. В лобовом стекле возникло еще

одно отверстие, а на груди мужчины расплылось красное пятно.

«Что же я делаю?!»

Окажись в «Форде» внучата Бабушки Осень, шансов у них не было бы. Окажись в «Форде» милиционеры, обыкновенные специалисты по наружному наблюдению, Травник и Невада сумели бы уйти. Но беда в том, что следили за искусниками люди, умеющие убивать. И если двое из них стали жертвой неожиданной атаки, то Третий, сидевший сзади, сполна воспользовался теми секундами, что у него были.

Он бил из проема между передними сиденьями. Слева и справа напарники принимали посылаемые искусниками пули, продолжали вздрагивать, хрипеть, а он матерился и с профессиональной точностью бил по фигурам, едва различимым через разбитое, забрызганное кровью лобовое стекло.

Три выстрела в левую, три выстрела в правую.

Мелькнула еще одна неясная тень. Случайный прохожий? Гражданское лицо? Во время боя никто о таких мелочах не думает. Появился в зоне поражения — получи. Две пули в нового противника.

Третий знал, что не промахнулся ни разу. Не мог промахнуться. Он профессионал.

А то, что сам словил пулю, почувствовал, лишь когда собрался преследовать отступивших врагов. Открыл дверцу, а вылезти не смог, вывалился, с удивлением глядя на взмокший от крови пиджак.

Испанка не усидела на месте.

Умом понимала, что должна обеспечить отход, должна оставаться в машине, но не усидела. Оставила «бумер» с включенным двигателем и бросилась за подстанцию, где защищал ее Травник. Успела увидеть, как принимает он вылетающие из «Форда» пули, почувствовала, что в нее саму стреляют... Но только почувствовала, не среагировала, не думала о себе — дернула за рукав Травника и потащила к «бумеру». И лишь рыдала:

— Что же вы наделали! Что же вы наделали? Дураки! Дураки...

До машины они добежали сами. Невада спотыкался, плевал кровью, Травник же держался уверенно, спокойно сел на переднее сиденье, бросил под ноги пистолет, но после того, как Тереза надавила на педаль акселератора, вдруг повалился вперед, уткнувшись лицом в торпеду.

— Хосе!

Испанка ударила по тормозам, хотела крикнуть, что отвезет его в больницу, что ему нельзя терять сознание, хотела, чтобы он сказал ей... Но когда справилась наконец с обмякшим телом, когда вернула Травника на сиденье, увидела — поздно.

— Хосе...

Его нет.

Понимание того, что больше он никогда ей не улыбнется, не скажет: «Доброе утро», не сварит кофе... что его больше не будет... оглушило Испанку. Она взяла Травника за руку.

— Хосе, зачем? Зачем?

— Испанка, — прохрипел Невада.

— Заткнись! — Ей не хотелось, чтобы Вонючка мешал прощанию. — Прошу, молчи!

Сквозь боль мелькнула мысль: Крусу надо к врачу. Но...

— Я скоро навсегда замолчу. — Невада всхлипнул. — Поговори со мной, а?

Рука Травника стремительно холодела. Или ей просто казалось?

Черты некрасивого лица стали очень резкими, точными. Заострился нос. Еще глубже запали глаза... Или ей просто казалось?

«Он умер. Он умер. Он умер...»

— Хосе! Боже мой, Хосе...

— Испанка!

Тереза перевела взгляд на Круса. Тыльной стороной ладони вытерла слезы.

«Отвезти его к врачу?»

— Три раза в меня... — Невада слабо улыбнулся. — Меткий парень оказался... из машины... три раза в меня... и в Травника три... Я видел... Фонтанчики такие, знаешь... как в кино... И в тебя он стрелял... Я видел...

Поздно к врачу. Поздно. Вонючка умирал.

И злость — «ты выжил, а Хосе нет» — испарилась.

Никто не выжил.

Испанка покачала головой:

— Что же вы наделали?

— Я неплохо играю... играл... — Крус оторвал руку от живота и посмотрел на окровавленную ладонь. — Играл... Не стал искусником... С Гончаром все казалось так просто... знаешь... не жалко. Я бы не стал Игроком... Стал Невадой... вы смеялись, а мне было хорошо... Я побеждал... — Крус закрыл глаза. — Все, Испанка, все... Уходи... мы поговорили... уходи. Я... хочу умереть один... Уходи, пожалуйста...

И не надо забывать, что скоро приедет милиция.

— Прощай, Хосе...

Она не думала, что сможет уйти, что сможет так быстро оставить Травника, но слова Невады пробились в оглушенное сознание. Рыдая, Тереза выбралась из машины, пошатнулась, остановилась и сквозь слезы увидела подъехавший «Опель».

Хрупкая белокурая женщина. Рыдающая.

Разжалобить находящихся «при исполнении» оперативников было сложнее, чем выдавить воду из камня.

Первое, что пришло в голову увидевшим плачущую блондинку мужчинам, — отвлекающий маневр.

— Первый, это Седьмой! Мы видим женщину!

И тут же услышал голос оператора:

— Третий не отвечает!

И еще один:

— Мы слышали выстрелы!

Ребята Седьмого взялись за оружие.

— Седьмой, это Первый, женщина может быть опасной.

Однако командир группы уже разглядел два силуэта в «бумере». Подсознательно, профессиональным чутьем понял — мертвы. Отбой командовать не стал, но сообразил, что рыдает блондинка искренне.

— Первый, это Седьмой! Женщина не вооружена! Я вижу ее руки.

— Возьмите ее!

— Есть!

Но выйти из машины у Седьмого не получилось.

Испанка поняла, кто сидит в приближающемся «Опеле». Поняла мгновенно, интуитивно. Поняла еще до того, как автомобиль остановился, как увидела холодные взгляды сидящих в машине мужчин.

И одновременно с пониманием пришла лютая злоба.

«Они убили Хосе!»

Ей не нужно было совершать пассы или читать заклинания. Не нужно было призывать на помощь богов или обращаться к духам. Она была искусником. Лучшим на свете знатоком ядов. Человеком, способным сделать ядовитым что угодно.

Она была искусником, только что потерявшим близкого человека.

Она была очень злым искусником.

И вся отрава, что в мизерных дозах распылена в московском воздухе, вдруг полетела в салон «Опеля». Через воздухозаборники, приоткрытые окна и щели. Вся отрава, до которой сумела добраться жаждущая мести Испанка.

Первый прибыл на место происшествия быстро, однако позже милиции. Показал документы, прошел за ограждение и наклонился к лежащему на носилках Третьему:

— Ты как?

— Плечо, ерунда, — буркнул тот. — Легкое не задето, оклемаюсь.

— Вот и хорошо. Держись, Лешка. Двоих ты уложил. Расплатился за ребят.

Третий лихорадочно посмотрел на командира:

— Там был еще кто-то!

— Свидетели говорят — белокурая женщина. Их спутница.

— В нее я тоже стрелял. Я не мог промахнуться!

— Она ушла.

— Не может быть... — Третий нахмурился. — Если я попал в них, я должен был попасть в нее. Метров шесть — не дистанция... Я видел ее силуэт, этого достаточно.

— Она ушла, — повторил Первый.

— А Седьмой? Вовка ее перехватил?

Первый покачал головой.

Ничего не ответил. Молча пожал Третьему руку и направился к «Опелю», возле которого в задумчивости стоял врач.

— Что скажете о причинах смерти?

— Ничего.

Седьмой и два его помощника так и не вышли из машины. Сидели в расслабленных позах. Мертвые. С посиневшими лицами. Под ногами валялись выпавшие из рук пистолеты.

— Если бы это не прозвучало фантастикой, я бы сказал, что они отравились, — хмуро продолжил доктор. — Конечно, окончательное заключение можно дать только после вскрытия, однако впечатление такое, будто из салона неожиданно исчез кислород. Точнее, его вытеснил другой газ. — Врач угрюмо посмотрел на Первого. — Короче: ребятам стало нечем дышать.

— Разве смерть в таких случаях наступает мгновенно? У них должно было остаться время, чтобы покинуть машину.

Доктор молча развел руками.

— Вы правы, — ровно произнес Первый после короткой паузы. — Ваше предположение — фантастика.

* * *

— Извини, что отвлекаю, — попросил прощения Волков. — Но я обещал Степану.

— Ерунда, — махнул рукой Стрекалов. — Тебя я всегда рад видеть. К тому же... — Он посмотрел на часы. — Сейчас ужин принесут. Будешь бутерброды?

— Не откажусь.

— Вот и договорились.

На стеклянную фабрику Ильи Федор заехал по пустяковому делу: позвонил сын и попросил передать с «дядей Петровичем» забытую дома футболку. Спорить со Степаном Очкарик не стал, бросил важную для сына тряпку в машину, а под вечер заехал к другу.

— Как дела у тебя?

— Разбогател сегодня на полмиллиона. — Стрекалов сладко зевнул. — Пустячок, а приятно.

— Да я не об этом, — хмыкнул Федор. — Как твои дела здесь?

— А-а... — Помощница внесла ужин: тарелку с сэндвичами, салат и чай. Петрович дождался, когда она покинет кабинет, и улыбнулся: — Здесь все отлично.

— Какой сюрприз готовишь на этот раз?

— Это будет... — Илья шумно выдохнул: — Это будет необычно.

Волков не сомневался, что услышит в ответ именно такие слова. И в том, что Стрекалов действительно удивит, что создаст нечто такое, что заставит крутить головами понимающих людей.

Вот только где они — понимающие?

Представление своего первого достижения Петрович обставил по всем законам шоу-бизнеса. Он устроил большой прием в загородном особняке, на который съехался цвет московского бизнеса. Никакой богемы и светских львиц, только серьезные люди, способные, как надеялся Илья, оценить его работу. Играл струнный квартет, гости попивали шампанское и беседовали о разном. В какой-то момент в зал на тележке ввезли нечто прямоугольное и высокое, и после краткой вступительной речи Стрекалов лично сбросил бархатное покрывало с предмета своей гордости: выполненных из стекла напольных часов. Ни грамма пластика, ни единого металлического винтика, только самое обычное стекло, которое заставили отмерять время. Уникальный артефакт...

По-настоящему он заинтересовал только троих гостей, еще двое выразили удивление, остальные восприняли стеклянные часы как забавную игрушку. В эпоху высоких технологий и конвейерной сборки уважение к труду, к мастерству отдельного человека рассеивается. Зачем создавать стеклянные часы, если время считают едва ли не все окружающие приборы: компьютер, телефон, музыкальный центр и даже газовая плита? Баловство какое! Стрекалову похлопали, а минут через пять о часах забыли.

Примерно так же отреагировала и широкая публика. Журналисты, которых Петрович собрал на пресс-конференцию, радостно сожрали выставленное угощение, а затем преподнесли увиденные часы или как ловкий рекламный ход вышедшей на рынок фабрики, или как причуду мультимиллионера. Да и стоит ли говорить о всякой ерунде, когда мы только что пережили страшную «проблему 2000», а теперь подоспел птичий грипп и другие раскрученные ужасы, интересующие публику гораздо больше, чем какие-то стекляшки?

К чести Стрекалова, он пережил болезненный удар по самолюбию сравнительно спокойно. Не опустил руки, не разочаровался в людях, не изменил своему увлечению. Нет славы? Нет признания? Плохо, конечно, но... в первую очередь я занимаюсь любимым делом для себя. Я поставил перед собой цель и иду к ней. Все остальное — вторично.

— Намекни хоть, чего ждать, — попросил Федор, дожевывая второй бутерброд. — Интересно же!

— Намекнуть... — Илья улыбнулся, затем покопался в ящике стола и протянул Очкарику стеклянную поделку: — Пожалуйста!

Волков вытер руки салфеткой и осторожно взялся за предмет. Колба, из которой выходят стеклянные трубочки.

— Оборудуешь химический кабинет?

— Ты просил намекнуть, а не рассказать, — усмехнулся Петрович. — Придет время — увидишь.

— Вредный ты.

— Какой есть.

«Да уж, какой есть...»

Стрекалов убрал колбу на место. Его осторожные, но уверенные движения и блеск в глазах напомнили Волкову вчерашний разговор с Яшей Рыжковым. И его собственную фразу, сказанную об Илье: «Человек нашел себя».

«Нашел?»

— Петрович, — неожиданно спросил Очкарик. — Зачем тебе это?

Илья не удивился. Словно знал, что рано или поздно Федор спросит. Когда поймет, что стекло для друга не просто хобби, не причуда, не блажь.

Переспросил:

— Зачем?

— Да.

Улыбнулся:

— Я тебе отвечу, Очкарик, но хочу, чтобы прежде ты ответил на мой вопрос.

— Задавай.

Волков догадался, о чем его спросит друг. Все-таки не первый год рядом, притерлись уже, и не нужно дополнительных фраз, чтобы понять — начался разговор по душам.

— Почему ты пошел в милицию?

— Потому что это — мое.

— До сих пор так думаешь?

— Да.

— И всем доволен?

— Хочешь, чтобы я ответил честно?

— А как еще?

Стрекалов смотрел на друга очень внимательно, цепко, искал малейшую фальшь. Ему было важно услышать ответ, потому что он понимал: реальные милицейские будни имеют мало общего с обывательскими представлениями о них. Чуть меньше двадцати лет назад романтически настроенный юноша Федор Волков надел погоны, что от него осталось? Прожженный циник? Карьерист? Разочаровавшийся неудачник, ждущий пенсии по выслуге лет?

Очкарик друг, Очкарик стоит близко, совсем рядом, но у каждого из нас глубоко в душе есть маленькая раковина, в которую очень неохотно пускают даже самых близких друзей. Есть уголок истинного Я. Стрекалов планировал открыть свою раковину, но прежде — заглянуть в его.

— Я добился, чего хотел, — спокойно ответил Федор. — И пусть некоторые вещи оказались не такими, какими виделись со стороны, я доволен своим выбором. И, представься мне возможность изменить прошлое, я бы ничего не сделал.

— Тебя ничего не возмущает?

— Нет.

— Все оказалось именно таким, как ты ожидал?

— Я же сказал — нет.

— Тогда почему ты доволен?

— Потому что мне не в чем себя упрекнуть. — Волков помолчал. — Мы оба знаем, что любому руководителю нужны и послушные исполнители, и профессионалы, способные подойти к делу творчески. МВД не исключение. Поскольку первых больше, складывается впечатление, что милиция ни на что не способна. Это не так. Исполнители тянут основную лямку, собственно, являются хребтом. Ими затыкают дыры, им, в случае необходимости, приказывают развалить дело, они периодически демонстрируют глупость...

— По приказу?

— Иногда — да.

— А чем занимаются профессионалы?

— Докапываются до правды. У начальника любого РОВД или ГУВД периодически появляются дела, которые необходимо раскрыть. По-настоящему раскрыть, по-честному. Если в его колоде только исполнители, то шансов на успех немного. Поэтому каждый толковый начальник имеет в своем распоряжении одного или нескольких сыскарей высокого класса.

— Которым хорошо платят.

Машина последней марки, дорогая одежда, платиновая карточка, частная школа для Степана — Стрекалов не был ребенком, он прекрасно понимал, откуда у Федора деньги, но сейчас хотел услышать ответ от него самого.

— Я много знаю, — пожал плечами Очкарик. — Я владею компроматом на стольких людей, что давно мог бы стать героем детективного триллера, тем героем, с убийства которого начинается расследование. Но есть нюанс — я нужен. Я честен. Мне доверяют. Поэтому я до сих пор жив. И поэтому мои руководители делают все, чтобы у меня не возникло желания нарушить правила игры.

Стрекалов был уверен, что Волков недоговаривает. Знал — Очкарик слишком умен, чтобы полагаться только на благородство начальников. Но развивать тему не стал.

Илья понял главное: Федор обрел равновесие между миром внутренним и миром внешним. Принял окружающую действительность со всеми ее недостатками и вписался в систему. Более того: сумел использовать систему в своих интересах, сумел раскрыть свой талант. И не надо задавать Очкарику вопрос: гордился бы мальчик, которым он некогда был, мужчиной, которым он стал?

— Поэтому ты отказался от предложения Бориса? Рвался в высшую лигу?

В свое время, когда Волков уже стал профессионалом и о нем заговорили как об отличном сыщике, но платили по-прежнему мало, Петрович порекомендовал друга своему деловому партнеру, в подчинении которого находилось крупное охранное агентство, более похожее на частную спецслужбу. Борис, оценив способности Федора, сделал ему заманчивое предложение, но Очкарик отказался.

— Не только поэтому, — покачал головой Волков. — Мне пришлось бы снять погоны, а для меня эта деталь важна.

— Хочешь умереть генералом?

— Мне будет приятно умереть генералом, — не стал врать Федор. — Но важность погон заключается в другом: они напоминают, что, в конце концов, я служу стране. Как бы пафосно ни прозвучали мои слова.

— Ты работаешь на конкретных людей.

— Все работают на конкретных людей. В этом суть понятия «иерархия»: каждый на кого-то работает.

— А у этих людей есть собственные интересы.

— Я продаю свой ум, но не честь. Мне не в чем себя упрекнуть, я раскрываю преступления, изобличаю преступников. А дальше... — Федор помолчал. — Дальше начинается жизнь.

— И результаты твоих усилий порой замалчиваются.

— Но они не пропадают впустую, — покачал головой Очкарик. — В моей карьере было крайне мало случаев, чтобы преступник ушел от ответственности. Практически всегда ему приходится платить. Тем или иным образом.

Иногда преступник оказывается достаточно силен, чтобы избежать суда, но компромат на него все равно остается, папка ложится в чей-то сейф, и человеку приходится платить за содеянное. Не обществу, другим людям, но платить приходится. И случалось, преступник неожиданно понимал, что лучше для него было бы оказаться в тюрьме, чем на крючке у тех людей, которым его сдал Федор.

— Не обижайся, но твоя позиция немного похожа на страусиную: делаю свою работу, а потом голову в песок, и ничего меня не касается.

— Зато я делаю любимую работу и делаю ее хорошо. — Волков откинулся на спинку кресла: — Твоя очередь исповедоваться, Петрович. Зачем тебе стекло?

— А зачем люди лезут на Эверест?

Очкарик задумался.

Зачем? За славой? За богатством? Остаться в памяти потомков? В памяти остаются первые, а лезут каждый год. А на всех эверестов не хватит.

Ответ, похоже, лежал на поверхности.

— Чтобы доказать, что они могут.

— Правильно, — кивнул Стрекалов. — Чтобы сказать себе: я это сделал. Чтобы рассмеяться, стоя на вершине. И улыбаться потом, перед смертью. Не жалеть, знать, что чаша была полна. Чтобы сделать свою жизнь действительно прекрасной.

Бутерброды давно съедены, чай выпит, но помощницу, пришедшую убрать приборы, Илья отослал прочь едва заметным движением головы.

— Я люблю свой бизнес, я пашу с утра до ночи не ради денег и положения, а потому что мне нравится пахать. Я в деле и этим живу. Я соревнуюсь с теми, с кем по вечерам встречаюсь на раутах, ставлю им подножки и выдерживаю ответные оплеухи. Я получаю удовольствие от такой жизни, но мне нужна отдушина. Я чувствовал, что чего-то не хватает.

— Признания публики?

Петрович тяжело посмотрел на друга, но, не увидев насмешки, расслабился. Волков произнес фразу предельно серьезно.

— Я мог бы купить коллекцию Фаберже или футбольный клуб. Мог бы учредить стипендию или какие-нибудь состязания. Но зачем? Не мое. Мне интересно было сделать что-нибудь. Даже не так. Мне интересно было найти нечто такое, что могу сделать только я.

— Кажется, понимаю.

— Увидев работы братьев Блашка, я понял — это оно.

— Ты всегда любил стеклянные шарики.

Стрекалов рассмеялся, провел рукой по лбу:

— А для чего еще нужны деньги, как не для того, чтобы воплощать с их помощью детские фантазии?

— Разве ты не сам делаешь свои шарики?

— В основном — сам. Но не было бы денег, не было бы фабрики. Не было бы помощников. Не было бы часов и... и проекта, над которым я сейчас работаю.

Не каждый решается заняться тем, к чему лежит его душа, для чего он действительно предназначен. Гораздо чаще люди выбирают путь, исходя из других соображений. Мечтают о достатке или славе.

Престижно быть юристом или писателем, вот и тянутся в эти профессии люди, которые могли бы стать отличными моряками, или летчиками, или лесниками, или садоводами. Тянутся, чтобы встать в ряду исполнителей. Тянутся, не понимая, что добиться успеха можно везде. Не понимая, что настоящий успех приходит только тогда, когда любишь свое дело.

— Нынешний проект очень сложный?

— Очень.

— И ты справляешься сам?

Волков так и не понял, что именно заставило его задать этот вопрос. Интуиция? Шестое чувство? Почему он спросил о помощниках? Зачем?

Стрекалов же не понял подвоха, ответил честно:

— Мне повезло найти человека, который полностью разделяет мои замыслы. Без него я бы проект не потянул.

— Генератор идей?

— Верный помощник. Он улавливает мои замыслы еще на стадии их осмысления, спорит, обсуждает, но при этом ничего не портит. Иногда у меня появляется чувство, что, общаясь с ним, я разговариваю с самим собой. При этом он настоящий мастер.

— Таких людей поискать.

— Это точно.

На лицо Ильи набежала легкая тень, он вдруг сообразил, что разговор начистоту неожиданно ушел не туда. При чем здесь помощник? И следующая фраза должна была прозвучать так: «Почему тебя это интересует?» Но она не прозвучала. Очкарик умел управлять беседой.

Он посмотрел на часы. Не демонстративно, но так,

чтобы Петрович осознал его жест, и сделал движение, словно собираясь выбраться из кресла.

— Не хочу тебя отвлекать.

— Да, — кивнул Стрекалов, — мне нужно в цех...

В его глазах появилась рассеянность. Его поглотила мысль о работе, но он чувствовал, что что-то упустил.

— На премьеру пригласишь?

— А как же!

Они пожали друг другу руки.

Торопящийся в лабораторию Стрекалов, и Федор, который изо всех сил старался не показать Петровичу, что у него испортилось настроение.

Испортилось, потому что Волков догадался, кто именно помогает другу в работе.

* * *

— Он умер, — судорожно вздохнула Испанка. На ее глазах стояли слезы. — Он умер.

— Кто? — Обеспокоенный Лева нежно взял женщину за руку. — Кто умер, родная?

— Травник.

Он не почувствовал ревности. Откуда ей было взяться, ведь они ничего не обещали друг другу? Они только встретились. И потом... какая может быть ревность в такой момент?

— Твой друг?

— Да, — кивнула Испанка. — Мой лучший друг.

Она позвонила незадолго до назначенного свидания, сказала, что не в настроении развлекаться, что приедет к Корзинкину домой. Лева понял: что-то случилось, согласился, и вот...

— Он дурак. Понимаешь, он просто дурак. Он хотел меня защитить. Испугался, что искусники достанут нас так же, как достали Неваду.

Лева провел женщину в комнату, усадил на диван, сбегал на кухню и принес бокал с водой.

— А там были не искусники...

— Где?

— В машине. — Испанка сделала глоток воды. — Не искусники, понимаешь? Другие люди. Бойцы.

— Не понимаю, — честно признался Корзинкин. — Ни черта не понимаю.

Учителя московской школы легко привыкли к имени очаровательной белокурой первоклашки: Тереза Кастро. Учителям московских школ доводилось вызывать к доске детей и с более экзотическими именами: наследство Интернационала, во времена которого в Россию стремились революционеры со всего света. Кто-то приезжал ненадолго, кто-то оставался навсегда.

Тереза, внучка бежавших от Франко республиканцев, не оставалась без внимания одноклассников. Во-первых, романтическое имя, напоминающее и о гражданской войне в далекой Кастилии, и о новом герое — несгибаемом кубинце Фиделе Кастро. Во-вторых — редкая красота. Смешение кровей породило удивительный цветок, хорошеющий день ото дня, и не одна драка в окрестных дворах была вызвана борьбой за благосклонный взгляд маленькой принцессы. Ухажеры вились вокруг Терезы постоянно, однако девочка оказалась слишком умной, чтобы стать заурядной, удачно выскочившей замуж блондинкой.

Молоденькая Кастро была не только красивой, но и честолюбивой особой.

Она поступила в медицинский, хотела стать специалистом по тропическим заболеваниям, но постепенно увлеклась ядами. И синтетическими, и растительными, и животного происхождения. В первую очередь — животного. Тереза прослушала курс биологии в МГУ, сдала экзамены, отправилась на длительную стажировку в Сред-

нюю Азию, откуда привезла пару шрамов на руке и обширный опыт работы со змеями. Написала несколько работ по фармакологии и защитила кандидатскую степень, стала автором трех медицинских препаратов. Вот только личная жизнь красавицы не складывалась — работа отнимала все ее время, все ее мысли.

Как-то так получилось, что на пути Кастро попадались только мужчины-коллеги. Интрижки со студентами, на последнем курсе — с одним из преподавателей, неудачная попытка создать семью с коллегой по работе... Очень скоро мужчины понимали, что белокурая красотка знает и умеет гораздо больше их, что в профессиональном плане они ей не ровня. Понимали и уходили.

А она находила в себе силы смеяться им вслед и продолжала работать.

По меркам искусников, Тереза поднялась над вершиной довольно рано — в тридцать пять лет. Но и пережила восхождение она весьма тяжело. На вершине ее ждали болезнь, ставшая результатом нервного напряжения, и затяжная депрессия, вызванная хроническими неудачами в личной жизни.

Ей требовалось сильное плечо, крепкий и такой же успешный, как она сама, мужчина. Ей нужно было иногда поплакаться в жилетку, пожаловаться, возможно — родить ребенка. Ей было нужно.

Но работа безжалостно сжирала ее время.

Оправившись, Тереза отправилась искать покоя на родину предков, став владелицей скромной аптеки в Мадриде.

Но как обрести покой человеку, чей талант — яд?

— Я знаю, о чем ты хочешь спросить, — произнесла Испанка.

— Ты ошибаешься, — проворчал Корзинкин.

— Я убивала. Сама — редко. Но часто делала микстуры для клиентов.

— Меня это не интересует.

Но Терезе надо было выговориться.

— Все началось еще в Москве. У меня ведь родственники не только в Испании, но и во Франции, в Штатах, в Марокко... КГБ, разумеется, не мог пройти мимо такого факта и не оставлял меня без своего внимания. Я не имела ничего против. Во-первых, они помогали мне в карьере, решили вопрос со вторым образованием, с доступом к самым секретным научным фондам. Во-вторых... может, тебе это покажется смешным, но я была патриоткой СССР. Я верила в свою страну.

Корзинкин неопределенно пожал плечами: то ли согласился, то ли выразил недоумение. Но промолчал.

— Поэтому, когда мне сказали, что мои знания нужны, чтобы... — Тереза усмехнулась. — Чтобы отправить на тот свет нескольких врагов, меня это не сильно обеспокоило. Считала, что все в порядке вещей — ведь я занималась ядами.

— Это они придумали тебе псевдоним? Из-за происхождения?

— Да. — Женщина задумчиво поправила упавший на лицо локон. — А потом вспомнили, что испанка — это еще и грипп, который выкосил двадцать миллионов человек. На некоторое время этот факт стал темой шуток. — Помолчала. — А потом КГБ закончился, зато появился Гончар, появились искусники. Обычно у нас: у меня и Травника, искали лекарства. Но не всегда.

— Я понимаю.

— Но теперь все в прошлом. Я заплатила Гончару долги и больше не хочу его видеть. А... — Тереза сглотнула. На мгновение Леве показалось, что она вновь расплачется, но женщина сдержалась: — Травник заплатил. Его ведь даже не звали сюда. Гончар просил приехать только меня. Травник ему не был нужен. Травнику Гончар не доверял.

И вновь тишина.

— Знаешь, последние годы я была почти счастлива. Жила в городе, который почти сумела полюбить, занималась главным делом своей жизни, а рядом всегда был верный друг.

— Травник?

— Травник... — Испанка вздохнула. — Он был другом... Никем другим Хосе просто не мог быть, но другом был настоящим. Он любил меня...

Тереза всхлипнула.

— Если тебе трудно говорить, давай просто помолчим?

— Кто еще скажет о нем, кроме меня?

Лева кивнул и нежно прикоснулся губами к виску женщины.

— Травник не мог быть моим любовником, зато стал рыцарем. Когда мы только познакомились, только узнали друг друга, он кидался в драку по любому поводу. Стоило ему решить, что меня оскорбили, как начиналась потасовка. А размеры у него ого-го! Господи, сколько сил я потратила, чтобы заставить его стать спокойнее. Мы ругались, я уходила, он умолял вернуться. Держался. Потом срывался. Мы ссорились. Но в последние годы все было тихо. Я решила, что он стал другим. Он действительно стал. Но когда решил, что мне грозит опасность, вновь слетел с катушек. — Тереза посмотрела на Корзинкина. — Я сказала, что его убили, но это только половина правды. Травник и Невада убили двух человек, которые ехали за нами. Или троих... И еще. Это они начали — Травник и Невада, они достали оружие и пошли убивать. — Она всхлипнула. — Что ты теперь скажешь?

А что он мог сказать? Лева попытался прижать женщину к себе, но Тереза отстранилась. Пронзительно посмотрела Корзинкину в глаза.

Она хотела выговориться полностью. Сказать всю правду. Словно не могла лгать мужчине, оказавшемуся рядом на этот раз.

— Я тоже убила. Троих, приехавших на помощь своим. Я их убила, потому что возненавидела. Потому что за минуту до этого на моих руках умер Травник. Я их убила. — На глазах Испанки стояли слезы. Она почти выкрикнула: — Ну?!

На этот раз Лева не позволил ей отстраниться. Сдавил в объятиях, поцеловал в волосы и прошептал:

— Тебе пришлось очень много пережить. — Тереза беззвучно заплакала. — Но ты не волнуйся: все будет хорошо. Все-все будет хорошо. — Корзинкин погладил женщину по спине. — Я знаю человека, который нам поможет.

* * *

— Она слышит наш разговор? — поинтересовался Волков.

— Нет, ушла в ванную.

— Тогда опиши мне ее, пожалуйста.

— Описать? — недоуменно переспросил Корзинкин.

— Расскажи, как выглядит.

— Ну... красивая... — начал сбитый с толку Лева.

— Это я понимаю, — язвительно пробурчал Очкарик. — Другими мы не интересуемся.

Реагировать на замечание Корзинкин не стал.

— Невысокая. Очень светлые длинные волосы. Почти белые.

— По-русски чисто говорит? Без акцента?

— Откуда ты знаешь, что она иностранка? — удивился Лева.

— Я много чего знаю, — проворчал Федор.

И еще о многом догадывался. А если не помогали знания и выводы, на помощь приходила интуиция.

Гончар не скрыл от Волкова состав группы, рассказал обо всех приехавших с ним искусниках. А вечером поведал и о стычке, в которой погибли Травник и Невада. А чуть позже вариацию этой же истории пересказал Корзинкин. Любопытное совпадение...

Впрочем, сейчас не важно, где и как неутомимый Лева познакомился с Терезой. Гораздо важнее другое: успели ли таинственные преследователи проследить передвижения Испанки? Скорее всего — нет, после бойни в московском дворе они бы не отпустили женщину, взяли бы обязательно, значит, сейчас она в относительной безопасности. И Волков принял единственно возможное решение:

— Не ходи завтра на работу, понял? Останься с ней. Из дома не высовывайтесь. Я позвоню вечером. Договорились?

— Ты поможешь? — с надеждой спросил Корзинкин.

— Да.

Очкарик услышал вздох облегчения и почти сразу же — вопрос, произнесенный совсем другим тоном:

— Откуда ты знаешь Терезу?

В этом был весь Лева.

— Ни о чем не спрашивай. Ни меня, ни ее. Завтра я все объясню.

Лева хорошо знал друга и понял: спорить не нужно. Поэтому покорно произнес:

— Хорошо.

И положил трубку.

Вот и Корзинкин влип в дело. Получается, не ошибся Гончар: стоит Федору начать расследование, как вокруг начинают виться нужные люди и происходить нужные события. Вольно или невольно, благодаря внимательности и интуиции, он идет по следу. Нет — за добычей. Ведь след можно потерять.

А он не теряет.

«Высшая форма мастерства?»

«Да нет, обычные совпадения. Вокруг любого следователя начинают виться нужные люди и возникать нужные события. Показатель профессионализма в том и заключается, чтобы все замечать и делать правильные выводы».

Федор изо всех сил старался абстрагироваться от размышлений о собственном величии. От ненужных, мешающих работе размышлений.

«Какие выводы можно сделать из последних событий?»

Лева спрятал Испанку, которую преследовали неизвестные. Травник и Невада устроили перестрелку, убрали двух или трех человек. Сама Тереза, если не врет, убила троих. А поскольку серьезные люди, как правило, отвечают ударом на удар, то теперь Испанке, а значит — и Леве, грозит опасность.

Петрович пригрел на своей фабрике Механикуса, за Механикусом охотятся Гончар и Оружейник, ребята, мягко говоря, беспощадные. Получается, Илья тоже ходит по лезвию. Окажись он рядом в неподходящий момент, ему достанется по полной программе. А Илья мужик горячий, если доберутся до его помощника, до человека, которого он уважает, Стрекалов в стороне не останется.

И какой вывод?

А очень простой вывод: чтобы вывести из-под удара Леву и Петровича, необходимо как можно быстрее сдать Гончару Механикуса. Именно сдать — где скрывается Механикус, Федор знал, однако вести искусников на фабрику не собирался: слишком опасно.

«Нужно найти мельницу. Механикус отправится спасать свою недвижимость и встретится с Гончаром.

Чем закончится их рандеву — все равно, главное, оно наверняка чем-нибудь закончится: или Механикус сожрет Гончара, или наоборот. Все закончится, и Лева с Петровичем окажутся в безопасности...»

Дверь в квартиру оказалась, как и положено, закрытой на оба замка, приветливо горел диод сигнализации — все как обычно. Но едва Очкарик вошел в прихожую, как услышал доносящийся из ванной комнаты звук льющейся воды — кто-то принимал душ.

Кто? Разумеется, женщина. Трудно представить, что валяющаяся на диване одежда могла принадлежать мужчине. Черные брюки, черная шелковая блузка, черные туфли на высоком каблуке, черные трусики. Волков осторожно, двумя пальцами, поднял с пола черный бюстгальтер, задумчиво рассмотрел его — на глазок второй размер, — вернул на место. Пожал плечами и направился на кухню.

Когда девушка вышла из ванной, Федор сидел в кресле и медленно потягивал коньяк из пузатого бокала.

— Привет! А мне выпить сделал?

Черноволосая, черноглазая, спортивная. В кожу на правом виске вживлено несколько мелких черных бриллиантов. Сначала Волков принял их за россыпь родинок, но потом увидел такие же украшения на левой стороне шеи, на запястьях, увидел блеск и понял, что ошибся.

Очкарик ожидал, что вышедшая из ванной женщина по традиции завернется в полотенце, не зря ведь считается, что полуприкрытое тело вызывает больший интерес, но незнакомка пренебрежительно относилась к шаблонам. Явилась в гостиную полностью обнаженной.

— Добрый вечер, — улыбнулся Волков.

— Скорее уж доброй ночи.

Она прошла к креслу, и Федор заметил, что гостья вживила себе бриллианты не только в руки, шею и висок. Шесть довольно крупных камней располагались вдоль позвоночника красавицы.

— Что пьем?

— Коньяк.

— Можно и коньяк.

Второй бокал стоял слева от Очкарика, на столике. Волков налил в него коньяк, поднялся, подал девушке и вернулся на место.

— Меня зовут Проказа, — сообщила она.

— Псевдоним отражает способности или болезнь?

— Образ жизни.

— Можно только позавидовать.

— Завидуй. — Женщина пригубила коньяк.

— Гончар прислал? — осведомился Федор. — Или по своей инициативе?

— Он велел присматривать за тобой, а торчать под окнами или сидеть в машине слишком скучно. — В ее взгляде таился намек. — Надеюсь, ты не против?

— Нет, — покачал головой Очкарик. — Кстати, пока ты плескалась в ванной, я посмотрел твои украшения...

Гарнитур с черными бриллиантами гостья оставила на столике.

— Понравились?

— У тебя хороший вкус.

— Спасибо.

— Но рекомендую вести себя осторожнее, — по-прежнему спокойно продолжил Волков. — Я читал сегодняшние ориентировки, в одной говорилось об ограблении сына известного ювелира. Странное совпадение: у него украли редкой красоты гарнитур с черными бриллиантами.

— Самое смешное, — усмехнулась Проказа, — что он мне его подарил.

— Самое смешное, — отозвался Федор, — что я тебе верю.

И выразительно посмотрел на обнаженное тело.

— Спасибо.

— Но зачем ты его побила?

— Мальчик попросил вернуть подарок.

— Неужели ему не понравилось?

— Расстроился, что я оказалась сильнее.

— Охотно верю.

Девушка приняла комплимент как должное.

Федор добавил коньяка в свой бокал.

— Любишь черные камни?

Очкарика с самого начала подмывало спросить о странных украшениях на теле Проказы. Но он понимал, что девушка ждет вопроса. Вживленные в тело бриллианты привлекали внимание, и у нее наверняка есть заготовленный, тысячу раз повторенный ответ, который она способна выдать даже в бессознательном состоянии. Волкова же интересовала правда, и потому он сдерживался, тщательно выбирая подходящий момент.

— Девушки любят бриллианты?

— Девушки любят быть красивыми. А это... — Проказа подняла руку, но прикоснулась не к виску, а к шее, причем не слева, где поблескивали маленькие друзья девушек, а сзади, к одному из больших камней. — Это работа Механикуса.

И поджала губы.

«Работа Механикуса? Странно... Гончар уверял, что его друг-враг специализируется исключительно на машинах... Бог машин. Какой же эксперимент он ставил над тобой, девочка?»

У Федора было два варианта продолжения разговора: перейти к другой теме или и дальше надавить на обнаруженную болевую точку. А в том, что точка болевая, Очкарик не сомневался.

— Сколько тебе лет, Проказа?

Женщина выдала улыбку, похожую на гримасу. Или гримасу, похожую на улыбку. Но боли в ней не было, только злость. Проказа поняла, что ее разгадали, и ей это не понравилось.

— Много.

— Хотела навсегда остаться красивой и молодой?

Вспыхнула. Злость появилась в глазах. Настоящая злость. Но, к счастью, направленная не на вздрогнувшего Волкова.

— Думаешь, все понял? Разгадал меня? Так ни хрена ты не понял и не разгадал! Я ничего не просила! НИ-ЧЕ-ГО! Когда эти уроды взялись за меня, я была мертва уже четырнадцать минут!

— Волнуешься?

— А ты как думаешь? — Марк Иосифович Сигал остановился. До этого он мерил кабинет широкими шагами, курил и стряхивал пепел на пол. Теперь остановился и посмотрел на собеседника: — Все-таки первый опыт.

— К тому же — тайный опыт, — усмехнулся сидящий на стуле мужчина. — Не это ли тебя смущает?

— Я должен быть уверен, что сыворотка действует. Только после этого я поставлю в известность коллег и проведу официальный эксперимент.

— В формуле предусмотрено все.

— Тем не менее я должен быть уверен.

А значит, никакой огласки. И первый опыт новой методики реанимации пройдет в обстановке строжайшей секретности. О том, что за сыворотку использует во время операции Сигал, будут знать только он и Механикус. Сыворотку, которая, по мнению Сигала, должна активизировать скрытые возможности организма, те, о которых не любят говорить светила официальной медицины. Сыворотку, которую следует использовать только после клинической смерти.

Флакон с препаратом стоял на столе.

Сигал шагал вокруг, напоминая тигра в клетке.

Механикус неподвижно сидел на стуле.

Два паука, притаившиеся в одном из корпусов клинической больницы. Два паука, терпеливо выжидающие появление жертвы.

Сигал вновь остановился, вновь посмотрел на Механикуса.

— Знаешь, если бы я был злым персонажем кинофильма, циничным западным ученым, черствым сухарем, я бы сказал, что нам нужен молодой...

Ей только что исполнилось двадцать.

— ...крепкий...

Она никогда не жаловалась на здоровье, была мастером спорта по плаванию.

— ...человек, которому сильно не повезло.

Она считала, что ей невероятно повезло. Да, должность у нее не ахти — лаборантка, зато не в простой больнице, а на кафедре Академии наук, и вокруг — куча перспективных мужиков. Что еще нужно для девичьего счастья? Ну а то, что красоты не дадено, так это и не важно, умом и хитростью можно добиться гораздо больше, чем смазливой мордашкой, которая потускнеет через десять лет.

Она считала, что ей невероятно повезло. Она радовалась жизни.

И наверняка добилась бы своего. Построила бы если не счастливую, то наверняка удачную жизнь. Для этого у нее были ум и упорство. Она бы сумела... Если бы не растяпа электрик, из-за которого на пути двадцатилетней девушки появился оголенный провод.

— Вот такой человек нам нужен! — Сигал рубанул рукой по воздуху. Ответить Механикус не успел: ожил интерком.

— Марк Иосифович, — взволнованно выкрикнула секретарша. — У нас ЧП!

— Мне повезло, — вздохнула Проказа. — Или наоборот: не повезло. Как раз в то время Механикус увлекся медициной...

— Какое отношение медицина имеет к машинам? — удивился Волков.

— Гончара наслушался?

— Других источников информации у меня не было.

Она повертела перед глазами бокал с янтарной жидкостью.

— Ладно, не буду издеваться. В конце концов, когда-то я тоже задавала такой же вопрос. А в ответ услышала: что такое механика?

— Раздел физики, — сообщил Федор.

— Это наука выгодного приспособления сил, — процитировала Проказа. — Выгодного приспособления, понимаешь? Но нигде не сказано, какие именно силы имеются в виду.

— Получается, все мы механики?

Она не поняла его замечания.

— Именно поэтому Гончар злится на Механикуса: тот интересуется все новыми и новыми силами, вторгаясь в области, которые Гончар считает исключительно своими.

«Любопытный взгляд со стороны...»

— А что касается медицины, то все мы своего рода машины, — грустно улыбнулась Проказа. — Только биологические. Все функционируем по определенному алгоритму, и Механикусу все равно, в каком двигателе копаться. В его ведении все, что может подчиняться законам приложения сил. Он нашел психа, одержимого идеями Франкенштейна, и они начали работать на пару. Проект «Воскрешение». Есть ли жизнь после смерти?

— Когда произошел несчастный случай?

— Пятнадцать минут назад!

— Идеально! — Сигал поднял руки, позволяя помощни-

цам натянуть на них стерильные перчатки. Посмотрел на Механикуса: — Идеально!

Марк Иосифович не стеснялся: лишних людей в операционной не было, только самые проверенные, только те, с кем он работал не один год.

— Именно такую смерть мы и ждали!

Молодой, здоровый организм, неожиданно получивший фатальный удар. Никаких болезней. Мозг не поврежден. Идеальный эксперимент.

— Работаем!

Механикус положил на столик с инструментами металлическую коробочку.

— Как только Механикус понял, что эксперимент прошел удачно, он тут же охладел к медицине, во всяком случае, к этому ее разделу, и уехал. — Проказа задумчиво посмотрела на Волкова. — Сигал... Марк Иосифович был хорошим человеком и, наверное, счастливым — ведь он осуществил свою мечту. Впереди его ждали самые приятные составляющие успеха: признание научного мира, премии, память благодарных потомков.

— Я не слышал о чудодейственном препарате доктора Сигала, — прищурился Федор.

— Я тоже, — улыбнулась Проказа. — Возможно, это связано с тем, что я оставила институт?

— Сбежала?

— Как только представилась возможность.

Глупо спрашивать, почему она так поступила: Очкарику бы тоже не понравилось остаться на всю жизнь лабораторной крысой, подопытным животным, результатом гениального эксперимента. Он почувствовал, что женщина недоговаривает о своих отношениях с Сигалом, однако давить не стал. Зачем? Волков уже понял, что в шкафу каждого искусника есть скелет.

Вместо этого поинтересовался:

— Зачем нужны камни?

— Механикус сказал, что их особая огранка усилит потоки энергии через основные точки жизненной силы и это поможет эксперименту.

— И Сигал поверил?

— Но ведь эксперимент удался.

Да, эксперимент удался. Вот только о гениальном докторе ничего не слышно.

А вдруг причина не в бегстве подопытного кролика, не в интригах коллег, а в разочаровании? Вдруг Сигалу нужен был не успех, а результат? А когда мечта всей жизни осуществилась, когда смерть отступила, он вдруг задумался: что дальше? Вдруг ему было не важно, что его изобретение спасет тысячи жизней, как не важно Волкову, посадят разоблаченных им преступников или нет? Вдруг он был таким же циничным профессионалом? И, не сумев поставить перед собой следующую цель, банально спился? Вдруг человек, осуществивший свою мечту, начинает медленно угасать?

Федор беспокоился не о себе, он знал, что приступит к очередному расследованию с прежним энтузиазмом. Но что будет с Петровичем? Сумеет ли он поставить перед собой еще одну грандиозную задачу? Не будет ли лучше сдать Механикуса прямо сейчас, чтобы он не успел помочь Илье добиться успеха?

Можно подумать, Петрович без него не справится!

Очкарик вспомнил горящие глаза друга, вспомнил работы, которые тот делал в прошлом.

«Справится! Еще как справится!»

Механикус не отличник, из тетрадки которого двоечники-изобретатели списывают идеи. Во всяком случае, Федору хотелось так думать.

«Петрович справится! И пойдет дальше. Обязательно пойдет!»

Но рука машинально сдавила бокал. Очень сильно сдавила.

— О чем задумался, Собиратель Тайн?

— Пытаюсь понять, не поможет ли твой рассказ отыскать Механикуса? — почти честно ответил Очкарик.

— Ври больше!

Волков рассмеялся. Говорить правду действительно легко и приятно, ей редко верят. Или не могут понять...

— А о чем, по-твоему, я думаю?

— Обо мне!

— Чего о тебе думать? — усмехнулся Федор. — Ты проста, как сгнивший апельсин.

Рассказанная история успокоила Проказу, злость прошла, уступив место грустной задумчивости. Увы, но Очкарику требовалась информация, ему нужно было продолжить допрос, и он не мог позволить девушке оставаться в равновесии. Он уже понял, что, только разозлившись, Проказа выложит известные ей сведения.

— Неужели? — медленно произнесла девушка.

— Ты хочешь убить Механикуса, а поскольку самой тебе до него не добраться, то согласилась помочь Гончару. А ему нужны послушные исполнители.

Очередная улыбка-гримаса показала, что Волков не ошибся.

— Скажи, у каждого члена команды есть зуб на Механикуса?

— Нет, — после некоторой паузы ответила Проказа. — Некоторые просто должны Гончару.

— Почему он взял с собой так мало людей?

Еще одна пауза.

— Гончар говорил тебе о Бабушке Осень?

— Нет.

«Пометка: Бабушка Осень. К ее мнению Гончар не может не прислушиваться...»

— Неудивительно... — усмехнулась девушка. — Старуха имеет большой авторитет среди местных искусников, они ее слушаются. Заметь — добровольно.

— Гончар завидует?

— Да.

— Какой у Бабушки Осень талант?

Проказа пожала плечами:

— Никто не знает. Известно только, что она бессмертна. Не перерождается, подобно Гончару или Механикусу, а живет в одном теле уже много лет.

— Но как наличие авторитетной старухи связано с моим вопросом?

Федор уже понял — как, но хотел, чтобы Проказа рассказала сама.

— Благодаря ей москвичи сплочены, чувствуют свою силу, а потому ведут себя довольно нагло. Никого не боятся. Поэтому Гончар взял с собой только тех, кто знает местные реалии и понимает, как следует себя вести.

— А как следует себя вести?

Вопрос не имел отношения к расследованию. Но раз уж Очкарик стал искусником, неплохо было бы получить сведения об окружающем мире.

— Лет пять назад Гончар привез сюда одного ковбоя, — начала Проказа. — Хороший был парень: крепкий, в меру умный. Русский язык учил в университете, но на практике не использовал, не работал у нас. А потому продержался в городе всего сутки.

— В чем же он ошибся?

— Назвал Чеканщика пердуном. Наверное, по-дружески назвал. Но Чеканщик такого юмора не понимает, а потому, тоже по-дружески, подсунул ковбою монетку, несовместимую с алкоголем. Тем же вечером американец опрокинул в баре пару стаканчиков виски и помер от сильнейшего отравления.

— Сан Саныч способен на такую выходку? — не сдержался Волков.

— Ты с ним знаком?

— Да, — ответил Федор, припоминая добродушного весельчака с кукольными глазами.

— Чеканщик еще тот ублюдок, — сообщила девушка, — но сильный, собака, в папашу пошел, с ними даже Гончар не рискует связываться... Чеканщик тебе печальную историю о Габельмане не рассказывал?

— Рассказывал.

— Я специально узнавала: в Исторический музей попала далеко не вся коллекция комиссара, половина, а то и меньше. Угадай, где остальное? Да и английским шпионом Габельмана признали не без участия Карповых... Они всегда умели договариваться с нужными людьми.

— Почему же не договорились с Габельманом?

— Какой же ты тупой, Собиратель, — высокомерно вздохнула Проказа. — Из-за монет, разумеется. К тому же Карповы ужасные снобы и презирали комиссаров.

— А может, все дело в том, что они дружили с Бехтеревым и Сомовым?

— Может, и в этом.

По тону девушки Волков понял, что, несмотря на оскорбления, которые она щедро сыпала в адрес нумизматов, Проказа с пониманием относится к их манере вести дела.

«А какими они еще могут быть, искусники? Люди, сумевшие познать все тайны своего мастерства? Неужели только циничными, высокомерными снобами?»

— Ладно. — Федор допил коньяк и поставил бокал на столик. — У меня завтра сложный день, так что давай спать. Тебе достается диван. Белье возьмешь в детской, в комоде. Спокойной ночи.

Проказа улыбнулась:

— И все? Белье в комоде — и все?

— Да, в комоде. — Очкарик вошел в спальню. — Спокойной ночи.

И закрыл за собой дверь.

— Ну, что ж... Спокойной ночи.

Проказа задумчиво покрутила в руке бокал, а затем разжала пальцы и с улыбкой проследила за тем, как тонкое стекло бьется о паркет.

— Спокойной ночи...

* * *

— Испанка не отзывается? — поинтересовался вошедший в гостиную Гончар.

Оружейник отрицательно покачал головой:

— Нет.

И посмотрел на лежащий на столе телефон.

— А ты давно ей звонил?

— Минуту назад.

— Паскуда!

Серафим, старательно вынюхивавший что-то под диваном, поднял голову и укоризненно посмотрел на Гончара.

— Полагаю, Испанка испугалась, — равнодушно произнес Оружейник. — А еще — она расстроена. Травник был ее близким другом.

— Так я и поверил, что эта шлюха станет горевать о кастрате! — Раздраженный Гончар сделал несколько шагов по комнате. — Эта тварь решила воспользоваться удобным случаем и разорвать договор!

Старик пристально посмотрел на лидера, но от комментариев воздержался, оставил неудовольствие при себе.

Ярость Гончара была понятна: потеря в дурацком столкновении большей части команды кого угодно выведет из равновесия. Тем более что операция вступает в завершающую стадию: Собиратель Тайн вышел на охоту и вот-вот приведет Гончара к Механикусу. Приведет — в этом ни Гончар, ни Оружейник не сомневались. Завтрашний, точнее, сегодняшний день станет решающим. А тут такой конфуз! При этом потеря Травника расстроила лидера не так уж сильно, Гончар никогда не доверял здоровяку, зато исчезновение лучшей на Земле отравительницы и гибель рабски послушного Невады разозлили его сильно.

С кем идти в бой?

Оружейник нагнулся, взял Серафима, посадил его к себе на колени и принялся поглаживать.

— Паскуда! — продолжал бурлить Гончар.

— Мы справимся, — негромко сказал старик. — Я и Проказа. Да и ты не калека. Мы справимся.

— Дерьмо.

Серафим зарычал. Гончар зло посмотрел на осмелившегося подать голос песика, перевел взгляд на часы и процедил сквозь зубы:

— Я поеду попробую что-нибудь придумать.

И быстро вышел из комнаты.

Хлопнула входная дверь.

Тойтерьер повернул голову и посмотрел на хозяина.

— Да, Серафим, — грустно улыбнулся Оружейник. — Мне тоже не нравится то, что он хочет сделать.

Песик тявкнул.

— Разумеется, я догадался.

Следующее «гав» прозвучало вопросительно.

— Не знаю, — вздохнул старик. — Я обещал, что помогу. Я дал слово. — Еще одна пауза. — В конце концов, Гончар — мой друг. Настоящий друг, как ты, тут мне его упрекнуть не в чем.

Серафим поднялся, потоптался на коленях Оружейника, а затем лизнул его в подбородок и жалобно заскулил.

Их нужно было звать с тех самых мест, где они приняли смерть. С тех самых мест, где сотни раз проклятая кровь испоганила землю. Где выжгла она все напоследок, продолжая убивать даже после смерти. Проклятая кровь хуже ядовитых отходов, хуже кислоты. Проклятая кровь не нужна никому. Ее не принимают ни земля, ни вода, и только огонь способен уничтожить останки тех, кого нельзя назвать ни человеком, ни животным. Но у тех, кто убил бездушных тварей, не было времени жечь тела. А потому метки проклятой крови навсегда въелись в московскую землю.

Их нужно было звать с тех самых мест, где они приняли смерть. Но перед этим нужно было трижды подумать. Иметь ОЧЕНЬ веский повод. И быть ОЧЕНЬ сильным человеком.

Таким, который сумеет совладать с ужасом, который наводили твари. Наводили даже на тех, кто их вызывает.

Гончар считал, что его повод ОЧЕНЬ веский. Он желал победы в схватке. Он собирался завладеть Золотой Бабой любой ценой. И он знал, что сумеет подавить собственный ужас.

А звать их нужно было с тех самых мест, где они приняли смерть...

Арка на Большой Лубянке. Товарищ Вилле Валксис, пламенный революционер, любимец Дзержинского. Обладатель холодной головы и горячего сердца предпочитал лично доводить до жертв решение революционного суда. «Вы приговариваетесь к высшей мере наказания — расстрелу. — Выдерживал паузу, глядя на избитого человека, офицера или священника, интеллигента или дворянина, а затем с улыбочкой заканчивал: — И ваша семья тоже...» Товарищу Валксису, некогда латышскому стрелку, а теперь чекисту, очень нравилось видеть, как ломаются при этом известии даже самые сильные заключенные. Но услышать собственный приговор товарищу Валксису не довелось. Молодой юнкер поступил подло, выстрелил горячему сердцем латышу в затылок, сплюнул, выругался и ушел. Но молодого юнкера можно понять: не на дуэль же вызывать такую мразь?

Один из номеров «Метрополя», к счастью для Гончара, оказавшийся не занятым. Мария Шмуль, которую даже товарищи по ЧК за глаза называли «Бешеной». Черноокая красавица не отличалась строгим нравом, личным примером демонстрируя преимущество новой, революционной морали над ханжескими буржуазными взглядами. Ее зарезал обколовшийся морфием любовник.

Подвал одного из домов на Кузнецкому Мосту. Здесь пустил себе пулю в лоб Константин Рубахин — переквалифицировавшийся в палачи матрос броненосного крейсера «Рюрик». Причиной самоубийства стал сифилис, подхваченный Рубахиным в пылу революционной романтики, но товарищи по ЧК заявили, что борец за права трудового народа был убит контрреволюционными гнидами, и пышно справили поминки по другу, расстреляв в его честь десять человек.

Три точки, по очереди посещенные Гончаром. Три зарубки на московской земле.

Три Палача.

Дыхание Гончара оживляло мертвую кровь, будило проклятые души, поднимало неприкаянных тварей из небытия, выпускало на свободу.

Зло опалило ночной город. Чистое, как дистиллированная вода, незамутненное, без примесей. Без совести.

Зло.

Оно витало над идущим по пустым улицам Гончаром, заставляя дрожать и отворачиваться редких ночных прохожих. Зло, которое должно было занять место павших членов команды.

Гончар не собирался отступать.

Сибирь, 2004 год,
шестьдесят первый день экспедиции

Бомм!

Голос бубна мягко, но очень плотно, как соболья шуба, обволок окрестности. Пролетел между деревьями, теряя силы в листьях, и плавно сошел вниз, запутавшись в мохе и травах. Ударил по скалам, отразился, породив причудливое эхо. Поднялся к небу, отжимая от земли пышные облака.

Голос шаманского бубна.

Голос тайги.

Бомм!!

Словно маяк посреди бескрайнего леса, словно корабельный гудок, собирающий ушедшие в туман шлюпки.

Бомм!!!

Беспалый еще немного постоял над едва теплящимся костром, дождался, когда окончательно рассеется звук бубна, а затем расслабился, стряхнул напряжение, которое всегда охватывает берущегося за бубен шамана, присел на землю и открыл глаза.

Григорий точно знал, что голос умер, прошелестел над землей, скользнул по поверхности быстрой речки, поиграл со скалами, подпрыгнул к солнцу и умер. Впитался в тайгу, вошел в мир. Григорий знал точно. Но Семену, который сидел в двух шагах от шамана, казалось, что он до сих пор слышит мистический звук бубна, слышит, как басовито гудит он в земле и воде, в скалах и облаках. И голос этот наполнял душу старого охотника теплом и спокойствием.

Голос шаманского бубна.

Голос тайги.

— Они идут, — негромко сказал Беспалый. — Не мешайте им.

— Зачем ты их зовешь? — спросил Семен.

Но вопрос охотник задал не так, как раньше. Другим тоном, совсем другим.

— Они заслужили право ее увидеть.

— Чем?

— Тем, что не сломались. Тем, что надеются... — Шаман помолчал. — Я слышал их мысли.

— А я видел их страх.

— Не все боялись, — парировал Беспалый.

— Да, — вынужден был согласиться охотник. — Не все.

Только те, кто уже мертв. А те из американцев, кто не сломался, брели сейчас по тайге, ориентируясь на голос бубна.

— Они заслужили право увидеть ее, — повторил Григорий. — Так будет честно.

Оспаривать его решение охотник не стал.

Еще пару месяцев назад Семен держался с Беспалым почти на равных. Ну да, шаман, сын шамана, но ведь — мальчишка, выросший у него на глазах! Еще пару месяцев назад, задавая вопросы, Семен готов был спорить с Григорием, отстаивать свою точку зрения, давить, если считал себя правым, и даже ругаться. Сейчас он задавал вопрос, чтобы выслушать ответ, просил Шамана поделиться мыслями, раскрыть суть того или иного принятого решения. И максимум, на что был готов охотник, — осторожно и вежливо выразить свою точку зрения. Он признал старшинство мальчишки.

Очень часто настоящий авторитет приходит вместе с пролитой кровью.

Так уж у людей принято.

Еще пару месяцев назад Семен был уверен, что именно ему и его охотникам предстоит выполнить самую грязную работу, что им одним придется запачкаться во имя Боги-

ни. Кровью отплатить за доброту. Семен относился к такому положению вещей спокойно, не в первый раз все-таки. Подобрал людей, подготовился, с легким высокомерием пообещал Беспалому, что все пройдет хорошо.

Но охота сложилась не так, как ожидал Семен. Совсем не так.

Казалось, юный шаман задался целью взять всю кровь на себя, единолично выразить Богине свою преданность. Камлания Григория не только сбивали с пути американцев и выводили из строя приборы, но и били по ним самим: падали деревья, умирали лошади, выворачивались из-под ног камни, жрали тела язвы... Охотники тоже не сидели без дела, но от кровавого таежного пиршества им доставались только жалкие объедки.

И с каждой новой смертью Беспалый все больше замыкался в себе, все меньше говорил, отделываясь короткими фразами, отводил взгляд, предпочитая смотреть на деревья и скалы, на облака и мох, но не на людей.

И с каждой новой смертью охотники все ниже склоняли головы перед молодым шаманом.

Так уж у людей принято.

И Семен склонял. Не перед мальчиком — перед мужчиной, перед Шаманом. И вести себя стал по-другому не из страха, а признавая силу Григория. Теперь уважение охотников зиждилось не только на положении Беспалого.

Но склоняя голову, Семен догадывался, что мальчишка еще не стал настоящим шаманом, не закалил до последнего предела стержень, не обрел непробиваемую уверенность в своей правоте. Видел охотник, что кровь Беспалый взял на себя именно поэтому — решил измениться одним махом, за одну беспощадную охоту. Словно мосты жег.

Вот только прежде нужно понять, что берег, на котором ты оказался, — именно твой.

Семен видел. Но молчал. Склонял голову.

Не привык охотник лезть к людям в душу, не любил, когда к нему лезли, и других оставлял в покое. Но жаль ему было щенка, искренне жаль. Кровь он взял, но не принял, не понял, ради чего, не закалился. Поторопился мосты сжечь. Семен это понял, когда узнал, что Шаман дозволяет последним американцам увидеть Богиню. Кровь Григорий взял, но твердым она его не сделала. Как бы он в ней не захлебнулся...

Охотнику было жаль щенка, потому сказал:

— Сложись все по-другому, Гриша, они убили бы тебя не задумываясь. А через час забыли бы о тебе навсегда.

— Знаю, — кивнул Шаман. — Наверное, именно поэтому они ищут нашу Богиню, а не наоборот.

— Я должен ее увидеть! Господи, помоги мне ее увидеть! Я должен ее увидеть! Господи, помоги мне...

Кантор снова и снова повторял короткую молитву. На привалах, когда они падали с ног от слабости, он молчал, сразу же забывался, иногда кричал что-то неразборчивое, что-то совсем другое, но обычно молчал. Однако стоило вновь тронуться в путь, как профессор принимался твердить:

— Я должен ее увидеть...

Остина монотонный голос спутника не раздражал. Нет, если быть честным, то сначала, разумеется, выводил из себя, но потом Джеймс привык. Когда напарник трое суток подряд бормочет одно и то же, привыкнуть можно. Тем более что в последние два дня Остин тоже начал шептать:

— Дай мне силы, Господи! Дай мне силы...

А вот между собой они не разговаривали.

И даже смотреть друг на друга избегали, чтобы не видеть неуклюжие движения, осунувшиеся от голода лица и кровавые струпья. У обоих давно вылезли волосы. Выпали зубы. На заживо гниющие тела беспрестанно садились мухи. Не было сил их отгонять. Да и смысла в этом они не видели.

Они не понимали, почему до сих пор живы? Откуда берутся силы для продолжения пути? Ведь они падали с ног, пройдя не больше полумили, харкали кровью и валялись по нескольку часов в забытьи.

А потом поднимались и шли дальше.

Они не слышали голос бубна, не воспринимали его, но вел их именно он.

Голос тайги.

— Я должен ее увидеть! Господи, помоги мне ее увидеть...

— Дай мне силы, Господи! Дай мне...

Ничего другого им не было нужно. Только увидеть. Только дойти. Только эту малость.

— Господи...

И их молитвы были услышаны.

Лес неожиданно закончился. Только что непроходимые кусты, листья и стволы, и сразу — чистое пространство. Берег небольшой реки. Свежий ветер, с легким отвращением набросившийся на смрадные тела. Идущий первым Остин остановился, вдохнул полной грудью и прохрипел:

— Мы нашли.

И кашлянул, выплюнув еще один кусочек легкого.

Кантор встал рядом. Улыбнулся, обнажив беззубые десны. Подтвердил:

— Нашли... — Вздохнул. — Она... прекрасна.

Остин молчаливо согласился с профессором.

У них не было сил говорить. У них не было сил думать о том, что она их убила.

Они дошли.

И наслаждались победой. Своей маленькой победой.

Они дошли. Они увидели.

Она стояла в самом центре небольшого каменистого островка.

Высокая, в два человеческих роста... Низенькая, словно сжатая деревьями и скалами тайги.

Блестящая, горящая ярче солнца, слепящая глаза...

Тусклая, потемневшая под непомерной тяжестью беспощадного времени.

Красивая до слез, словно вышедшая из-под резца гениального скульптора... Уродливая старуха, вид которой вызывал омерзение.

Одинокая... В окружении детей.

Живая... Мертвая.

Золотая Баба.

Богиня.

Она была идолом. И она была тайгой.

Она впитала в себя все и возвращала впитанное обратно, наполнив его любовью и смыслом.

Бомм!

И два мертвых человека наконец-то услышали голос тайги. Ее голос.

Бомм!!

Шаман, которого они не видели, вновь прикоснулся к бубну. Шаман с закрытыми глазами. Шаман, бывший Ее голосом.

Бомм!!!

✵

Среда

Такое случалось нечасто. Чертовски редко случалось, если честно, всего лишь во второй раз.

Еще вечером Стрекалов предупредил подчиненных, что не приедет на работу. Намеченные на среду дела были перенесены или сделаны во вторник. Тревожить босса разрешалось только в самых крайних случаях: революция, падение астероида, пробуждение Ктулху. С остальными, мелкими проблемами велено было справляться самостоятельно.

Однако проснулся Петрович в обычное время. Умылся, побрился, позавтракал. Облачился в костюм, сам повязал галстук, что делал, опять же, в редчайших случаях: когда бывал предельно сосредоточен, а потому любой появившийся в поле зрения человек, любой посторонний шум могли нарушить концентрацию. Результатом подобного вторжения становилась вспышка ярости, и Ксюха, прекрасно изучившая мужа, даже не сделала попытки подняться с кровати. Она не знала, к чему готовился Илья, но с расспросами не лезла — потом сам расскажет.

Ровно в восемь, как обычно, Стрекалов вышел из дому и опустился на заднее сиденье лимузина. Сухо обронил:

— На фабрику.

Откинулся на спинку сиденья и закрыл глаза.

И улыбнулся.

Ему предстоял чертовски сложный, трудный, но невероятно увлекательный день.

День, когда на свете появится еще одно чудо.

* * *

Вопреки широко распространенному мнению о волшебной силе сна, разгадки и умные решения никогда не приходили Волкову по ночам. Бывало — по вечерам, но чаще всего — утром или днем. Иногда — неожиданно: за рулем автомобиля, в столовой, в разгар футбольного матча, иногда — в результате нескольких часов мозгового штурма, подкрепленного кофе и сигаретами. Но во сне — никогда.

Ничего не изменилось и на этот раз.

Разбудила Очкарика Проказа. Проснулась, поворочалась на диване, да и потащилась в спальню. По привычке, не иначе, наверняка понимая, что ничего у них не сладится.

Ласковые поглаживания заставили Федора открыть глаза. С минуту он бездумно таращился в потолок, а когда понял, что усилия Проказы, которая копошилась у его бедер, вот-вот заставят его потерять контроль — увлекшаяся девушка уже вовсю использовала язык, — отстранился и проворчал:

— Лучше бы кофе сварила.

И направился в ванную.

Вот под душем-то окончательно проснувшийся Волков и отыскал правильный ответ.

Ход его мыслей был прост. Дано: Механикус выстроил мельницу давным-давно, когда на Неглинной подобных сооружений стояло не одно и не два. Затем речку спрятали в трубы, все мельницы снесли, а специально для Механикуса выкопали подземный зал. В честь чего такая привилегия? Уговорил строителей? Может быть. В те времена столицей считался Санкт-Петербург, особенных мер по охране Кремля не принималось, и руководители работ, за плату, разумеется, могли добавить в проект лишнее помещение. Однако после того как в Москву переехало коммунистическое правительство, все должно было измениться. Вожди победившего пролетариата населения страны побаивались, Кремль превратили в осажденную крепость и не могли не проверить идущие вокруг него подземные ходы. Заинтересовались ли они мельницей? Обязательно. Но не сломали, а включили в охраняемую зону. Почему? Ответ очевиден — договорились с Механикусом.

Что именно предложил бог машин коммунистам, Федора не интересовало. Предложил и ладно. Главное: версия выглядела правдоподобной и подтверждалась тем фактом, что неизвестные стали следить за искусниками после того, как Очкарик представил Шипилову Неваду.

Как говорится, «все сходится — ребеночек не наш».

Ребята из ФСО ищут Оружейника совсем не потому, что опасаются лучшего в мире убийцу. Или не только потому. Ребята из ФСО ищут Оружейника, чтобы защитить Механикуса. И именно эти ребята шли за Невадой.

Такой вот получился вывод.

Волков побрился, а закончив, внимательно посмотрел на свое отражение и произнес:

— Придется снова встретиться с товарищем полковником.

И согласился:

— Придется.

И понял, что дело будет закончено сегодня.

При этом кофе ему никто не сварил. Когда Федор вышел из ванной, Проказы в квартире уже не было. Укатила, не прощаясь. То ли демонстрируя обиду, то ли действительно оскорбленная пренебрежением Очкарика. Но ее отсутствие Волкову было на руку: он не собирался брать девушку с собой.

И на этот раз договориться о встрече с Шипиловым оказалось весьма легко, один звонок, короткий разговор, и уже через час Федор подъехал на Кремлевскую набережную. Остановился, едва миновав Большой Каменный мост, и буквально через пару секунд в машине оказался полковник.

— Доброе утро.

— Доброе.

— Опять с просьбой?

Андрей доброжелательно улыбнулся, но в его глазах таился вопрос: «Догадался?»

Ну, не мог же ты не догадаться, Волков! Для такой простой головоломки не нужно быть искусником, Собирателем Тайн или еще каким-нибудь шерлокхолмсом. Нужно просто подумать и сделать правильный вывод. Тебя учили делать выводы, Волков? Ты справился? Тогда зачем ваньку валять? Спрашивай, задавай вопросы, давай договариваться!

Но помогать Федору, подводить разговор к нужной теме Шипилов не собирался, во всяком случае — пока.

— Разумеется, с просьбой, — не стал скрывать Очкарик.

— С какой? — Шипилов — сама предупредительность.

— Понимаете, Андрей, к сожалению, вчера мы не нашли под землей того, что искали.

— Следов Призрака?

— Мельницу.

Полковник сделал вид, что не понимает, о чем идет речь. Удивленно приподнял брови:

— Ветряную?

— Водяную. — Волков перестал улыбаться. — Андрей, где мельница?

Шипилов тоже стал серьезен.

— Назовешь свой псевдоним?

— Собиратель Тайн.

— Подходит, — кивнул Шипилов.

— А ты представишься?

— А я не искусник, — развел руками полковник. — Я обычный человек.

— Как же ты влез в эти дела?

— Родина приказала. — Прищурился. — Припоминаешь такую постановку вопроса?

— Не надо говорить мне о долге.

— Почему нет? Или ты погоны для красоты носишь?

— Я свои звездочки заработал.

— Частными расследованиями в интересах министров? Скольких ты пересидел? Двоих?

— Троих. Нынешний — четвертый.

— Молодец.

— Не жалуюсь, — усмехнулся Федор. — Только вот что скажу: если бы твои шефы сажали в высокие кресла приличных людей, я бы действительно служил, а не занимался частными расследованиями.

— Где же взять приличных?

Волков пожал плечами:

— Не мое дело.

Мы знаем, что так жить нельзя, но по-другому почему-то не получается...

— Ладно, проехали, — вздохнул Шипилов. — Вас, искусников, не переделаешь. Вы — прожженные эгоисты, сконцентрированные исключительно на собственном совершенствовании. Впрочем, вам это помогает быть лучшими...

Всегда интересно послушать, что о тебе говорят вокруг. Но Волков не располагал временем, а потому оборвал Андрея:

— Где мельница?

Прозвучало грубовато, но полковник не обиделся.

— Спрятали.

— Это я понимаю. Куда?

— Чем заплатишь за информацию?

— А кто тебе больше нужен: Призрак или... Гончар?

— Оба.

— Какой ты жадный.

Но Андрей не поддержал шутку:

— Вопрос в том, что нужно тебе?

Федор посмотрел Шипилову в глаза:

— Для начала мне нужно понять, почему ты работаешь на Механикуса?

— Я работаю на свою страну.

— Но помогаешь Механикусу.

— Потому что он помогает моей стране.

— Чем?

Шипилов покачал головой:

— Не знаю. Сделка была заключена еще до того, как я родился, поэтому, что предложил Механикус, мне неизвестно. Моя задача — безопасность мельницы. И его самого. Если Механикус просит о помощи, я обязан оказать ему любую поддержку.

Сказал правду? Вполне возможно. Что на самом деле мог предложить правительству бог машин? Он ведь неспособен выращивать таланты, он только помогает. Пообещал появляться в России чаще, чем в других местах? Почему нет?

— Мы не позволим Гончару убить Механикуса или добраться до мельницы.

— И тебе не важно, в чем причина их ссоры?

— Абсолютно безразлично.

Приказ есть приказ. Шипилов не был солдафоном, просто офицером, который отдает себе отчет в том, что смысл некоторых его действий понятен только начальству.

— Я приведу тебя к мельнице, Волков. Но только в том случае, если с тобой пойдет Гончар.

«Механикуса там не будет, — понял Очкарик. — А будет засада».

И ему отводится малопочтенная роль провокатора.

«Если промолчу — подставлю Гончара, если предупрежу его — подставлю Андрея».

Федор понимал, что Гончар не откажется от похода к мельнице.

«Выйти из игры? Вот еще!»

Волков не был ангелом, собственно, он и шел на встречу с целью стравить Механикуса и Гончара. Но ведь стравить их! Организовать бой на нейтральной территории. В результате же ему предложили совсем иное.

Впрочем... Терзаться Федор не собирался. Он никому ничем не обязан, никому не давал слова. Гончар упустил шанс стать его другом или хотя бы работодателем. Упустил, не рассказав всей правды, решив использовать Собирателя Тайн втемную. Гончар заполучил отличный инструмент. Лучший, на какой мог рассчитывать. Но он не подумал, что, превратившись в искусника, Очкарик не перестал быть человеком. Человеком, для которого дружба была святым понятием.

А потому Федор не терзался. И не сомневался. Он приведет Гончара в засаду, потому что это единственный шанс вывести из-под удара Петровича и Леву. Единственный шанс выручить друзей.

При этом не факт, что они об этом узнают...

— Договорились, — кивнул Очкарик.

— Вот и славно. — Шипилов наконец-то улыбнулся. — И не переживай, Собиратель Тайн, Гончар переродится и еще потреплет тебе нервы.

* * *

— Решила соскочить?

— Я не могу, Гончар, хватит! — Испанка старалась говорить твердо, но голос срывался. — Травник...

— Он погиб по собственной глупости.

— На твоей операции!

— Его никто не звал!

— Ты звал меня!

— Приехала бы одна — Травник был бы жив.

— Что сделано, то сделано. С меня хватит!

— Уверена?

— Хватит крови, Гончар, я ухожу. — Испанка помолчала. — И не вздумай являться ко мне — убью. Забудь о моем существовании.

— Не надо угрожать, девочка.

— А ты приезжай в Мадрид, подонок, и тогда увидишь, угроза это или обещание!

Тереза бросила трубку.

Гончар аккуратно положил мобильный на стол и коротко резюмировал:

— Паскуда!

Однако, в отличие от ночных криков, процеженному Гончаром ругательству не хватало ярости. Эмоции ушли, лидер смирился с предательством Испанки, нашел ей замену и ругался больше для порядка, чтобы подчиненные не подумали, что ему плевать на бегущих с корабля крыс.

Остатки маленькой армии расположились вокруг стола. Проказа, с независимым видом поправляющая пилочкой ногти, и по обыкновению хмурый Оружейник. У ног старика лежал грустный Серафим.

— Наша белобрысая знакомая решила, что Травник расплатился с ее долгом. — Гончар жестко усмехнулся. — Придется при случае объяснить ей, что она ошибается.

Оружейник безразлично пожал плечами. Мол, тебе надо, ты и разбирайся. Проказа же зевнула и протянула:

— Я ее никогда не любила.

— Надеюсь, ты никого не хотела удивить? — осведомился Оружейник.

— Можно подумать, ты кого-нибудь любишь, кроме своей псины!

Серафим зарычал.

— Справляться будем сами, — с нажимом произнес Гончар, пресекая зарождающийся скандал. — Я полагаю, все решится в течение ближайших часов...

Лежащий на столе телефон подал голос. Гончар бросил взгляд на экран и улыбнулся: звонил Собиратель Тайн.

* * *

— Мельницу переносили уже при мне, — рассказывал идущий рядом с Волковым Шипилов. — В обстановке строжайшей секретности, разумеется. Разбирали и собирали ее десять офицеров. Вручную. Работа заняла две недели.

— А Механикус?

— Он руководил.

Очкарик весело посмотрел на полковника:

— Пытаюсь поставить себя на твое место, и, извини, не получается. На дворе двадцать первый век. Вы спускаетесь под землю и приступаете к разборке водяной мельницы. Вручную. И ты рассказываешь мне об этом так, словно речь идет о какой-то обыденности.

— Мы не собиратели тайн, — улыбнулся Андрей. — И не депутаты какие-нибудь. Мы — офицеры. Мы получили приказ от непосредственного начальника и выполнили его.

Волков лишь крякнул.

— Механикус что-нибудь говорил?

— Да нет. — Шипилов помолчал, раздумывая, стоит ли откровенничать с Федором. — Он нормальный мужик. Не чванливый, не заносчивый. И знает много... Бывало, на перекурах такие байки травил, что мы рты раскрывали.

— Какие байки? — немедленно уточнил Очкарик.

Но развивать эту тему Андрей не стал.

— Главной проблемой оказался выбор нового месторасположения. Механикус наотрез отказался перемещать мельницу за пределы Москвы или выставлять ее под открытое небо. Мы, в свою очередь, хотели убрать ее подальше от Кремля. Сам понимаешь, перед нашей организацией стоят свои задачи, и периодические разборки искусников нас не радуют. Одним словом, спорили долго. Потом мне рассказали, что Механикусу предлагали перенести мельницу на территорию режимного объекта. Выстроить для нее ангар на охраняемой территории и оставить вдали от посторонних глаз. Но он отказался, настаивал на центре города и в конце концов сломал наших. Место подобрал неплохое, но повозиться строителям пришлось изрядно. Они выкопали небольшой канал, отводящий воду из Москвы-реки, а для того, чтобы обеспечить течение, установили специальный двигатель...

— Неужели Механикус так много пообещал? — удивился Волков, ошеломленный масштабом проделанных работ.

Трудно поверить, что в наши дни коллеги Шипилова умудрились провести такое строительство в центре Москвы.

— Вполне возможно, что наверху есть обязанные ему искусники, — усмехнулся Андрей.

— Черт! — Об этом Волков не подумал.

— Вот мы и пришли. — Шипилов распахнул дверь и выпустил Федора на залитую солнечным светом улицу. — Дорогу запомнил?

— Да.

— В таком случае... — Андрей хотел сказать: «увидимся», но передумал и в последний раз предупредил: — Тебя мои ребята знают, тебя они не тронут. Но чтобы я мог на сто процентов гарантировать тебе безопасность, пожалуйста, держись подальше от искусников, не перекрывай нам зоны и... и падай на землю сразу же, как только начнется стрельба. Не геройствуй.

— Если бы я любил геройствовать, служил бы в другой структуре.

— Увидимся, — кивнул Шипилов, закрывая дверь.

Скрипнул повернувшийся замок — второй ключ от него лежал в кармане Очкарика, донеслись едва слышные шаги — Андрей ушел готовиться к появлению Гончара.

Волков же закурил сигарету, отошел к краю тротуара, задрал голову и посмотрел на дом, из подвала которого только что вышел. На большой серый дом, стоящий на улице Серафимовича.

Говорят, что порядочного человека можно легко узнать по тому, как неуклюже он делает подлости. А еще бытует мнение, что подставить кого-либо не так уж и трудно.

Действительно, много ли требуется ума, чтобы совершить подлость? Совсем чуть-чуть. Главное в этом деле — соответствующий склад характера. Или насущная необходимость. Или выгода. Или страх.

Но в любом случае нормальные люди предателей презирают.

И правильно делают. Грязь прилипчива, не заметишь пятнышка, завтра вымажешься с ног до головы.

Однако если отвлечься от эмоций и морали, если посмотреть на обстоятельства холодно, отстраненно, то легко прийти к выводу, что подставить человека не так просто, как кажется на первый взгляд.

Нетрудно привести в ловушку дураков, но это и нечасто требуется. Дураки редко становятся опасными врагами, редко играют в сложные игры. Дураки прут напролом, и расставить им ловушку способен даже первоклассник.

А чтобы подставить умных людей, приходится ломать голову. Ведь обязательный и необходимый элемент любого предательства — доверие. Человек должен повернуться к тебе спиной, пойти за тобой, послушать тебя. Предать близких, знающих тебя с детства людей не составляет никакого труда, а вот заставить довериться тебе совершенно посторонних — совсем другое дело.

Тут нужен ум. Актерское мастерство. Знание психологии.

Предатель должен вести себя как обычно, но не переиграть. Внимательно следить за реакцией жертв, но не подавать виду. Держаться спокойно и уверенно, зная, что вот сейчас раздадутся выстрелы и пули полетят в его сторону.

И если принято говорить, что рисковые ребята ходят по лезвию ножа, то предатель — танцует на его кончике.

— Ты уверен, что мельница здесь? — поинтересовался Гончар.

— Да, — коротко отозвался Федор.

— Откуда?

Они шли по неширокому подвальному коридору, освещенному желтым светом лампочек. Стены выкрашены в зеленый цвет, над головами проложены трубы, по которым журчит вода, и этот звук слегка разбавляет тягостное чувство, что появляется почти у каждого спускающегося под землю человека.

Волков двигался первым. Уверенным, широким шагом. За ним столь же спокойно следовал Гончар. А вот двое его помощников выглядели не так безмятежно. Оказавшись в подвале, и Оружейник, и Проказа взяли наизготовку короткие автоматы. Но если старик ограничился тем, что вглядывался вперед, через плечо Очкарика, то замыкающей процессию Проказе приходилось постоянно оборачиваться, контролируя пройденную часть коридора.

— Кого ты искал, Гончар? — осведомился Федор.

— Что ты имеешь в виду?

— Кого ты искал?

— Собирателя Тайн, — догадался Гончар.

— Нашел?

— Еще не знаю.

Волков остановился и жестко посмотрел на стоящего перед ним мужчину.

— Знаешь, я действительно рад, что ты рассказал мне об искусниках. И радуюсь я не потому, что чувствую себя великим или там избранным, а потому, что понял, почему в последнее время мне так везет. Мне было слишком легко, Гончар, и я, скажу откровенно, боялся потерять квалификацию.

— Теперь ты понял, что не потерял, а обрел.

— Совершенно верно, — кивнул Федор. Он сделал еще несколько шагов, свернул в одно из ответвлений, остановился перед металлической дверью и прикоснулся пальцем к одной из кнопок электронного замка. — Но я не могу сказать, что мне нравится быть искусником. Я люблю головоломки.

— Любишь, так и люби, — проворчал Гончар. — Покупай соответствующие журналы и разгадывай сколько влезет. Мельница здесь?

— Да.

— Как ты ее нашел?

— Я поговорил с человеком, который ее переносил.

— Как ты его нашел?

— А как ты нашел меня?

— Я искал Собирателя Тайн! — Гончар повысил голос. Было видно, что его раздражает выбранная Волковым манера разговора.

— Ты не ошибся, — буркнул Федор и принялся уверенно давить на кнопки замка.

Гончар зло посмотрел на Очкарика, затем повернулся к Оружейнику. Старик едва заметно кивнул: порядок. Гончар поджал губы. Проказа усмехнулась.

— Первый, докладывает Седьмой: они стоят в тамбуре.

— Просто стоят? — уточнил Шипилов.

— Волков набирает код.

— Общая готовность! — распорядился Андрей. — Открывать огонь только по моему приказу.

Он не собирался атаковать Гончара сразу. Засада была спланирована отлично, почти все помещение оказывалось под перекрестным огнем, но торопиться все равно не следует. Сейчас Гончар и его люди настороженны, готовы к любой неожиданности, и кто знает, что может произойти? Пусть расслабятся, пусть поверят, что все спокойно.

Однако сам Шипилов слегка нервничал. Ощущал какую-то внутреннюю дрожь, возникшую в тот самый момент, когда наблюдатели доложили о появлении возле дома машины с искусниками. Словно таинственный Гончар привез с собой болезненную ауру.

«Оставить сопли! Приготовиться!»

И вслух произнес:

— Напоминаю: по возможности не атаковать Волкова. И постарайтесь не задеть мельницу!

— Раритет, блин, — пробормотал один из бойцов.

Но пробормотал тихо, так, чтобы Первый не услышал. Бойцу не хотелось лишний раз раздражать начальство. Да и понимал он в глубине души, что Шипилов прав — раритет. Понимал, потому что видел мельницу...

— Обалдеть, — прошептала Проказа. — Я не верю!

— Шедевр, — вздохнул Оружейник.

— Красота, — подал голос Волков. — Красота...

Гончар промолчал.

Шипилов не показал Федору мельницу. Полковник лишь довел Очкарика до двери, назвал код и вывел обратно — пора было встречать Гончара, а потому Волков был не меньше спутников ошарашен открывшейся картиной.

Нереальной. Удивительной.

Обширное помещение, некогда являвшееся частью подвала серого дома, было существенно углублено, и теперь его высота составляла не менее восьми метров. От двери, которую открыл Федор, вниз вела металлическая лестница с тремя пролетами. Крепкая, относительно новая, аккуратно покрашенная черной краской. Но вниз искусники не торопились, замерли, разглядывая красоты подземной Москвы.

Зал оказался квадратным, примерно двадцать на двадцать метров. Бетонные стены аккуратно побелены. Бетонный пол чист и сух. Вдоль стен ни одной трубы — обычного украшения подвалов, — ни одного лишнего кабеля, только те, что ведут к лампам. И решетки вентиляции под самым потолком. Хорошей, судя по всему, вентиляции, ибо исходящая от воды сырость почти не ощущалась.

Освещалось помещение мощными лампами, но до тех пор, пока Волков не нащупал выключатель, оно было полностью погружено во тьму, из которой доносился лишь тихий плеск воды, и оторопь взяла искусников после того, как загорелся свет.

Канал, метра четыре шириной, был проложен вдоль правой от двери стены. Не очень быстрый поток выходил из зарешеченной арки и исчезал в ее точной копии напротив. И вертел водяное колесо мельницы.

— Нашли, — выдохнул Гончар. — Нашли!

Она казалась нарисованной, казалась декорацией, макетом — настолько красивой она была. Дерево светлое, не потемневшее от времени. Крыша с коньком, слуховое оконце, стены, ступеньки — все блестит, словно покрыто лаком. Маленькая открытая веранда перед дверью, на ней кресло-качалка. Каменный фундамент, кое-где поросший мхом.

И черное, блестящее от воды, колесо.

— Я не верю, — пробормотала Проказа.

Подойдя ближе, они услышали доносящийся изнутри скрип: мельница не простаивала, вода ворочала жернова.

— Что она мелет?

Оружейник пожал плечами:

— Может, время?

А может, просто работала? Не ради чего-то, а потому, что сделал ее бог машин? А может, движение колеса заряжало энергией все механизмы Земли?

Кто знает...

Но, несмотря на удивление, искусники не забывали об осторожности. Приближаясь к мельнице, Оружейник и Проказа оглядывались по сторонам, а следом за их взглядами поворачивались стволы снятых с предохранителей автоматов. Гончар, перед тем как спуститься вниз, положил на порог двери металлический прут, чтобы не захлопнулась. Безмятежным оставался только Волков. Действительно безмятежным, хотя он на сто процентов знал, что вскоре в подвале загремят выстрелы.

Федор сам не ожидал от себя подобной смелости. Он думал, что его будет трясти. Он не очень-то доверял слову Шипилова. И даже если полковник действительно не хотел убивать Очкарика, бой все равно оставался боем, сражением, в котором есть место случаю. Федора должно было трясти, а он оставался спокоен.

Может, все дело в монетке, что лежала в его кармане?

«Я поверил?»

— Проказа, посмотри внутри, — распорядился Гончар.

Девушка молча кивнула, подошла к двери, внимательно ее осмотрела, а затем осторожно потянула ручку на себя.

— Закрыто!

— Открой!

Два шага назад, вскинутый ствол автомата, и две длинные очереди в деревянную дверь. Мощный глушитель съел грохот выстрелов, оставив лишь глухое: «па-па-па...»

— Не получается!

— Что не получается?

— Пули отскакивают!

Оружейник крякнул.

Гончар взбежал на веранду и внимательно осмотрел дверь. Две очереди не оставили на дереве ни одного следа, ни одного подтверждения того, что Проказа стреляла.

А вот старик смотреть на чудо не пошел. Он как-то странно поглядел на Гончара, Проказу, затем очень внимательно на Волкова, но ничего не сказал. Лишь вытащил из кармана Серафима и тихонько подтолкнул его к мельнице.

— Что происходит, черт побери? — пробормотал Гончар, разглядывая сплющенные пули.

— Мельница — труд всей его жизни, — тихо произнесла Проказа. — Его мечта.

— Ну и что?

Гениальные механики и великие изобретатели, художники и скульпторы, творцы невероятных, изменяющих мир вещей, рано или поздно умирают... но продолжают жить в своих работах, в своих созданиях. Их идеи, их мысли, частички душ заключены в их произведениях. А души вечны. Души — часть Вселенной. А потому работы действительно гениальные способны победить даже время. Время! Чего уж говорить о жалких попытках смертных уничтожить их?

Стоят пирамиды, шуршат страницы «Илиады», задумчиво глядит пережившая не одну войну Венера Милосская. И несмотря на то, что весь мир увешан изображениями улыбающихся женщин, люди едут в Париж, любоваться на Джоконду.

Так было и так будет.

— Огонь! — приказал Шипилов.

Момент атаки был выбран крайне удачно. Или крайне неудачно. Как говорится, с какой стороны смотреть.

Искусники, обескураженные невозможностью проникнуть в мельницу, собрались на переговоры в нескольких шагах от веранды, стволы автоматов опущены, взгляды устремлены на Гончара. Неудача заставила позабыть об опасности, а потому шквал свинца, что обрушили на них люди Шипилова, стал полной неожиданностью.

Однако...

Однако выполнить поставленную Андреем задачу стрелки, несмотря на весь свой профессионализм, не сумели.

Гончара спас Оружейник. Опередил летящие пули на долю секунды, бросился вперед, оттолкнул лидера к мельнице, а сам принял предназначенный тому свинец, упал, скорчился, размазывая по бетону быстро вытекающую кровь.

Успела среагировать и Проказа. Не на звуки выстрелов — на движение старика. И машинально приняла единственно правильное решение: завалилась набок, одновременно открыв огонь из автомата. По кому? Какая разница по кому? В такие моменты остается лишь надеяться, что твои пули полетят в правильном направлении, если не ранят, не убьют, то хотя бы заставят противника пригнуть голову, не позволят продолжить прицельную стрельбу. Дадут шанс перекатиться, уйти из зоны поражения, спастись.

У Проказы получилось только одно — спастись. Ее пули полетели слишком низко, не причинив вреда стрелявшим из вентиляционных решеток бойцам, и распластавшаяся на полу девушка оставалась для них прекрасной мишенью, но...

От второй волны свинца искусников спас Гончар. Выкрикнул хриплый приказ, и то смутное беспокойство, та дрожь, что почувствовал перед началом боя Шипилов, превратились в чудовищную смесь самых отвратительных ощущений. Гнилой коктейль из липкого страха и полной безнадежности наполнил души людей. Опустились руки, застучали зубы, заныло в животах. Захотелось бросить оружие и бежать. Как можно быстрее. Как можно дальше. Укрыться.

И заплакать...

Вскочивший на ноги Гончар кричал, потрясал кулаками, выплевывал ругательства, но ни стрелки, ни ворвавшиеся через дверь бойцы его не атаковали. Они вообще никого не атаковали.

Они умирали.

— Я останусь здесь, — угрюмо произнес Оружейник.

— Вижу, — вздохнул Гончар, присаживаясь на корточки перед раненым стариком. — Прости меня.

Старик хмыкнул, но не ответил. Молча погладил по голове скулящего Серафима.

— Больно?

— Терпимо.

— Помочь? — Гончар выразительно указал на автомат.

— Не надо... — Оружейник тяжело вздохнул. — Лучше уходи поскорее, а? Оставь меня одного.

— Так действительно будет лучше?

— Да. Я жил один и умереть хочу один. Так будет лучше.

— Как знаешь. — Гончар помолчал. — Прощай, друг.

— Прощай.

Подошедшая Проказа на Оружейника даже не взглянула. Бледная, растрепанная, слегка пошатывающаяся, она, казалось, тоже пострадала в перестрелке. Но это только казалось.

— Волков мертв.

Она не уточнила, что две пули, пробившие грудь Федора, вылетели из ее автомата. Машинально выпущенная очередь не нанесла урона нападавшим, зато оставила искусников без Собирателя Тайн.

— Плохо.

— Пойдем отсюда. Мне... — Проказа судорожно сглотнула. — Мне плохо.

— Знаю, — отрезал Гончар и твердым шагом направился к лестнице.

Твердым, уверенным шагом, несмотря на то, что его замысел полностью провалился.

Если Механикус действительно спрятал Золотую Бабу в мельнице, то добраться до нее невозможно, а ждать, когда бог машин придет за ней, — бессмысленно.

Полковника Шипилова нашли через два часа.

В комнате, примыкающей к мельничному подвалу. Рядом с тремя мертвыми бойцами — резервной группой, которая так и не вступила в бой.

Поскольку мельница осталась целой, было решено считать, что полковник Шипилов и его подчиненные боевую задачу выполнили.

* * *

— Останови!

— Зачем?

— Останови немедленно!

Гончар прижался к обочине. Проказа распахнула дверцу, и ее сразу же стошнило на тротуар. Прохожие шарахнулись в сторону, кто-то пробормотал ругательство в адрес «пьяной шлюхи», но Проказе было все равно. Она тщательно откашлялась, не обращая ни на кого внимания, захлопнула дверцу и, когда Гончар вновь вырулил в автомобильный поток, безжизненным голосом произнесла:

— Ты не говорил, что позовешь Трех Палачей.

Общение с призраками — непростая задача для человека. Чистая, лишенная материального тела энергия безжалостно давит на все живое. Проказа слишком долго находилась в непосредственной близости от тварей, и теперь, несмотря на силу, ее безжалостно крутило.

— Я не должен перед тобой отчитываться.

— Ну, конечно, ты ведь лидер.

— Да, я — лидер.

Гончар произнес это таким тоном, что Проказе расхотелось проказничать дальше. Она проглотила готовое сорваться с языка язвительное замечание и отвернулась.

— Я не ожидал, что придется прибегнуть к их помощи, — примирительно сказал Гончар через пару минут. — Вызвал их ночью, на всякий случай, но был уверен, что справимся сами. Не думал, что Собиратель Тайн приведет нас в ловушку.

— Не думал, но подготовился, — заметила Проказа.

— Я ведь лидер, — дружески улыбнулся он. И после короткой паузы осведомился: — Ты со мной?

Она ничего не была ему должна и могла уйти в любой момент. Единственное, что заставляло Проказу служить Гончару, — ненависть к Механикусу. До сих пор не удовлетворенная ненависть, и теперь лидер хотел знать, готова ли девушка продолжить охоту. Как оказалось — готова.

— Механикус все еще жив.

— Спасибо, — с чувством произнес Гончар.

— Да пошел ты... — Она улыбнулась и достала сигарету. Закурила, пустила дым и задумчиво произнесла: — Интересно, почему Собиратель Тайн решил тебя продать?

— Какая теперь разница?

— Как это какая? Нужно понять, чем Механикус его купил.

— Зачем? Этот раунд за Механикусом, а Собиратель мертв...

— Я бы на твоем месте не была столь уверена, — усмехнулась Проказа.

— Что ты имеешь в виду? — насторожился Гончар.

— Собиратель был у Чеканщика. Кто знает, какие монетки он приобрел?

Гончар надавил на тормоз так резко, что идущая следом машина едва не вписалась в задний бампер «Доджа».

— «Второй Шанс»!

— Наконец-то!

— Черт! А ведь ты права!

— Что бы ты без меня делал?

Автомобиль замер в среднем ряду, и, судя по артикуляции объезжающих «Додж» водителей, они были прекрасно осведомлены о маме Гончара и его сексуальных наклонностях.

— Собиратель уверен, что мы не будем его искать, —

продолжил Гончар. — И наверняка вернется домой. А мы тут как тут!

— Логично, — согласилась Проказа.

— Едем!

— А по дороге давай подумаем, почему Собиратель тебя продал?

— Разве это важно?

Женщина вздохнула, всем своим видом показывая, как это трудно: быть умнее всех.

— Волков только что узнал об искусниках, он нейтрален. Подумай сам, чем Механикус мог его купить? Какие аргументы привести?

— Не знаю, — сдался Гончар. — Какие?

— Я думаю — никакие, — несколько свысока произнесла Проказа. — Я думаю, Собиратель узнал очередную тайну, узнал некий связанный с Механикусом факт. Например, чем тот сейчас занимается. И именно поэтому решил тебя продать. Понимаешь?

Гончар нахмурился:

— В любом случае, у нас будет возможность задать Волкову этот вопрос.

* * *

Смерть — событие индивидуальное, глубоко личное.

Даже если встречаешь ее в компании коллег по несчастью, например, во время массовой казни или в бою, ты все равно переживаешь смерть самостоятельно, ни с кем не делясь ощущениями. Одних выворачивает наизнанку, другие спокойны и сосредоточенны. Одни страдают, другие терпят. Третьи даже не понимают, что перешли черту.

Волков, как это иногда бывает, боли не почувствовал. Вторая пуля Проказы влетела ему точно в сердце, лишив организм возможности агонизировать, а Федора — спорной радости предсмертных мук. Во время которых ты понимаешь — конец, но, как последний идиот, надеешься — а вдруг?

Боли не было. Лишь тело превратилось в вату. Безвольно рухнуло на пол и даже сил закрыть глаза не осталось.

Все ушло.

«Это смерть?»

Не было огромного подвала и мельницы, плеска воды и бетонного пола, не было тела и не было времени. Не было ничего, но, черт побери, почему он понимает, что ничего этого нет?

«Почему я понимаю?»

Это смерть?

Не было света, и не было тьмы.

Волков стал невероятно огромен, больше планет и светил. Он летел между ними, шутя прикасаясь бесплотными пальцами к звездным скоплениям. Резвился среди галактик и нырял в черные дыры. Он стал Вселенной.

Он стал маленькой частичкой Вселенной. Крошечной, незаметной. Пылинкой, что затерялась на бетонном полу.

Это смерть?

Он видел себя, окровавленного, мертвого. Он прощался с собой.

И вдруг услышал:

«Плата принята!»

Это смерть?

А потом ему стало очень-очень больно.

— А-а!

Не в силах справиться с горящим внутри огнем, Федор покатился по полу, рыдая и царапая ногтями бетон, ругаясь, плюясь и вопя.

— А-а!!

Рефлекторно поднялся на четвереньки, его стошнило, выгнуло дугой, а потом руки ослабли, и он упал лицом в вонючую жижу.

— А-а!!!

Отвратительный запах вызвал очередные спазмы. Очкарик закашлялся, откатился в сторону, не сразу понял, что вспышка дикой боли миновала, а когда понял — сел на пол и огляделся мутным, едва осмысленным взглядом.

— Со стороны это выглядит забавно.

Волков повернулся на голос. Расплывчатое пятно. Потер глаза, проморгался, вгляделся: Оружейник. Полулежит, опираясь спиной о стену мельницы, и поглаживает скулящего Серафима.

— Я...

— С возвращением, Собиратель Тайн.

«С возвращением?»

И сразу же вспомнилось: перекошенное лицо падающей набок Проказы, харкающий огнем автомат, отсутствие боли, отсутствие тела и...

«Плата принята!»

Волков сплюнул, криво усмехнулся, увидев, что слюна смешана с кровью, опустил голову и посмотрел на грудь. На мокрой от красного рубашке два круглых отверстия. Под ними — целая, здоровая на вид кожа. Никаких шрамов. Никаких знаков.

«Плата принята!»

— Я знал, что ты не уйдешь от Карпова без монеты Второго Шанса. Ты ведь Собиратель Тайн, ты должен был выведать у Чеканщика все. — Старик кашлянул. — Я не ошибся.

«Второй шанс! Мне дали второй шанс!» Удивленный Сан Саныч. Черный с золотом кругляш с вечно меняющимся узором. Плата, за которую можно купить жизнь.

Федор посмотрел на старика:

— А твоя монета? Или ты ждешь, когда...

— Потратил я ее. Давно уже потратил... — Оружейник перевел взгляд на Серафима. — Если бы не он, я бы уже тогда... Надоело все. Честное слово, надоело...

Очкарик поднялся на ноги. Он знал, что издает отвратительный запах, ему был неприятен привкус во рту, однако в первую очередь следовало оглядеться. По-настоящему. Внимательно.

К картине, которую помнил Федор, добавились четыре трупа: два у основания лестницы, один на ступенях, один наверху, у двери. Черная форма, черные маски, короткие автоматы. Люди Шипилова? А кто же еще?

— Стреляли по нам из вентиляции, — сообщил старик. — Их тоже убили. И еще тех, кто все это затеял. Они никого не щадят.

— Гончар? Проказа?

— Три Палача, — ответил Оружейник. — Самые плохие обитатели этого города.

— Что за твари? Искусники?

— Призраки. Гончар умеет их вызывать.

Старик снова закашлял, застонал. Серафим тоскливо взвыл. Судя по всему, Оружейнику оставалось недолго.

— Хочешь воды?

— Ну ее к черту!

— Как скажешь. — Волков уселся рядом, подумал и признался: — Я знал о засаде.

— Ты ведь Собиратель Тайн, — слабо улыбнулся старик.

— Это я вас подставил.

— Надеюсь, у тебя был повод.

Он умирал, а потому имел право знать правду.

— Механикус помогает моему другу, и я не хочу, чтобы Гончар добрался до них, — произнес Федор, глядя старику в глаза. — Надеялся свести Механикуса и Гончара здесь, чтобы они выяснили отношения вдали от посторонних, но не получилось.

— Не оправдывайся. Оправдания придумали бездельники и трусы. А мы делаем то, что считаем нужным. И отвечаем за это.

— Я не оправдываюсь. Просто говорю, что еще ничего не закончилось.

— А-а... — Оружейник вновь погладил Серафима. Жест показался Волкову слабее предыдущих. Рука едва поднялась.

— Знаешь, Собиратель, ты мне никогда не нравился.

— Почему?

— Тайны... Иногда их лучше оставлять обладателям. Не лезть в душу.

— Я ловлю преступников.

— Не всегда, Собиратель, не всегда. Бывает, ты ломаешь жизни.

— Я делаю то, что считаю нужным. И отвечаю за это.

— Молодец, — с издевкой похвалил Волкова старик. — Быстро учишься.

— Стараюсь.

— Так вот... ты мне не нравился и не нравишься. И вряд ли мы успеем подружиться.

— Это точно.

Оружейник, недовольный тем, что его перебили, тяжело вздохнул:

— Нет, не нравишься.

— Ну и ладно. Не нравлюсь и не нравлюсь. Все равно на ту сторону мне тебя провожать.

Очкарик не собирался уходить, считал, что бросать Оружейника в этот момент неправильно, не по-человечески. А старик, в свою очередь, не настаивал. Не прогонял. И следующая его фраза объяснила почему.

— Собиратель, позаботься о Серафиме, а? Один он пропадет.

Тойтерьер перевел взгляд на Волкова. Не жалобный взгляд, не умоляющий. Взгляд существа, которое вынуждено делать нечто неприятное.

— Хорошо, — буркнул Федор. — Согласен.

— Никогда не спеши соглашаться, — заметил Оружейник. — Я еще не заплатил.

— Да я и так его возьму. Не бросать же?

— Но плату мою прими. — Старик пристально посмотрел Волкову в глаза. — Запоминай, Собиратель, повторить я вряд ли успею...

* * *

— Надо же, у него есть сын и жена. — Проказа посмотрела на взятую с книжной полки фотографию. — А он спит с соседкой. Молодец.

— Жена умерла, — буркнул Гончар.

— А... — Девушка прошлась по комнате. — Все равно молодец.

И бросила фотографию на пол.

— Переспала с ним?

— Ревнуешь?

— Интересуюсь.

— Ну, раз интересуешься — да, переспала.

— И как?

— Ничего особенного.

Гончар плюхнулся на диван, положил ногу на ногу и с улыбкой посмотрел на Проказу.

— Ты все больше и больше становишься похожей на мужчину.

— Чем же?

— Какая беда в том, что он тебе отказал? Может, он испугался? В любом случае, тебя это ничуть не унижает.

— Неужели? — угрюмо спросила Проказа.

Судя по всему, у нее был собственный взгляд на подобные вещи.

— Тебя хотят все, — убежденно произнес Гончар. — А не хотят слабаки и козлы. Вот так.

— Ты не слабак?

— Я?

Девушка плавно опустилась на колени Гончара, положила руки на его плечи. В черных глазах вспыхнули озорные огоньки.

— Ты.

Он провел ладонями по бедрам Проказы.

— Не думаю, что сейчас подходящий момент...

— Ты слабак или козел?

— Я сижу в засаде и жду, когда Собиратель Тайн явится домой. Я должен быть готов в любой момент...

— Я чувствую, что ты готов, — тихо рассмеялась Проказа. Ее губы оказались совсем рядом с губами Гончара. — Неужели мы так и будем сидеть, скучая в ожидании?

Он запустил пальцы в ее волосы, на пару миллиметров приблизил лицо девушки к себе.

— Мы...

И вздрогнул от неожиданности: в дверь позвонили.

Звонить Очкарику Яша не стал. Честно признался себе, что не сможет попросить друга о встрече, не наберется смелости, промямлит что-нибудь невразумительное, может, даже извинится за резкость, но о встрече не договорится.

А она должна состояться!

Он должен извиниться, глядя Федьке в глаза. Извиниться за все. Должен показать, что тот выпендрежный урод, каким он был последние годы, умер, и скоро его образ сотрется из памяти. Навсегда сотрется. Должен показать, что Яша Рыжков вернулся. Тот самый Яша, которого друзья спасали все это время.

И еще он должен сказать спасибо. Сначала Федьке, а потом всем остальным.

Он должен. Лично.

И поэтому Рыжков не стал звонить Очкарику. Купил в магазине четыре бутылки пива, два пакетика соленых орешков и пришел к Волкову домой. По расчетам Яши, Федор как раз должен был вернуться со службы, но если его нет, то ничего страшного — можно зайти позже. Или подождать на лестничных ступеньках, как в детстве. Подождать друга из этого самого детства и извиниться перед ним.

Главное — он решился.

— Ты кто такой?

— А вы?

Черноволосая женщина, гибкая, сильная, грубо надавила локтем, и Яша скривился от боли.

— Твое дело отвечать, заморыш, понял?

— Это волковский приятель, — сообщил копающийся в пакете Рыжкова Гончар. — Пиво принес.

— Я...

— Ты мне не ответил, заморыш! Ты понял свою задачу?

— Да, — прохрипел Яша.

— Назови ее!

— Я должен отвечать вам.

— Правильно!

Проказа ослабила хватку, позволяя Рыжкову распрямиться, но тут же втолкнула его в гостиную и резко ударила в грудь, буквально швырнув на диван. И тут же — когда успела, ведь мгновение назад в ее руках ничего не было! — в подбородок Яши уперся ствол пистолета.

— Пасть не разевай, придурок, понял? Орать не вздумай! Пристрелю, как щенка, понял?

— Понял.

— У меня пушка с глушителем, никто и не чухнется, понял? Мы спокойно уйдем, а ты останешься. Понял?

— Да!

Девушка сделала шаг в сторону, и ее место тут же занял Гончар.

— Ты его друг?

Отпираться глупо.

— Да, — вздохнул Рыжков.

— Вы договаривались встретиться сегодня?

— Нет.

— Врет, — уверенно бросила Проказа. — Дай я ему врежу.

Но Гончар покачал головой:

— Он не врет. Он говорит правду. — Наклонился чуть ниже. — Он уже понял, что я отличаю правду от лжи. Так?

Рыжков мог только кивать. Глаза неизвестного мужчины гипнотизировали, повелительный взгляд вцепился мертвой хваткой, вгрызся, подобно клещу, и проникал все глубже и глубже.

— Как тебя зовут?

— Яша.

Собственный голос показался чужим, незнакомым и прозвучал как будто со стороны. Из кухни или из детской. Глухо прозвучал.

Покорно.

— Ты давно знаешь Волкова, Яша?

— Всю жизнь.

— Как интересно... Я рад, что встретил тебя, Яша. А ты рад?

— Очень.

И вдруг поймал себя на мысли, что не лжет. Что ему

действительно приятно разговаривать с этими странными, но такими дружелюбными незнакомцами.

— Яша, расскажи мне о друзьях Волкова. У него ведь есть еще друзья?

— Есть.

— Кто они?

Возможно, где-то в глубине души, в каком-нибудь маленьком ее закутке, в темном чулане, до которого не добрался взгляд Гончара, настоящий, незагипнотизированный Яша кричал: «Молчи!» Возможно. Однако голоса этого, даже если он и звучал, Рыжков не слышал. Все его помыслы были связаны с тем, чтобы как можно полнее ответить на вопрос. Не потому что он боялся — страх давно ушел, не потому что его переполняла приязнь к незнакомцу — это чувство тоже испарилось. А потому, что никаких чувств не осталось вообще.

Яша не контролировал себя.

— Нас четверо...

— Как ты догадался? — осведомилась Проказа.

— Ты сама велела подумать над тем, из-за чего Собиратель нас предал, — рассмеялся Гончар. — Я и подумал. Долго думал. И в один прекрасный момент меня озарило: а над тем ли я ломаю голову?

— В какой момент?

— Когда увидел пиво в пакете этого придурка, — не стал скрывать Гончар. — У Волкова есть друг, который может вот так, запросто, без звонка, завалиться к нему домой. Понимаешь? Старый, проверенный друг. Или друзья. Не ради ли них Собиратель рискнул головой и отправил нас под пули?

— Ты просто угадал.

— Еще нет, — строго произнес Гончар. — Пока мы знаем, что какой-то чокнутый миллионер когда-то сделал стеклянные часы, а сейчас работает над более сложным проектом. И еще мы знаем, что Волков ни с того ни с сего нас предал. И надеемся, что эти факты связаны между собой.

Он потер руки, улыбнулся и вопросительно посмотрел на Проказу:

— Поехали?

— А что делать с этим? — Она кивнула на лежащего без сознания Рыжкова.

— Хочешь его убить?

— Нет.

— В таком случае пусть живет.

* * *

— Подождешь меня в машине, хорошо?

Лежащий на переднем сиденье Серафим поднял голову, без интереса посмотрел на Волкова и вновь опустил ее на лапы.

— Значит, договорились. — Федор помолчал. — Захочешь в туалет, не сочти за труд, спустись и сделай свои дела на коврик, ладно?

Тойтерьер задрал верхнюю губу и тихонько зарычал. Очкарик потер ладонью лоб:

— Поверь, Серафим, я приложу все усилия, чтобы подружиться с тобой. И мне бы очень хотелось, чтобы ты вел себя так же. Мы не в силах ничего изменить, а значит, должны привыкать жить вместе.

Он выждал некоторое время, после чего протянул руку и осторожно коснулся пальцами головы песика. Тот шевельнул ушами, но не отстранился. Не зарычал.

— Мне не жаль Оружейника, но и радости мне его смерть не доставила, — откровенно сказал Федор. — И еще... поверь, я бы выполнил его просьбу и без платы. Не бросил бы тебя. Не потому, что я люблю животных, а потому, что бросить тебя было бы неправильным. Вот так.

Серафим тяжело вздохнул.

Монтаж «Изделия №1» — Стрекалову очень нравилось это название — проходил в большом цехе. Весь день через большие, чисто вымытые окна — Петрович следил за тем, чтобы порядок на фабрике поддерживался во всем — помещение заливал солнечный свет, под вечер пришлось включить электрические лампы, однако установившегося еще с утра ритма это не нарушило. Илья и три его помощника продолжали работу — Стрекалов хотел обязательно закончить монтаж сегодня.

— Заворачивай, — распорядился Петрович, установив на место очередной блок.

Помощник аккуратно насадил стеклянную гайку на стеклянный же болт и осторожно, сначала пальцами, затем ключом затянул ее.

— Все.

Илья отпустил блок, сделал шаг назад, оглядел почти готовое «Изделие» и достал из кармана рабочего халата пачку сигарет:

— Еще минут двадцать.

— Ага.

Но поддакнул помощник без улыбки, без облегчения, поддакнул, как доложил: сухо, серьезно. Взял пример со Стрекалова, который весь день оставался предельно сосредоточен.

— Красиво получается, — произнес второй помощник.

И едва не добавил: «игрушка». Прикусил язык, Петрович даже в шутку запрещал называть «Изделие» игрушкой, бесился. А если вдуматься — игрушка и есть, не настоящее же изделие, а так — модель.

Третий помощник не курил. И присаживаться не стал, остался стоять вполоборота к «Изделию», а потому оказался единственным, кто обратил внимание на открывшуюся дверь и увидел вошедшего в зал Волкова. Пробормотал:

— Я оставлю вас ненадолго.

И направился к Фёдору.

Стрекалов его не услышал. Сдавил в пепельнице сигарету и поднялся:

— Давайте заканчивать!

— Добрый вечер, — вежливо произнес Механикус. — Собиратель Тайн, как я понимаю?

— Верно.

— Приятно познакомиться.

— Взаимно.

Бог машин оказался невысоким, плешивым мужиком, одетым весьма скромно. Инженер с завода, младший научный сотрудник исследовательского института, незаметный работник склада, вот какие профессии приходили на ум при взгляде на Механикуса. Нет, пожалуй, все-таки инженер: ученый или менеджер вряд ли могли похвастаться потемневшими от смазки руками.

— Давай не будем мешать Илье Петровичу? — предложил Механикус. — Поговорим в комнате отдыха?

— ОК.

Федор повернулся в коридор, но не удержался, кинул взгляд на занятого работой Стрекалова.

«Искусник? Почти искусник?»

Нет.

— Простой человек, — улыбнулся Механикус. — Увлеченный. Живущий полной жизнью. — И неожиданно закончил: — Я не помогаю искусникам.

— Неужели?

Механикус не услышал Очкарика.

— Наш общий друг мог бы стать искусником, мог бы посвятить себя чему-то главному, самому важному, самому для него интересному, сконцентрироваться на единственной дороге... Но он рассудил иначе и построил свою жизнь по-другому.

Волков еще раз посмотрел на Илью.

Не искусник, и никогда не станет искусником. Не воспарит над вершиной, но уже добрался до нее. И готовится покорить вторую. А может, впереди его ждет третья. И четвертая. И он будет штурмовать их, наполняя свою жизнь новыми красками. Обретая не совершенство, а мастерство.

— Завидуешь?

— У каждого свой путь, — хрипло произнес Федор.

— Верно.

Обслуживания в комнате отдыха не полагалось, это вам не кабинет Стрекалова. Вместо кофеварки стоял бесплатный автомат, и Механикус, не спрашивая, выбрал себе и Очкарику по стаканчику эспрессо. Затем уселся напротив Волкова и осведомился:

— Хочешь чего-нибудь узнать, Собиратель Тайн?

— Хочу, чтобы ты убрался отсюда, — буркнул Федор, отхлебнув горячего кофе. — И чем быстрее, тем лучше.

— Не могу, — улыбнулся Механикус. — Меня ищут.

— Именно поэтому, — жестко отрезал Очкарик. — Я не позволю тебе подставить Петровича.

— Ему ничего не грозит.

— Как и твоим друзьям из ФСО.

Механикус помрачнел. Повертел стаканчик в руках, поднес к губам, но остановился, вернул его на стол. Тихо сказал:

— Шипилов не позвонил.

— И не позвонит.

— Ты их подставил?

— Нет. Ты.

— Они меня защищали. Это их работа.

— Но ты мог бы их предупредить.

— О чем?

— О Трех Палачах.

Механикус изменился в лице. У него задрожали руки, и на пластиковой столешнице появилась кофейная лужица.

— Гончар вызвал Палачей?

— Да.

— Ты уверен?

— Ты должен убраться отсюда.

— Мне с ними не справиться, — жалко произнес бог машин.

— А мне до лампочки.

— И к тому же мы почти закончили.

— Тем лучше. Пусть Петрович сам взберется на вершину.

— Да он и так взбирается сам! — взорвался Механикус. — Послушай, Собиратель, я не знаю, что тебе наболтал Гончар, но я не делаю за них работу, понимаешь? Не делаю! Они сами придумывают, сами добиваются своего! Потому что человек не может не придумывать! Не может ничего не делать! Он должен к чему-то стремиться! Если это нормальный человек, разумеется. Одни собирают марки, другие вырезают игрушки из дерева, третьи создают машины. А я всего лишь стою рядом, понимаешь? Потому что мне интересно. Потому что меня завораживает труд людей так же, как Гончара — магия искусников. Я не опровергал легенды, что придумали обо мне, — они здорово помогают в жизни, но все, что я сделал сам, — это моя мельница.

— Кстати, она уцелела.

— Я знаю, — отрывисто бросил Механикус. — Гончар неспособен ее разрушить. Но он не понимал этого. А я его не разубеждал.

«Когда точно знаешь, куда придет враг, легко устроить засаду».

Волков отхлебнул кофе.

— Мне кажется, ты сделал больше, чем говоришь.

Кстати, одно из твоих созданий работает на Гончара и очень хочет с тобой встретиться.

— Проказа? — устало спросил Механикус.

— Да.

— Ее сотворил не я, а доктор Сигал.

— А камешки в чакрах?

— Марк увлекался индийской культурой, — вздохнул Механикус. — Вот я и решил над ним пошутить, сказал, что они огранены особым образом и помогут в эксперименте. На самом же деле оживила Проказу сыворотка, и она же замедлила процессы старения организма. Гениальная разработка. — Механикус опустил плечи. — Для меня было большой честью работать с доктором Сигалом.

Страх в глазах бога машин сменился печалью. Так, словно он вспомнил о старом, давно умершем друге.

— Что-то я не слышал о его сыворотке, — пробормотал Очкарик.

— Потому что Проказа рассказала тебе не всю историю, — грустно усмехнулся Механикус. — Она убила Марка. После чего разгромила лабораторию, подожгла ее и сбежала.

— Я не удивлен, — признался Волков. — Однако не понимаю, как это стало возможным? Что послужило поводом?

— Сигал был врачом, но, к сожалению, не психиатром. Он рассказал Проказе правду. Я не знаю, какой она была до смерти, но после возвращения ее психика серьезно пострадала. Сейчас это эротоманка, с легкостью впадающая в дикую ярость. А учитывая уровень ее подготовки...

— Это ее искусство?

— Да, — кивнул Механикус. — На вершину может поднять не только желание совершенствоваться, но и ненависть, злость, жажда мщения.

У девушки, прошедшей через проект «Возвращение», появилась цель.

Узнав правду, она поняла, что стала не такой, как все. Не лучше — хуже.

Человек распоряжается своей жизнью по праву рождения. Совершает подвиги или ошибки, убивает или спасает, подчиняется или остается несгибаемым. Жизнь — это единственное, что он не заработал, а получил. И это единственное, что принадлежит только ему. А девушке, которую впоследствии стали называть Проказой, жизнь вручили, подарили. Не спасли, а оживили, вернули с того света вопреки всему.

Она поняла, что стала должна Сигалу и Механикусу за то, что всем остальным досталось даром. Она поняла, что не успокоится, пока не вернет им долг. И еще поняла, что можно долг вернуть, а можно от него избавиться.

— У каждого свой путь.

— Совершенно верно.

Федор допил кофе и отодвинул от себя стаканчик.

— Все равно Проказа — твоя игрушка.

— Нет. Она — создание Сигала и игрушка Гончара. — Механикус помолчал. — Я не имею ничего против его теории. Душа Вселенной, высшая ступень развития и все такое прочее. Она любопытна. А самое главное, помогает тем, кто воспарил над вершиной, помогает искусникам. Ведь в какой-то момент каждый из вас понимает то, что только что понял ты: у вас — магия мастерства, совершенство, абсолют. Но это предел, потолок. А у других, не добившихся грандиозного успеха в чем-то одном, есть возможность покорять разные вершины. И каждый задается вопросом: чья жизнь полнее? Не сделал ли я ошибку? Гончар помог многим искусникам обрести душевный покой, но, как это частенько бывает, его теория имеет побочные эффекты. Уверовав в собственное величие, искусники начинают считать себя избранными, высшей кастой, люди для них — пыль. И в последнее время Гончар, как это ни печально, все больше и больше привечает именно таких.

— Зачем ему Золотая Баба?

На лице Механикуса, совершенно неожиданно для Федора, появилось умиротворенное выражение. Одно упоминание об идоле заставило бога машин расслабиться. Забылись проблемы, забылось страшное известие о появлении Трех Палачей. Перед Очкариком сидел человек, вспомнивший первую любовь. Трепетно. Нежно. Сентиментально.

Голос Механикуса стал очень-очень мягким:

— Она — Богиня. Она — загадка, которую Гончар не может разгадать. Он ведь не стоит выше искусников так же, как я не стою выше изобретателей. Его перерождения вызывают у них или зависть, или ухмылку, они не поднимают Гончара выше других. А Богиня... Богиня дарит тепло, возвращает надежду, лечит душу. Искусники не просто уважают Богиню, они ей поклоняются. Ей... А Гончара...

— Считают равным себе?

Механикус не ответил, кивнул, подтверждая, что Волков понял правильно, и продолжил:

— Фактически Богиня — единственное, что препятствует Гончару создать, а самое главное — возглавить касту избранных. Пока Богиня свободна, ее авторитет, тайна, которая ее окружает, ставят ее выше Гончара. Пока Богиня свободна, он не сможет полностью использовать свое отличие от других искусников, не сможет объявить себя Мессией и требовать подчинения. Именно поэтому он приехал в Москву не один, а сколотил команду — ему нужна поддержка, хотя бы видимость поддержки. Ему нужно продемонстрировать искусникам, что он не один. И пусть сначала в партии будут только те, кто ему обязан, затем, если все пройдет удачно, подтянутся нерешительные, колеблющиеся, потом он прижмет остальных. У искусников появится объединяющая сила. Власть Гончара будет освящена Богиней, а если он не сможет использовать ее в своих интересах, то уничтожит.

— Разве это возможно?

— Гончар думает, что да. На самом деле не обязательно разрушать Золотую Бабу, достаточно вывести ее из игры, спрятать. Достаточно продемонстрировать, что она в его власти. — Механикус внимательно посмотрел на Очкарика. — Власть, понимаешь? Идет большая игра за власть над самовлюбленными, талантливыми и циничными эгоистами, овладевшими магией мастерства. Сейчас искусники довольствуются тем, что у них есть, но что будет, если их объединить и поставить перед ними конкретную цель? Не найти Душу Вселенной, разумеется, а... а наконец-то занять свое настоящее место среди людей? К примеру.

— Почему этого не произошло до сих пор? Честолюбия не хватало?

— Честолюбцев среди искусников всегда было в избытке, — рассмеялся Механикус. — Не хватало того, кто сумел бы сколотить из них единую силу. Не было достаточно авторитетного человека, объединителя. Теперь он может появиться.

— Я смотрю, ты хорошо разобрался в замыслах Гончара, — медленно произнес Федор.

— Пришлось.

— Но кто может гарантировать, что ты не вынашиваешь аналогичные планы?

— Никто.

— Тогда почему я должен тебе помогать?

— Потому что я не уйду отсюда, — жестко ответил Механикус, — приму бой на фабрике, а это может оказаться небезопасным для Ильи Петровича. А еще потому, что я дал слово вернуть Богиню домой. Шаман наделал кучу ошибок, пора их исправлять.

Никаких гарантий. Никаких обязательств. Только слово невысокого плешивого человечка, обожающего следить за изобретателями. Только слово бога машин.

— Где она? — негромко спросил Волков.

— Здесь. Спрятана в одной из комнат.

— Я могу на нее посмотреть?

— Конечно.

Охранник, стороживший проходную фабрики, не показал себя профессионалом. Он сидел за пуленепробиваемым стеклом, за железной дверью, и должен был не геройствовать, а просто вызывать подмогу. Но не вызвал. Увидел перескочившую через турникет девушку и бросился за ней, намереваясь лично призвать хулиганку к порядку. Распахнул дверь и даже что-то крикнул... и на этом его участие в защите фабрики завершилось. Проказа отправила охранника в нокаут одним ударом, и не таких, бывало, валила, что ей запылившийся на сонной должности мужик? Затащила его обратно в дежурку и с улыбочкой открыла турникет.

— Дальше будет труднее, — предупредил Гончар, проходя на фабрику.

— Знаю.

— Помни, о чем договаривались.

Обойтись без лишних жертв. Команда оставила за собой слишком много следов, не следует раздражать московских искусников больше необходимого.

— Не волнуйся! Справлюсь!

И справилась.

Болтающийся во дворе телохранитель Стрекалова не забеспокоился, увидев посторонних, решил, что, раз охранник на проходной пропустил, значит, так и надо. Тем более что выглядели посетители прилично: хорошо одетый господин, стильная девушка... Его Проказа тоже вырубила одним ударом. Врезала, проходя мимо, захихикала и повернулась к Гончару:

— Нас не ждали!

Она искренне надеялась, что Гончару не придется вновь вызывать призраков.

— Ошибаешься.

Волков опоздал всего на несколько секунд. Слишком поздно он понял, почему Механикус был столь уверен в себе, когда говорил, что примет бой. Бог машин не собирался воевать сам, для этого в его колоде были люди.

Волков выскочил во двор в тот самый момент, когда бойцы в черном взяли Гончара и Проказу на мушки. Двое на крыше, двое слева, выскочили из подсобки, еще двое справа, прятались за углом.

— Стоять!

Гончар спокоен, улыбается. Проказа напряжена, автомат вскинут, но видно — нервничает, понимает: на открытом пространстве они прекрасная мишень.

Кажется, нечто похожее уже было...

— Не шевелиться!

— Я не хочу вас убивать! — рявкнул Гончар. — Не мешайте мне! Уходите!

Вот только приказ, который получили люди в черном, гласил совсем другое.

— Бросить оружие! Встать на колени! Руки за голову! Две секунды на размышление, и мы открываем огонь!

— Ладно, ладно. — Гончар развел в стороны руки, показывая, что не вооружен.

— Нет! — заорал Волков.

Он знал, что последует за этим жестом. И не ошибся.

Навалилось.

Животный ужас. Дрожь. Слезы на глазах и трясущиеся губы. Марево страха окутало двор фабрики. Парализуя волю. Превращая опытных бойцов в покорные жертвы.

Три Палача.

Они не выглядели сгустками тумана, как иногда рисуют привидения художники. Они выглядели живыми... и в то же время — мертвыми. Три прозрачные фигуры, словно сделанные из чистейшего стекла. Три стеклянные фигуры во дворе стеклянной фабрики.

И двигались Палачи не быстро, не с умопомрачительной скоростью, а плавно, размеренно. Не торопясь. Желая насладиться каждым мгновением, проведенным вне вечного забытья.

Едва различимая фигура мужчины приблизилась к бойцам справа...

— Нет!!

И в этот момент из открывшихся в здании ворот во двор выехало «Изделие №1».

«Руссо-Балт» К12/20.

Стеклянный.

Полностью.

От колесной спицы до трубочек, по которым бежал бензин. От крыльев до сидений. От руля до самой последней заклепки.

Нереальный.

Движущийся.

Сжигающий топливо и выплевывающий дым через потемневшую выхлопную трубу. Со стеклянными поршнями, ходящими в стеклянном двигателе под стеклянной крышкой капота. С мизерным количеством иных материалов: свечи, провода, покрышки...

«Вы думаете, я помогаю оптимизировать запирающие устройства? Придумывать новые модели паровозов? Меня интересуют шедевры, Собиратель, подлинные шедевры. Меня интересуют люди, бросающие вызов, готовые продалбливать несокрушимые стены и сворачивать горы. Люди, вкладывающие в свои творения душу. Я стою рядом и смотрю, как сбываются самые смелые мечты. Я восхищаюсь, я склоняю голову».

«И помогаете».

«Только тем, что не даю угаснуть надежде. Все остальное они делают сами. Ведь каждый из нас способен сотворить чудо. И тогда будет вечно работать деревянная мельница, выдавая больше энергии, чем в нее поступает. Оживет и перестанет стареть мертвая девушка. И поедет стеклянный автомобиль...»

Гордый, улыбающийся во весь рот Стрекалов сидел за рулем. Рядом — Механикус. А позади... То, что находилось на заднем сиденье «Руссо-Балта», было скрыто ослепительным золотистым сиянием.

Богиня...

— Взять! — выкрикнул Гончар, указывая пальцем на автомобиль.

Призрачные фигуры бросились к машине. И отшатнулись.

— Взять!! Взять!!!

Гончар ревел, как зверь, брызгал слюной, захлебывался злобой. Он уже понял, что стеклянный «Руссо-Балт» — истинный шедевр. Раритет. Исполнившаяся мечта, способная пережить само Время. Что ему призраки? Что ему пули? Гончар понял. Но не смирился.

— Убить!!!

Проказа тоже поняла, что их обманули. Завизжала в бессильной злобе, мгновенно превратившись из некрасивой женщины в отвратительную, потеряв всякий шарм, обнажив душу. Ударила из автомата по стеклянной машине, по людям, по Богине. Давила на спусковой крючок и визжала.

Но как можно убить тех, кого защищает чудо?

Механикус издевательски расхохотался, заставив завыть Проказу. Заставив Гончара вскинуть кулаки. И заставив призраков искать другие жертвы. Три Палача жаждали крови, а потому отвернулись от недоступного автомобиля, направились к людям в черном.

И Волков сделал шаг вперед.

«Сработает?»

«Если ты ничего не напутаешь. — Оружейник посмотрел на сосредоточенного Федора, улыбнулся. — Не веришь мне — твое дело. Но подставлять тебя я не стану, кто-то ведь должен позаботиться о Серафиме».

«Но это призраки, а не люди».

«А мне все равно кого убивать, Собиратель, все равно...»

Серебряный клинок должен быть горячим, очень горячим — обязательное условие. А потому в левой руке Очкарик держал пылающий факел — намотанную на палку тряпку, пропитанную бензином. А в правой — серебряный нож из дорогущего набора, единственное подходящее оружие, которое Волков сумел раздобыть по дороге на фабрику.

Но ведь клинок — всегда клинок.

А теперь самое сложное — бросок вперед. Заставить себя двигаться. Превозмочь накативший ужас, подавить дрожь, собрать в кулак волю.

И убивать.

Призрачная женщина оказалась на его пути первой. Развернулась, развела в стороны руки, намереваясь сдавить Федора в смертельных объятиях, и... И завыла, когда раскаленный клинок вошел ей под ребра. Именно туда, куда когда-то вонзил «финку» ее обдолбанный любовник.

«Вторая смерть должна копировать первую. Кинжал должен ударить туда же, подтвердить приговор. И то-

гда они уйдут навсегда. Ни вверх, ни вниз, просто растворятся. Перестанут быть...»

Вой умирающей твари придал Очкарику сил.

«Теперь не перепутать...»

«Вилле мелкий такой, недомерок...»

Серебро ударило в затылок призрака в то самое мгновение, когда нечто, бывшее некогда товарищем Валксисом, разрывало одного из бойцов.

«Извини, друг, не успел...»

Ноги подкосились. Дрожь, казалось, унятая, забытая в пылу сражения, заколотила вновь. А на шее сомкнулись едва различимые глазу, но такие сильные, такие холодные руки...

«Матроса отличить легко: здоровый, гад, как медведь».

Последний Палач атаковал Федора сзади, навалился, вытягивая из Волкова душу, потянулся к горячей крови.

«Я не справлюсь!»

Рубахин сзади, Рубахин крепок, Рубахин зол. А силы убегают, растворяются. Сил остается только на один удар. Даже не удар...

Теряющий сознание Очкарик слабо махнул клинком назад. Не надеясь ни на что. Махнул, чтобы не умирать просто так, без сопротивления.

Махнул.

И нож, разорвав прозрачные губы, проломив прозрачные зубы, врезался в глотку призрака. Именно туда, куда когда-то влетела пуля...

ЭПИЛОГ

— Я рада, что ты наконец-то присоединился к искусникам, — мягко произнесла Бабушка Осень. — Ты обрел себя, Федя, себя настоящего.

— Но закрыл все другие дороги.

— Ты переживаешь?

Вопрос был задан очень мягко. Слова проникли в самую душу, и соврать в ответ не представлялось возможным.

— Пожалуй, нет, — признался Очкарик после небольшой паузы. — Мне нравится мое дело... Нет! Я люблю свое дело. И... и я горд, что достиг в нем вершины. И даже больше — оказался над вершиной. Я счастлив.

Он твердо верил в то, что говорил. Слабость, сомнения — все в прошлом. Он сам выбрал путь, сам шел по нему и добился того, чего хотел. И даже чуть больше.

— Не завидуешь Илье?

— Ни капельки, — серьезно ответил Волков. — Разве можно завидовать тому, к чему никогда не стремился? Петрович молодец. Я люблю его, я рад за него. Но завидовать? Увольте. У Петровича нет ничего, что бы могло вызвать мою зависть.

«Изделие №1» — потрясающий воображение «Руссо-Балт» модели К12/20, целиком и полностью выполненный из стекла, проехал около километра. Петрович вывез Механикуса с фабрики, высадил, а затем вернулся обратно.

Свидетелей исторического события оказалось немно-

го. Волков, Гончар, Проказа, два помощника Стрекалова, да несколько случайных прохожих, непонятно каким ветром занесенных на тихую улочку в столь поздний час. Все остальные были слишком заняты призраками. Да и считать Гончара с Проказой полноценными свидетелями не следовало: пришедшие в себя бойцы покрошили их из автоматов, сполна расплатившись за бойню у мельницы. А прохожие и вовсе мало что поняли.

Через несколько дней Стрекалов перевез «Изделие №1» в свое поместье, где для него был выстроен специальный павильон. И иногда катал на нем Ксюху и детей.

Шедевры — они для ценителей.

А публике было представлено «Изделие №2». «Руссо-Балт» модели К12/20, со стеклянным кузовом и стеклянной панелью управления, со стеклянным рулем и рычагами. Все остальное было сделано из обычных материалов и в точности воспроизводило механизмы старинного автомобиля. «Изделие №2» вызывало удивление, оно попало на обложки журналов и первые полосы газет, удостоилось внимания политиков, дав повод порассуждать о возрождении российской промышленности, и на несколько лет вперед обеспечило заказами фабрику Стрекалова. Конкуренты негодовали и вынашивали планы постройки стеклянного самолета.

В дом Бабушки Осень Волкова привезли ее помощники, крепкие молчаливые ребята, приехавшие на Ленинский проспект в бронированном «Мерседесе». Она надеялась ошеломить Федора, но не получилось. Войдя в каминный зал и увидев царственную старушку в строгом дореволюционном платье, Очкарик не изменился в лице и даже из вежливости не выразил своего удивления. Присел в вольтеровское кресло и вежливо поздоровался:

— Добрый день, Мама Валя.

— Добрый день, Федя, — отозвалась Бабушка Осень, выдохнув к потолку дым. — Спасибо, что приехал.

Она держалась с Волковым так же, как и всегда, как он привык. Дружелюбно, однако с едва ощутимым превосходством больше пожившего и больше повидавшего человека. С легким превосходством, но с уважением и с теплотой. Она держалась, как держат себя хорошие родители даже тогда, когда у их детей появляются внуки.

Заботливая Мама Валя.

Вот только при нем она никогда раньше не курила.

Бабушка Осень.

— Я всегда чувствовал, что у Петровича хорошая наследственность.

— Увы, Федя, увы... Я бы очень хотела иметь такого сына, как Илья, но он мне неродной. Настоящая мать Ильи умерла при родах. Я вышла замуж за Петра, когда Илье было семь месяцев. — Бабушка Осень улыбнулась. — Еще одна тайна в твою копилку, Собиратель.

— Вы все равно ему родная.

Он не лгал и не старался польстить могущественной предводительнице московских искусников. Сказал, что думал. И под его словами могли бы подписаться многие. Петрович, Лева и Яша — точно.

Мама Валя все поняла правильно.

— Мне приятно слышать это, Федя. Я очень старалась.

— Мы вас любим.

— Я знаю. — Она выдохнула ароматный дым. — Ты никогда не задашь этот вопрос, поэтому я отвечу сама: вы четверо стали такими отнюдь не потому, что я была рядом, а благодаря себе. Своей силе. Своему упорству. Своему трудолюбию. Каждый из вас дышит полной грудью. В каждом из вас горит огонь таланта.

Ухаживать Лева умел потрясающе. Переживая влюбленность, он осыпал избранницу знаками внимания. Водопадом комплиментов. Демонстрировал невероятную предупредительность. Но не перебарщивал. Купаясь в его любви, женщина видела рядом не послушную собачонку, готовую на все, дабы услужить, а настоящего мужчину, сердце которого принадлежит только ей.

Во всяком случае — сейчас.

— Ты его бросишь, — грустно улыбнулся Волков. — Он не создан для семейной жизни.

Отошедший к бару Лева помахал им рукой.

— Я знаю, — кивнула Испанка. — С ним нельзя жить, нельзя строить дом. Его можно только любить. Какое-то время быть рядом, а потом отойти в сторону. Но оставаться неподалеку. Видеть его иногда. Купаться в его внимании. — Она вздохнула, припомнив недавние события, и продолжила: — Его любовь защищает, делает нас еще сильнее, ограждает от зла.

— Стычка во дворе, — понял Очкарик.

— В меня тоже стреляли, — ровно ответила Тереза. — Стрелял профессионал, причем — с близкого расстояния. Но промахнулся. А все потому, что перед боем мне повезло встретить мужчину-мечту. Левина любовь защитила меня от пуль, отвела руку бойца.

— В этом его талант.

— Ты угадал, Собиратель.

— Ты использовала его?

— Нет, — покачала головой Испанка. — Его нельзя использовать, его можно только любить. И если бы мои чувства не были искренними, я бы лежала рядом с Травником и Невадой.

Она не лгала, Волков понял это не разумом — сердцем.

— Леве не суждено обрести семейное счастье, не найти ему покоя в тихой гавани, — продолжила Тереза. — Будет портить девок до самой смерти. А они будут к не-

му липнуть, вызывая у тебя, Собиратель, жгучую зависть.

— Вот еще!

— Лет через двадцать ты вспомнишь мои слова, — рассмеялась Испанка и крепко поцеловала вернувшегося за столик Корзинкина.

— Почему вы не помогли Яшке?

— Он шел своей дорогой, — холодно ответила Мама Валя.

— Он заблудился!

— И кем бы он стал, если бы ему помогло чудо? Если бы бандиты отстали от него по желанию таинственного спасителя, а не потому, что вы с Ильей рискнули ради него? Думаешь, он бы пришел к тебе с извинениями? Думаешь, ты бы увидел когда-нибудь прежнего Яшу?

Волков осекся. Нахмурился, в душе ругая себя за несдержанность, осторожно спросил:

— Я увижу?

— Ты в него не веришь?

— Хочу верить.

— Значит, увидишь. — Бабушка Осень вздохнула. — Ведь Яша снова пишет стихи.

— Да, — согласился Волков. — Пишет.

— И мне они снова очень нравятся...

Встреча с Гончаром не сильно отразилась на Рыжкове. Вторжение в свой разум Яша позабыл, сохранив в памяти только начало встречи, а потому так и не узнал, что именно благодаря ему Гончар вышел на Петровича и Волкова. Собственно, он и имени такого не узнал — Гончар. Федор убедил друга, что тот стал жертвой нападения заурядных бандитов, которые по глупости своей хотели надавить на него, на Очкарика, а сейчас уже раскаиваются за решеткой.

— Но сколько времени он потерял!

— Жизнь несправедлива.

— Это точно.

Ильгара Волков отпустил, вернул парню написанную им явку с повинной и посоветовал навсегда уехать из Москвы. Спасти его Федор не мог: ничего не умеющий пацан, без опыта, зато с могущественным недругом, оказался никому не нужен. Какой из него агент? Курам на смех. На следующий день Ильгара зарезали в метро, дав прессе повод пошуметь насчет роста националистических настроений, а заодно — о бездействии милиции, ведь убийцу Ильгара так и не нашли.

Жизнь несправедлива, но для многих это — редкостное везение. Лала и Назим успешно осваивали наследство Арифа. Они сумели подобрать ключи к сердцам его деловых партнеров, убедить, что смогут вести дела не хуже убиенного Гусейна, и сохранили контроль почти над всем состоянием.

Сардар готовился к суду.

— Понимание собственной исключительности — тяжелое испытание, пройти которое суждено далеко не всем. При этом «пройти» не означает «остаться прежним» — такого не бывает. Не может быть. Если ты отступишь, то навсегда запомнишь, что сломался, что не смог взять очень важный барьер. Если пойдешь дальше, то осознаешь, чего достиг, посмотришь на мир новыми глазами. Единственный выход не меняться — не подходить к черте, то есть ни к чему не стремиться. Лежать на диване, мечтая о великом.

— Вы не осуждаете Гончара.

— Ни в коем случае. Он молодец. Я поражена тем, что он до сих пор не сошел с ума, не сдался, продолжает возиться с искусниками, которые вскоре начинают относиться к нему безо всякого уважения, и пытается превратить их в грозную силу. Гончар упорен. Гончар не сдается. И, возможно, этим являет собой куда более значимый для искусников пример, чем все его рассказы о Душе Вселенной.

— И ему понадобилась Золотая Баба, чтобы в очередной раз попытаться возглавить искусников?

— Не совсем, — медленно ответила Бабушка Осень. — Ты ведь видел Богиню, Федя.

— Да.

— И?

Она ждала ответа, а он не мог подобрать слова.

Вспомнил, как Механикус указал на дверь, как вошел в небольшую комнату и... Красивой ли она была? Уродливой? Действительно золотой или просто сияющей? Одна она стояла в каморке или в окружении детей? Что может дать даже самое точное описание? Зачем оно? Ведь Федор видел Богиню! Стоял перед ней и вдыхал ее дыхание. Как передать словами то, что наполняет твою душу? Только развести руками и сказать: «Это надо почувствовать». И тот, кто способен чувствовать, тебя поймет. А остальные... А остальным никогда не оказаться рядом с Богиней.

— Мимо нее нельзя пройти, — хрипло произнес Волков. — Ее невозможно забыть.

— Можно пройти, можно забыть, — не согласилась Мама Валя. — Для этого надо быть глухим, а такие люди есть. Рядом с ней хочется быть. К ней хочется возвращаться. А некоторым, сильным, хочется ею обладать. Таково уж свойство Богини. Она притягивает. Вот Гончар не устоял.

— А Механикус? Почему он сдержал слово? Почему вернул Золотую Бабу шаманам?

— Он младше Гончара и еще не разучился чувствовать, — объяснила Бабушка Осень. — А может, и не разучится. В отличие от Гончара, Механикус не ждет благодарности, он наслаждается работой, а затем уходит, ищет новое.

Наверное, так оно и было.

Очкарик улыбнулся:

— Вы уважаете Гончара, но все же помешали ему.

— Почему ты так решил?

— Разве я ошибся?

— Нет, — покачала головой Бабушка Осень. — Не ошибся.

Старуха ждала, что Волков спросит: почему? А он задал другой вопрос:

— А мне вы помогали?

— Только одним, — неспешно ответила Мама Валя. Очкарик поднял брови, предлагая старухе продолжить, и она спокойно закончила: — Это я заказала Карпову монету «Второй Шанс».

— Вы знали, что она мне потребуется?

— Предполагала.

Заботливая Мама Валя...

— Кто вы? — тихо спросил Волков. — Я до сих пор ничего не знаю о вашем таланте. И, судя по всему, остальные искусники тоже.

— Я очень долго живу, — спокойно ответила Бабушка Осень, глядя Федору в глаза. — Очень долго.

И он догадался. В то же самое мгновение догадался. Несколько дней назад, на фабрике, стоя перед золотой статуей, Очкарик поймал себя на мысли, что испытывает знакомые чувства. Что кто-то раньше уже дарил ему такое же ощущение покоя и тепла. Кто-то знакомый с детства.

— Богиня...

— Мать Всего, мой дорогой мальчик. Гончар не обманывал тебя: мертвое неспособно породить живое. Но он ошибается насчет семечка — в Начале было не оно.

И ароматные клубы дыма, тихонько извиваясь, рассказывают древнюю историю...

— Но как... — Волков очень редко оказывался сбитым с толку. Он уже забыл, как это бывает. — Что... Что же Механикус отвез в тайгу?

— Символ. — Бабушка Осень подалась вперед и нежно, как сына, потрепала Федора по волосам. — Просто символ, который там очень-очень нужен.

Литературно-художественное издание

Панов Вадим Юрьевич

ЗАНИМАТЕЛЬНАЯ МЕХАНИКА

Ответственный редактор *Д. Малкин*
Редактор *В. Татаринов*
Художественный редактор *С. Киселева*
Технический редактор *Н. Носова*
Компьютерная верстка *В. Азизбаев*
Корректоры *Д. Горобец, О. Супрун*

В оформлении переплета использована иллюстрация *Игоря Варавина*

ООО «Издательство «Эксмо»
127299, Москва, ул. Клары Цеткин, д. 18/5. Тел. 411-68-86, 956-39-21.
Home page: **www.eksmo.ru** E-mail: **info@eksmo.ru**

Подписано в печать 03.05.2007.
Формат 84×108 $^1/_{32}$. Гарнитура «Таймс». Печать офсетная.
Бумага тип. Усл. печ. л. 23, 52.
Тираж 80 000 экз. Заказ № 981.

Отпечатано с готовых диапозитивов
в ОАО «Рыбинский Дом печати»
152901, г. Рыбинск, ул. Чкалова, 8.